开关电源维修

从入门到精通

刘建清 主编

第4版

人民邮电出版社

北京

图书在版编目（CIP）数据

开关电源维修从入门到精通 / 刘建清主编. -- 4版
. -- 北京：人民邮电出版社，2024.7
ISBN 978-7-115-63309-5

Ⅰ. ①开… Ⅱ. ①刘… Ⅲ. ①开关电源－维修 Ⅳ.
①TN86

中国国家版本馆CIP数据核字(2023)第238118号

内 容 提 要

　　本书专门讲解开关电源原理与维修，深入浅出地介绍了各种开关电源的组成、原理与维修技巧，归纳总结了用示波器维修开关电源以及用电源模块维修开关电源的方法与技巧，并给出了大量极具参考价值的维修实例，可供读者参考查阅。

　　全书通俗易懂、简单明了、重点突出、图文结合，具有较强的针对性和实用性，适合广大的家电维修人员、电源维修人员及电子爱好者阅读，也可作为职业技术院校相关专业及开关电源维修培训班的参考书。

◆ 主　　编　刘建清
　　责任编辑　李　强
　　责任印制　马振武
◆ 人民邮电出版社出版发行　　北京市丰台区成寿寺路 11 号
　　邮编　100164　电子邮件　315@ptpress.com.cn
　　网址　https://www.ptpress.com.cn
　　三河市祥达印刷包装有限公司印刷
◆ 开本：787×1092　1/16
　　印张：17.75　　　　　　　　　　2024 年 7 月第 4 版
　　字数：421 千字　　　　　　　　2024 年 7 月河北第 1 次印刷

定价：79.80 元

读者服务热线：(010)53913866　印装质量热线：(010)81055316
反盗版热线：(010)81055315
广告经营许可证：京东市监广登字 20170147 号

《开关电源维修从入门到精通》于 2010 年 6 月首次出版，2012 年 8 月出版了第 2 版，2019 年 3 月出版了第 3 版。该书自出版以来，受到广大读者的关注。许多读者反映本书"很有特色，结构性强，通俗易懂""内容严谨，深入浅出""理论与实战结合紧密，具有较高的实用价值"，有的读者还提出了一些宝贵意见。借此机会，我们向广大读者表示衷心感谢！

由于电子设备发展速度很快，第 3 版中的部分内容已不能满足日常维修的需要，为此，我们在第 3 版的基础上，结合维修实际，对原书进行了全面修订，第 4 版既保留了原有的特色，又对内容进行了全面充实和修改，增加了一些新内容，如 LED 驱动电路、新型开关电源模块、最新维修实例等。相对于第 3 版，第 4 版在内容上更新颖、更实用，更适合当前开关电源实际维修的需要。

本书从开关电源维修实践出发，内容循序渐进，由浅入深，力求做到理论和实践相结合，使读者能够熟练掌握开关电源的原理、检修方法和技巧。

全书共分 12 章，各章主要内容如下。

第 1 章：主要介绍开关电源的分类、基本组成及工作原理等，使读者对开关电源有一定的认识和了解。

第 2 章：主要介绍开关电源单元电路，包括交流抗干扰电路、整流电路、滤波电路、启动电路、功率转换电路（开关管和开关变压器）、稳压电路、保护电路、功率因数校正电路、同步整流电路等。

第 3 章：主要介绍开关电源常见元器件的识别与检测技巧。

第 4 章：主要介绍开关电源的故障原因、维修方法及常见维修工具的使用。

第 5 章：详细分析了单管、推挽式、半桥式、全桥式、RCC、准谐振式、变频等开关电源以及 DC/DC 变换器的识别要点与方法。

第 6 章：主要介绍用示波器维修开关电源的方法和技巧。

第 7 章：主要介绍开关电源在充电器和 LED 驱动设备中的应用与维修。

第 8 章：主要介绍开关电源在液晶显示器和电视机中的应用与维修。

第 9 章：主要介绍开关电源在家电设备（洗衣机、电冰箱、空调器、电磁炉等）中的应用与维修。

第 10 章：主要介绍开关电源在办公设备（打印机、传真机、复印机、计算机）中的应用与维修，并对 UPS、交流稳压电源进行了简要分析。

第 11 章：主要介绍开关电源在医疗和工业设备中的应用与维修。

第 12 章：主要介绍用电源通用模块维修开关电源的方法和步骤。

本书编写过程中，参阅了《电子报》《家电维修》《无线电》等报刊，并参阅了互联网上一些有价值的维修资料，由于这些资料经过多次转载，已经很难查到原始出处，谨在此向资料编写者表示感谢！

参与本书编写的人员有刘建清、陶柏良、宗艳丽、刘水潺、范军龙等，最后由中国电子学会高级会员刘建清先生组织定稿。由于编者水平有限，加之时间仓促，书中难免会有疏漏和不足之处，恳请读者不吝赐教。

如果在使用本书的过程中有任何问题、意见及建议，可以通过电子邮件 ddmcu@163.com 与编者联系。

编者

目 录

第1章
开关电源概述

开关电源打破了传统的稳压模式，它调整元器件工作在开关状态，即通过调整开关元器件的开关时间来实现稳压。开关电源具有体积小、重量轻、功耗小、稳压范围宽等特点，所以被广泛应用在各种电子设备中。本章主要介绍开关电源的分类、基本工作原理及组成，使读者对开关电源有一个总体的认识和了解。

|1.1 稳压电源介绍|

电子设备离不开电源，电源供给电子设备所需要的能量，这就决定了电源在电子设备中的重要性。电源的质量直接影响着电子设备的工作可靠性，所以电子设备对电源的要求也日益提高。

现有的电源主要由线性稳压电源（简称"线性电源"）和开关稳压电源（简称"开关电源"）两大类组成，这两类电源由于各具特色而被广泛应用。

1.1.1 线性电源

线性电源的组成框图如图 1-1 所示。

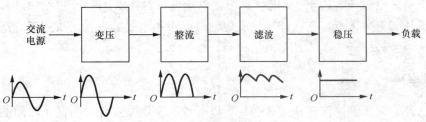

图1-1 线性电源组成框图

线性电源一般由变压、整流、滤波、稳压这 4 部分组成。

变压——将交流电网电压变成所需的交流电压。变压过程通常由变压器来完成，有些采用电容降压。

整流——将交流电压变成直流电压。整流电路通常有半波整流电路、全波整流电路、桥式整流电路等，桥式整流电路较为常用。

滤波——将整流所得的脉动直流电（其大小发生规律性变化）中的交流成分滤除。常用的滤波电路有电容滤波电路、电感滤波电路及阻容滤波电路等。

稳压——让滤波电路输出的直流电压稳定不变，使输出的直流电压不随电网电压、负载等的变化而变化。稳压功能可由稳压二极管、DC/DC 变换器、串联式稳压电路等来实现。

线性电源的优点是稳定性好、可靠性高、输出电压精度高、输出纹波电压小；不足之处是其要求采用工频变压器和滤波器，它们的重量和体积都很大，并且调整管的功耗较大，使电源的效率大大降低，一般情况下电源效率均不会超过 50%。但它优良的输出特性，使其在对电源性能要求较高的场合仍得到了广泛的应用。

1.1.2　开关电源

开关电源因其控制器件工作在导通（ON）和截止（OFF）状态而得名，其实质是通过改变电路中控制器件的导通时间来改变输出电压的大小，达到维持输出电压稳定的目的，开关电源示意图及输入/输出波形如图 1-2 所示。

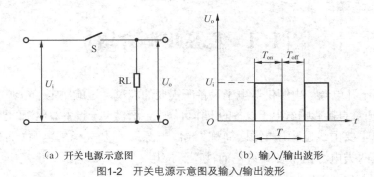

(a) 开关电源示意图　　　　(b) 输入/输出波形

图1-2　开关电源示意图及输入/输出波形

图中，U_i 为整流后不稳定的直流电压；U_o 为经过斩波的输出电压；S 为开关控制器件；RL 为负载；T 为开关启闭周期；T_{on} 为开关闭合时间，即导通时间；T_{off} 为开关断开时间，即截止时间。

相对于线性电源，开关电源更能满足现代电子设备的要求，自 20 世纪中期开关电源问世以来，由于其突出的优点，它在计算机、通信、航天和电气等设备上得到了广泛应用，大有取代线性电源之势。开关电源具有以下特点。

1. 效率高

开关电源的调整管工作在开关状态，可以通过改变调整管导通与截止时间的比例来改变输出电压的大小。当调整管饱和导电时，虽然管内流过较大的电流，但调整管压降很小；当调整管截止时，调整管将承受较高的电压，但流过调整管的电流基本等于零。可见，工作在开关状态的调整管功耗很小。因此，开关电源的效率较高，一般可达 65%～90%。

2. 体积小、重量轻

因调整管的功耗小，故散热器体积也可随之减小。同时，开关电源还可省去 50Hz 工频变压器。而开关频率通常为几十千赫兹，故滤波电感、电容的容量均可大大减少。所以，开关电源与同样功率的线性电源相比，体积和重量都小得多。

3. 对电网电压的要求不高

由于开关电源的输出电压与调整管导通与截止时间的比例有关，而输入直流电压的幅度变化对其影响很小，因此，允许电网电压有较大的波动。一般线性稳压电路允许电网电压波动±10%，而开关稳压电路在电网电压为 140～260V、电网频率变化±4%时仍可正常工作。

4. 调整管的控制电路比较复杂

为使调整管工作在开关状态，需要增加控制电路，调整管输出的脉冲波形还需经过 LC 滤波后再送到输出端，因此相对于线性电源，其结构比较复杂，调试比较麻烦。

5. 输出电压中纹波和噪声成分较大

调整管工作在开关状态，将产生尖峰干扰和谐波信号，虽经整流滤波，输出电压中的纹波和噪声成分仍比线性电源中的要大一些。

开关电源的发展，除了继续保持已有的优点，还需要采用新技术和新工艺等措施来克服自身存在的一些不足。

|1.2　开关电源的分类|

开关电源的类型很多，可以按不同的方法来分类。

1.2.1　按开关控制器件的连接方式分

按开关控制器件的连接方式分类，开关电源可分为串联型和并联型。

1. 串联型开关电源

串联型开关电源示意图如图 1-3 所示。

串联型开关电源的开关控制器件和脉冲变压器串联在输入电路和负载之间。这种开关电源具有带负载能力强、开关管尖峰电压低、元器件少等优点，缺点是不能多路输出整机所需的直流电压，且串联型开关电源底板带电，不方便安装接口电路。因此，它的应用范围远不如并联型开关电源。

2. 并联型开关电源

并联型开关电源示意图如图 1-4 所示。

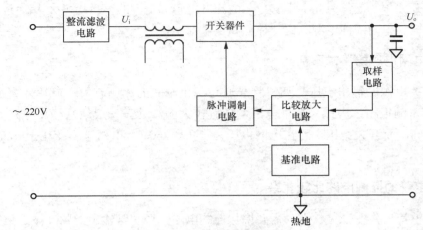

图1-3　串联型开关电源示意图

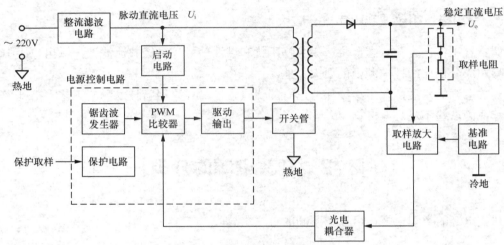

图1-4　并联型开关电源示意图

并联型开关电源的开关器件与输入电压和输出电压并联，通过不同的脉冲变压器二次绕组抽头，产生多组不同的直流电压输出，以满足不同的电压要求，有的电路采用图 1-4 中的光电耦合器，有的电路则不采用。

并联型开关电源具有如下优点。

（1）能向负载电路提供多组直流电压，这不但简化了行输出级电路，而且降低了行输出变压器的故障率。

（2）由于开关变压器的一次侧和二次侧是完全隔离的，整机电路与开关电源不共地，提高了安全性，所以其方便安装接口电路。

（3）稳压范围宽，只要略微改变开关脉冲的占空比，便能输出不同的稳定电压。

同时，并联型开关电源也存在不少缺点。

（1）开关管截止时，其开关管集电极承受的最高峰值电压为 $U_i + U_o$，开关管饱和时二次侧整流管承受的最高峰值电压也为 $U_i + U_o$，所以对电源开关管及开关变压器二次侧所接的整流管的耐压要求较高。

（2）负载发生短路时，开关变压器各绕组呈现低阻，这有可能导致开关管因开启损耗大而损坏。

（3）开关管饱和时开关变压器储存能量，开关管截止时开关变压器向负载释放能量，所以要求开关变压器的电感量要足够大，才能满足负载在一个周期内所需要的能量。

（4）在开关管饱和期间，开关管集电极电流几乎是线性增长的，开关管基极电流随着电容的充电而逐渐下降。为了保证开关管截止前瞬间仍能饱和，正反馈脉冲电压必须达到规定值，否则在开关管饱和后期，开关管会因激励不足而损坏。

正因为并联型开关电源存在这些缺点，所以并联型开关电源除了由启动电路、振荡形成电路、误差取样放大电路和脉宽调节电路组成的常规电路，为了保证开关电源和负载电路可靠地工作，还设置了许多附属电路。例如，为防止开关管因开启损耗大或关断损耗大而损坏，设置了开关管恒流激励电路；为了防止负载短路使开关管因过流损坏，设置了开关管过流保护电路；为了防止开关管和负载元器件因过压损坏，设置了过压保护电路；为了防止开关管因二次击穿损坏，设置了尖峰吸收电路；为了防止市电电压过低，使开关管因开启损耗大而损坏，设置了欠压保护电路。这些附属电路的加入使开关电源电路工作的安全性及可靠性大大提高，但也使电路的结构更加复杂，元器件数量大大增多，从而导致检修难度加大。

1.2.2　按激励脉冲产生方式分

不论何种开关电源，开关管必须工作在开关状态，所以开关管基极所加的激励电压是脉冲电压。按激励脉冲的产生分类，开关电源有自激式开关电源和他激式开关电源两种。

1. 自激式开关电源

自激式开关电源利用电源电路中的开关管、高频开关变压器构成正反馈环路，来完成自激振荡，使开关稳压电源有直流电压输出。由于自激式开关电源的开关管兼作振荡管，电路中不专设振荡器，也不需要专门的振荡启动电路，所以电路较简单。

2. 他激式开关电源

他激式开关电源电路的开关管不参与激励脉冲的振荡过程，因此电路必须附加振荡启动电路和振荡器。振荡器产生开关脉冲，来控制电源中开关管的导通与截止，让电源电路开关工作而有直流输出电压。可采用分立元器件或集成电路组成振荡电路。由于采用分立元器件的振荡器电路比较复杂，因此一般都采用集成电路，这样整体电路比较简洁，而且功能比较强，能够完成振荡、自动稳压、过流和过压保护等功能。相对于自激式开关电源，他激式开关电源电路较复杂。

不论采用何种激励方式，开关电源都要有足够的驱动功率，比如在开关管饱和期间，要求有足够大的基极电流，以维持开关管的饱和导通，这时基极电流应满足 $I_b > I_{cp}/\beta$（I_{cp} 为开关管集电极的峰值电流）的条件，否则开关管就会因激励不足而不能完全饱和，压降增大，功耗增大，开关管过热，容易造成损坏；而在开关管由饱和变为截止时，基极必须加反向电压，形成足够大的基极反向抽出电流，使开关管急剧截止，以缩短开关管截止转换时间，减小其关断损耗。

1.2.3 按稳压控制方式分

一般开关电源要采用稳压措施，来保证开关电源输出端电压的稳定，否则当市电电压或负载电流发生变化时，将导致输出端电压发生变化。稳压控制电路最终是通过控制开关管的导通时间来实现稳压控制的。按稳压控制方式分，开关电源可分为脉冲调宽式开关电源、脉冲调频式开关电源、脉冲调频调宽式开关电源 3 种。

输出电压 U_o 的计算公式如式（1-1）所示。

$$U_o = \frac{T_{on}}{T} U_i \quad (\frac{T_{on}}{T} \text{ 称为占空比}) \tag{1-1}$$

由式（1-1）可知，改变 T_{on} 或 T，就可以控制输出直流电压的大小。若只改变 T_{on} 而保持 T 不变，这种控制方法称为脉冲调宽式；若只改变 T 而保持 T_{on} 不变，这种控制方法称为脉冲调频式；若同时改变 T_{on} 和 T，这种控制方法称为脉冲调频调宽式，在实际应用中，这种调制方式很少采用。

1.2.4 按软开关方式分

软开关技术是利用电容与电感谐振，使开关器件中的电流或电压按正弦波或近似正弦波的形式变化。当电流过零时开关关断，当电压过零时开关导通，以此实现开关损耗为零。根据谐振的类型开关电源可分为电流谐振型、电压谐振型、E 类谐振型、准 E 类谐振型等几种。

1.2.5 按功率转换电路分

开关电源的功率转换电路主要由开关管和高频开关变压器组成，它是实现变压、变频以及完成输出电压调整的执行部件，是开关电源的核心。前面已讲到开关管有自激和他激两种激励方式，但每种激励方式在电路结构上又是多样的，因此开关电源又分为单端反激式（单管）、单端正激式（单管）、推挽式（双管）、全桥式（四管）、半桥式（双管）、振铃式等。为便于理解，表 1-1 列出了常见开关电源的结构类型。

表 1-1　　　　　　　　　　常见开关电源的结构类型

电路形式	开关管数量	振荡方式	控制方式	备注
单端正激式	单管	自激或他激	调宽式、调频式或调频调宽式	实际应用很少
单端反激式				实际应用最为广泛
推挽式	两管			有一定应用
半桥式	两管			有一定应用
全桥式	四管			在大功率开关电源中应用较多
振铃式	单管	自激	调频式	有一定应用

|1.3 开关电源的基本组成及工作原理|

1.3.1 串联型开关电源基本组成及工作原理

图 1-5 所示为自激串联型开关电源基本原理图。其中 VT 为电源开关管，受激励脉冲的控制，工作在截止与饱和状态。C1 是市电电压整流滤波电路中的滤波电容。VD 为续流二极管，它的作用是在开关管截止时为负载提供供电通路。L 为储能电感（即开关变压器）。C2 为开关电源输出端滤波电容。

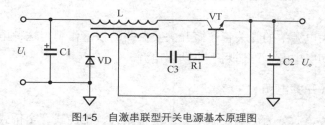

图1-5 自激串联型开关电源基本原理图

在开关管 VT 饱和导通期间，C1 正极的直流电压 U_i 经过 L→VT→C2 正极→C2 负极充电。一方面使 C2 两端建立直流电压，另一方面使储能电感 L 中的磁能不断增大。在开关管 VT 截止期间，L 感应出左负、右正的电压，则 L 中的磁能经续流二极管 VD 向 C2 及负载释放，开关电源输出端电压 U_o 的高低由 VT 的饱和导通时间的长短决定，即由基极激励脉冲宽度决定，而基极激励脉冲宽度由误差取样、放大电路决定。

串联型开关电源中如果没有续流二极管 VD，当开关管突然由饱和导通转为截止时，由于 L 中的磁能不能被释放，将感应出极高的电压，该电压极易导致开关管 VT 被击穿。而接入续流二极管 VD 后，当开关管由饱和导通转为截止时，L 中的磁能通过 VD 向 C2 及负载电路释放，一方面使 L 两端的电压下降，使开关管集电极-发射极压降为输入 U_i 值，并有足够的余量，另一方面，在 VT 截止期间，L 将通过续流二极管 VD 释放能量，使负载电路在开关管截止期间得到能量的补充，这将使输出端电压更平滑，开关电源的效率更高。

1.3.2 并联型开关电源基本组成及工作原理

并联型开关电源有自激式和他激式两种，其中他激式应用广泛。

1. 自激式并联开关电源

自激式并联开关电源主要分为单端式、推挽式和桥式等，其中，单端自激式并联开关电源应用最多，其基本电路如图 1-6 所示。这是一种利用间歇振荡电路组成的开关电源，其基本工作原理如下。

当接入电源后，R1 给开关管 VT1 提供启动电流，使 VT1 开始导通，其集电极电流 I_c 在

L1 中线性增长，在 L2 中感应出使 VT1 基极为正、发射极为负的正反馈电压，使 VT1 很快饱和。同时，感应电压给 C1 充电，随着 C1 充电电压的增高，VT1 基极电位逐渐变低，致使 VT1 退出饱和区，I_c 开始减小，在 L2 中感应出使 VT1 基极为负、发射极为正的电压，使 VT1 迅速截止，这时二极管 VD1 导通，高频开关变压器 T 一次绕组中的储能释放给负载。在 VT1 截止时，L2 中没有感

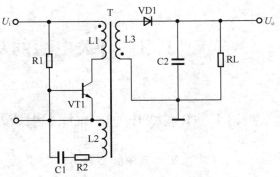

图1-6　单端自激式并联开关电源基本电路

应电压，直流供电输入电压又经 R1 给 C1 反向充电，逐渐提高 VT1 基极电位，使其重新导通并再次翻转达到饱和状态，电路就这样重复振荡下去，由变压器 T 的二次绕组向负载输出所需要的电压。

自激式并联开关电源中的开关管起着开关及振荡的双重作用，这种电路也省去了控制电路，不仅适用于大功率电源，亦适用于小功率电源。

2. 他激式并联开关电源

他激式并联开关电源分为单端反激式、单端正激式、推挽式、全桥式、半桥式等，下面分别进行简要说明。

（1）单端反激式

单端反激式开关电源基本电路如图 1-7 所示。

电路中所谓的单端是指高频开关变压器的磁芯仅工作在磁滞回线的一侧；所谓的反激，是指当开关管 VT1 导通时，开关变压器 T 一次绕组的感应电压为上正下负，整流二极管 VD1 处于截止状态，一次绕组储存能量。当开关管 VT1 截止时，变压器 T 一次绕组中存储的能量，通过二次绕组及 VD1 整流和电容 C 滤波后向负载输出。

单端反激式开关电源是一种成本最低的电源电路，输出功率为 20～100W，可以同时输出不同的电压，且电压调整比较方便，因此应用十分广泛，其主要缺点是输出的纹波电压稍大，开关管 VT1 承受的最大反向电压较高（是电路工作电压值的 2 倍）。

（2）单端正激式

单端正激式开关电源的基本电路如图 1-8 所示。

这种电路在形式上与单端反激式开关电源电路相似，但工作情形不同。当开关管 VT1 导通时，VD2 也导通，这时电网向负载传送能量，滤波电感 L 储存能量。当开关管 VT1 截止时，电感 L 通过续流二极管 VD3 继续向负载释放能量。

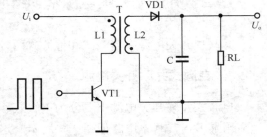

图1-7　单端反激式开关电源基本电路

由于这种电路在开关管 VT1 导通时，通过变压器向负载传送能量，所以输出功率范围大，可输出 50～200W 的功率。其主要存在的问题是，电路使用的变压器结构复杂，体积也

较大，因此这种电路的实际应用较少。

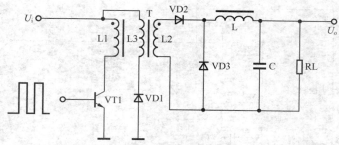

图1-8　单端正激式开关电源的基本电路

（3）推挽式

推挽式开关电源驱动电路结构形式非常简单，如图 1-9 所示。

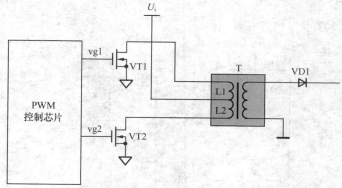

图1-9　推挽式开关电源驱动电路结构形式

这个电路只用到 2 只 N 沟道功率场效应管 VT1、VT2，并将升压变压器 T 的中心抽头接于脉动直流电源，2 只功率管 VT1、VT2 交替工作，输出得到交流电压，由于功率场效应管共地，所以驱动控制电路简单。另外变压器具有一定的漏感，可限制短路电流，提高了电路的可靠性。

推挽式开关电源输出功率较大，一般在 100～500W。

推挽结构的驱动电路，要求脉动直流电源的变化范围要小，否则会使驱动电路的效率降低。需要注意的是，当 VT1 和 VT2 同时导通时，相当于变压器一次绕组短路，因此应避免两个开关管同时导通。

（4）全桥式

全桥式开关电源驱动电路有多种形式，图 1-10 所示为采用 4 只 N 沟道场效应管的全桥驱动电路。

电路工作时，在驱动控制 IC 的控制下，VT1、VT4 可同时导通，VT2、VT3 也可同时导通，且当 VT1、VT4 导通时，VT2、VT3 截止，也就是说，VT1、VT4 与 VT2、VT3 是交替导通的，使变压器一次侧形成交流电压，改变开关脉冲的占空比，就可以改变 VT1、VT4 和 VT2、VT3 的导通与截止时间，从而改变变压器的储能，也就改变了输出的电压值。

需要注意的是，如果 VT1、VT4 与 VT2、VT3 的导通时间不对称，则变压器一次侧的交流电压中将产生很大的直流分量，造成磁路饱和，因此全桥电路应注意避免电压直流分量的产生。

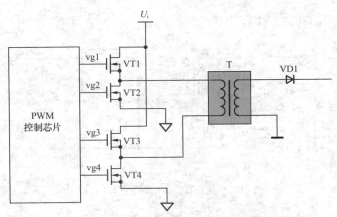

图1-10　采用4只N沟道场效应管的全桥驱动电路

图 1-11 所示为采用 2 只 N 沟道和 2 只 P 沟道场效应管的全桥驱动电路。

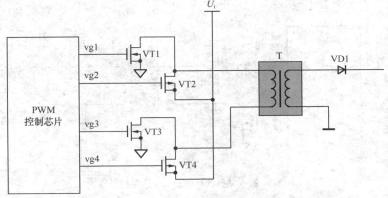

图1-11　采用2只N沟道和2只P沟道场效应管的全桥驱动电路

电路工作时，在驱动控制 IC 的控制下，VT1、VT4 可同时导通，VT2、VT3 也可同时导通，且 VT1、VT4 导通时，VT2、VT3 截止，也就是说，VT1、VT4 与 VT2、VT3 是交替导通的，使变压器一次侧形成交流电压。

（5）半桥式

相比全桥结构，半桥结构驱动电路最大的好处是每个通道少用了 2 只 MOSFET，如图 1-12 所示，但它需要更高匝比的变压器，这会增加变压器的成本。

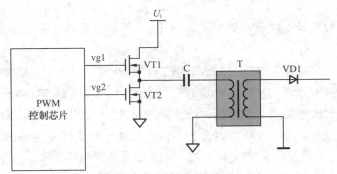

图1-12　半桥结构驱动电路

电路工作时，在驱动控制 IC 的控制下，从 vg1、vg2 引脚输出开关脉冲，控制 VT1 与 VT2 交替导通，使变压器一次侧形成交流电压。改变开关脉冲的占空比，就可以改变 VT1、VT2 的导通与截止时间，从而改变变压器的储能，也就改变了输出的电压值。

|1.4 开关电源的进展|

随着节能、电子设备小型化、环保的要求越来越高，开关电源技术也在飞速地发展着，更高效率、更小体积、更少电磁污染、更可靠工作的开关电源几乎每年都有新品出现，下面进行简要介绍。

1.4.1 不断提高元器件性能

开关电源的发展与元器件的发展密切相关。开发大功率高速开关器件和低损耗磁性材料会对开关电源的发展具有推动作用。同时，开关电源的发展也会对元器件提出新的要求。

功率 MOSFET 和 IGBT 可使开关稳压电源的工作频率达到 400kHz 以上，甚至可以达到 1MHz。20 世纪 90 年代，第 4 代功率铁氧体磁性材料开发成功，使开关电源的工作频率达到 500kHz 以上成为可能。

开关电源中常用的电容器有陶瓷电容器、薄膜电容器、铝电解电容器、钽电容器和超容电容器等，其中超容电容器的发展尤其引人注目。超容电容器具有非常大的电极表面和非常小的电极相对距离，这样可制造出超大容量的电容器，超容电容器为开关电源电容器的发展提供了新的途径。

开关变压器是开关电源的重要组件。平面变压器为近几年新研发出来的产品，它与普通的开关变压器的不同之处是没有铜导线，采用单层或多层印制电路板取而代之。其优点是能量密度高、体积小，只有普通开关变压器的 1/4 左右；它的效率很高，一般可达 97%～99%；它的工作频率可达 500kHz～2MHz，并且漏感和电磁干扰都很小。

1.4.2 不断提高电路集成度

自 20 世纪 80 年代集成开关稳压器问世以来，国外相继研制和生产了多种单片开关稳压器，它们的共同特点是将脉宽调制器、功率输出级、保护电路等置于一个芯片中，但在应用时仍需输入未经稳压的直流电。20 世纪 90 年代中期，Motorola（摩托罗拉）、Philips（飞利浦）等公司相继推出交流输入的单片开关稳压器，由于其不需要输入未经稳压的直流电，便可免去工频变压器，开关稳压电源进一步微型化。

1.4.3 不断采用新技术

1. 软开关技术

在开关电源发展的初期阶段，功率开关管的开通或关断是在器件上的电压或电流不为零的状态下进行的，即当器件上的电压未达到零时强迫器件开通，当器件中流经的电流未达到零时强迫器件关断。这种工作状态称之为"硬开关"，随着开关频率的提高，开关损耗也增大。因此，硬开关技术限制了开关电源的工作频率和效率的提高。

20 世纪 70 年代，软开关技术的出现使开关电源的工作频率和效率大大提高。所谓"软开关"是指零电压开关（Zero Voltage Switching, ZVS）或零电流开关（Zero Current Switching, ZCS）。它是应用准谐振原理，使开关器件中的电压（或电流）按正弦规律变化，使电压为零时器件开通，或者电流为零时器件关断。这样一来，开关损耗可以降低为零。应用软开关技术，可以使开关电源的工作频率达到兆赫的量级。

准谐振电路是在 PWM 电路中接入电感和电容构成的，它可以将流经开关管的电流以及加在开关管两端的电压波形变为准正弦波。图 1-13 所示为电流谐振开关和电压谐振开关的基本电路以及工作波形。

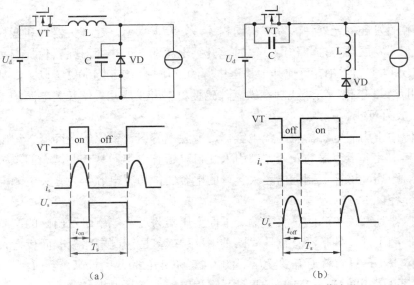

图1-13　电流谐振开关和电压谐振开关的基本电路以及工作波形

图 1-13（a）所示是电流谐振开关的基本电路及工作波形，谐振用电感 L 和开关 VT 串联，流经开关的电流 i_s 为正弦波的一部分。当开关导通时，电流 i_s 从零以正弦波形状上升，上升到电流峰值后，又以正弦波形状减小到零，电流变为零之后，开关断开。开关再次导通时，重复以上过程。由此可见，开关在零电流时关断。在零电流开关中，开关关断时电流非常小，从而可以降低开关损耗。采用电流谐振开关时，寄生电感可作为谐振电路的一部分，这样可以降低开关断开时产生的浪涌电压。

图 1-13（b）所示为电压谐振开关的基本电路及工作波形，谐振电容 C 与开关并联，加在开关两端的电压 U_s 的波形为正弦波的一部分。开关断开时，开关两端电压从零以正弦波形状上升，上升到峰值后又以正弦波形状下降为零。电压变为零之后，开关导通。开关再断开时，重复以上过程。可见开关在零电压处关断。在零电压开关中，开关关断时电压非常小，从而可以降低开关损耗。这种开关中寄生电感与电容作为谐振电路的一部分，可以消除导通时的电流浪涌与断开时的电压浪涌。

2. 同步整流技术

从目前开关电源的应用情况来看，其发展方向趋于低电压、大电流。以前开关电源采用肖特基二极管做二次侧整流，当开关电源的输出电压降低时，这种整流方式会使电源的效率大幅度下降。例如，输出电压为 5V 时，效率不到 85%；输出电压为 3.3V 和 1.5V 时，其效率仅分别为 80%和 65%。

利用同步整流技术可以大大提高低电压开关电源的效率。同步整流技术是通过控制功率MOSFET 的驱动电路来实现功率 MOSFET 整流功能的技术。同步整流技术大大提高了二次侧整流的效率，使开关电源的效率达到 90%以上。

3. 功率因数校正（PFC）技术

开关电源的电磁干扰是其主要缺点之一。为了减小开关电源对供电电网的污染和对外部电子设备的干扰，开关电源普遍采用了功率因数校正技术。功率因数校正技术的主要作用是使电网输入到电源的电流波形近似为正弦波，并与输入的电网电压保持同相位，即实现功率因数为 1。

功率因数校正有两种方法：无源功率因数技术和有源功率因数技术。无源功率因数技术采用电感、电容滤波来提高功率因数，它提高功率因数的效果不理想，并且体积大、笨重。有源功率因数技术利用一个变换器串入整流滤波器和 DC/DC 变换器之间，控制输入电流紧随输入电压，从而实现功率因数为 1 的目的。

4. 开关电源的数字化

传统的开关电源采用模拟控制技术，使用比较器、误差放大器等元器件来调整电源输出电压，控制电路复杂、元器件多，不利于开关电源小型化，适用范围受限。近年来，数字开关电源的研究势头与日俱增，成果也越来越多，可以较好地解决以上问题。

开关电源的数字化控制技术，是指先将输入的模拟信号转换成数字信号加至控制器（数字化控制芯片），由控制器对数字串进行比较，然后，由控制器产生数字脉冲，控制功率驱动电路工作。

开关电源的数字化控制芯片，主要有基于 MCU、DSP 和 FPGA 等几种类型。

MCU 芯片的优点是价格便宜，缺点是处理能力和运算速度相对较低，DSP 芯片的优点是处理能力强、运算速度快、精度高，缺点是价格较高。FPGA 芯片的优点是具备可编程性且应用灵活，可以实现多种电源控制算法和输出参数的调整，缺点是设计和开发难度较大，成本也相对较高。总体来说，不同的芯片有各自的特点和适用范围，需要根据具体应用情况进行选择。

开关电源采用全数字化控制技术，可以有效地缩小电源体积，降低成本，大大提高了设备的可靠性和适应性，数字开关电源是开关电源的发展趋势。

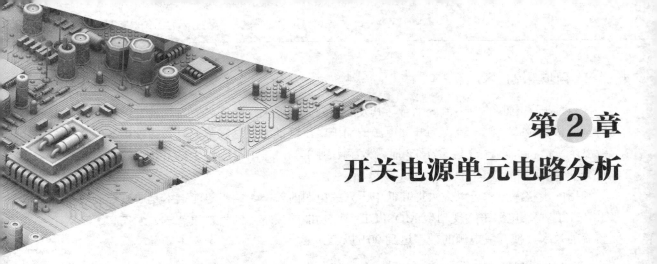

第 2 章
开关电源单元电路分析

单元电路是组成开关电源的基本电路，常见的单元电路主要有交流抗干扰电路、整流电路、滤波电路、启动电路、功率转换电路（开关管和开关变压器）、稳压电路、保护电路、功率因数校正电路（部分开关电源有此电路）、消磁电路（部分开关电源有此电路）、同步整流电路（部分开关电源有此电路）等。本章中主要以并联型开关电源为例进行介绍。

|2.1 开关电源基本单元电路|

2.1.1 交流抗干扰电路

开关电源的两根交流进线上存在共模干扰（两根交流进线上接收的干扰信号，相对参考点大小相等、方向相同，如电磁感应）和差模干扰（两根交流进线上接收的干扰信号，相对参考点大小相等、方向相反，如电网电压瞬时波动），两种干扰以不同比例同时存在。开关电源中，整流电路、开关管的电流、电压快速上升或下降，电感、电容的电流也迅速变化，这些都构成电磁干扰源。为了减少干扰信号通过电网影响其他电子设备正常工作的情况，也为了减少干扰信号对本机音视频信号的影响，需要在交流进线侧加装线路滤波器，即交流抗干扰电路。常用的交流抗干扰电路如图 2-1 所示。

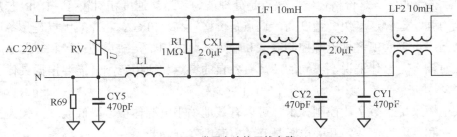

图2-1 常用交流抗干扰电路

电路中，LF1、LF2 是共模扼流圈，在一个闭合高磁导率铁芯上，绕制两个绕向相同的线圈。共模电流以相同方向同时流过两个线圈时，两线圈产生的磁通方向是相同的，有相互加强的作用，使每一线圈的共模阻抗提高，共模电流大大减弱，对共模干扰有强的抑制作用。

在差模干扰信号作用下，干扰电流产生方向相反的磁通，在铁芯中相互抵消，使线圈电感几乎为零，对差模信号没有抑制作用。LF1、LF2 与电容 CY1、CY2 构成共模干扰抑制网络。

电路中，L1 是差模扼流圈，在高磁导率铁芯上独立绕线构成，对高频率差模电流和浪涌电流有极高的阻抗，对低频（工频）电流的阻抗极小。电容 CX1、CX2 滤去差模电流，与 L1 构成差模干扰抑制网络。R1 是 CX1、CX2 的放电电阻（安全电阻），用于防止电源线拔插时电源线插头长时间带电。安全标准规定，当正在工作中的电气设备的电源线被拔掉时，在 2s 内，电源线插头两端带电的电压（或对地电位）必须小于原来电压的 30%。

需要特别提示的是，电容 CX、CY 为安全电容，必须经过安全检测部门认证并标有安全认证标志。电容 CY 一般采用耐压为 AC 275V 的陶瓷电容，但其真正的直流耐压高达 4000V 以上，因此，电容 CY 不能随便用 AC 250V 或 DC 400V 之类的电容来代用。电容 CX 一般采用聚丙烯薄膜介质的无感电容，耐压为 AC 250V 或 AC 275V，但其真正的直流耐压达 2000V 以上，也不能随便用 AC 250V 或 DC 400V 之类的电容来代用。

2.1.2　整流电路

整流电路的作用是将交流电压转换成 300V 左右的直流电压。开关电源电路中通常采用桥式整流方式，典型电路如图 2-2 所示。

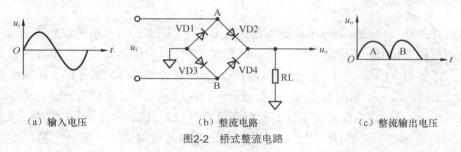

（a）输入电压　　　　　　　（b）整流电路　　　　　　　（c）整流输出电压

图2-2　桥式整流电路

电路中，VD1～VD4 是全桥堆中的 4 只整流二极管，u_i 是输入的交流电压，u_o 是整流后的输出电压。

当 A 端为正半周电压时，B 端为负半周。A 端的正半周电压同时加在 VD1 的负极和 VD2 的正极上，VD1 反向偏置而截止，VD2 正向偏置而导通。与此同时，B 端的负半周电压同时加到 VD3 的负极和 VD4 的正极，这一电压对 VD3 是正向偏置使之导通，对 VD4 是反向偏置使之截止。由上述分析可知，当 A 端为正半周，B 端为负半周时，VD2 和 VD3 同时导通，VD1 和 VD4 同时截止，其导通后的电流回路为：A 端→VD2 正极→VD2 负极→RL→地端→VD3 正极→VD3 负极→B 端→再回到 A 端。流过 RL 的电流方向为从上而下，所以在 RL 上的电压为正，如图 2-2（c）中的输出电压波形 A 所示。

当 u_i 输入电压变化到另一个半周时，A 端为负半周，B 端为正半周。A 端的负半周电压使 VD1 导通、VD2 截止，B 端的正半周电压使 VD4 导通、VD3 截止，这样也有 2 只二极管处于导通状态，另 2 只二极管处于截止状态。在 VD4 和 VD1 导通后，其回路电流为：B 端→VD4 正极→VD4 负极→RL→地端→VD1 正极→VD1 负极→A 端→再回到 B 端。此时，流过 RL 的电流也是从上而下的，所以输出电压仍然是正的，如图 2-2（c）中电压波形 B 所示。

从整流电路的输出端电压波形中可以看出，桥式整流电路可以将交流电压转换成单向脉动的直流电压。

根据以上分析可知，在交流电压正半周时，VD2、VD3 导通，负半周时，VD1、VD4 导通。由于每只二极管都只在半个周期内导电，所以流过每只二极管的平均电流只是负载电流的一半。

桥式整流电路也可以画成如图 2-3 所示的形式，图 2-3（a）所示为一种常用画法，图 2-3（b）所示为其简化画法。

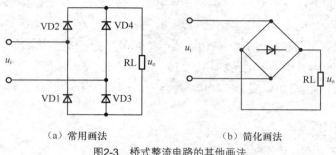

（a）常用画法　　　　　　　　（b）简化画法

图2-3　桥式整流电路的其他画法

2.1.3　滤波电路

整流电路虽然可以把交流电压变换为直流电压，但负载上的直流电压却是脉动的，它的大小每时每刻都在变化着，不能满足电子电路和无线电装置对电源的要求。整流后的脉动直流电压，属于非正弦周期信号，可以把它分解为直流成分（它的平均值）和各种不同频率的正弦交流成分。为了得到波形平滑的直流电，应尽量降低输出电压中的交流成分，同时又要尽量保留其中的直流成分，使输出电压接近于理想的直流电压。用以完成这一任务的电路称为滤波电路。

电容和电感都是基本的滤波元件，它们可在二极管导电时储存一部分能量，然后再逐渐释放出来，从而得到比较平滑的波形。从另一个角度看，电容和电感对于交流成分和直流成分反映出来的阻抗不同，如果把它们合理地安排在电路中，可以达到降低交流成分、保留直流成分的目的，体现出滤波的作用，所以电容和电感是组成滤波电路的主要元件。

在开关电源中，滤波电路主要采用以下几种形式。

1. 电容器滤波

电容器滤波主要应用在开关变压器一次电路中，如图 2-4 所示。

交流电压经整流电路之后输出的是单向脉动性直流电压，这一电压可分解为一个直流电压和一组频率不同的正弦交流电压，滤波电路的作用是将直流电压取出，滤除交流成分。电路中，由

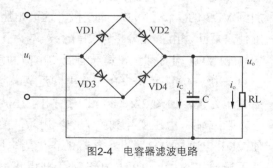

图2-4　电容器滤波电路

于电容 C 对直流电压相当于开路，这样整流电路输出的直流电压不能通过 C 到地，只能加到负载 RL 上。对于整流电路输出的交流成分，因 C 容量较大，其容抗较小，交流成分通过 C

流到地端，而不能加到负载 RL。这样，通过电容 C 的滤波，从单向脉动性直流电中取出了所需要的直流电压，滤波电容 C 的容量越大，对交流成分的容抗越小，使残留在负载 RL 上的交流成分越小，滤波效果就越好。

开关电源中，滤波电容 C 的容量一般较大，通常采用 100～220μF 电容（耐压一般高于 400V）。该电容在通电瞬间的充电电流较大，对保险管、整流管有一定危害，因此需要通过设置限流电阻对冲击电流进行限制。开关电源的限流电阻多采用负温度系数（NTC）的热敏电阻。其特点是在工作温度范围内电阻值随温度的升高而降低，即在冷态阻值较大时，热态阻值下降。这样在开机瞬间，电容器的充电电流便受到 NTC 电阻的限制。在 14～60s，NTC 元件升温相对稳定，其分压也逐步降至零点几伏，这样小的压降，可视此种元件在完成软启动功能后为短接状态，不会影响电源的正常工作。

2. LC 滤波电路

LC 滤波电路主要应用在开关电源二次输出电路中，典型电路如图 2-5 所示。

在 LC 滤波电路中，由于 RL 上并联了一个电容，交流分量在 $R_L//X_C$ 和 X_L 之间分压，所以，输出电压的脉动成分比仅用电感滤波时更小。

LC 滤波电路在负载电流较小或较大时具有良好的滤波作用，它对负载的适应性比较强。

电感滤波和 LC 滤波电路的突出优点是当负载电流变化时，输出电压波动很小，也就是外特性较好。但由于电路使用了铁芯电感，制作工艺复杂，体积大，成本较高，所以不适于电路和整机小型化的要求。

3. π 型 LC 滤波电路

在 LC 滤波电路的基础上再加上一个电容，就组成了一节 π 型 LC 滤波电路，如图 2-6 所示。π 型 LC 滤波电路广泛应用在开关电源二次输出电路中。

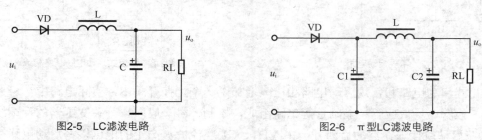

图2-5　LC滤波电路　　　　　　　　　　图2-6　π型LC滤波电路

电路中，整流电路输出的单向脉动性直流电压先经电容 C1 滤波，去掉大部分交流成分，然后加到 L 和 C2 滤波电路中。对于交流成分而言，L 对它的感抗很大，这样在 L 上的交流电压降较大，加到负载上的交流成分小；对直流电而言，由于 L 没有感抗，同时滤波电感的线径较粗，其直流电阻很小，这样直流电压在 L 上基本没有电压降，所以直流输出电压比较高，这是滤波电路采用电感滤波器的最大优点。

2.1.4　启动电路

为了使开关管工作在饱和、截止的开关状态，必须有一个激励脉冲作用到开关管的基极，并联型开关电源一般采用他激式电源，这个激励脉冲一般是由专门的振荡器产生的，而振荡器的工作电压则由启动电路来提供。

启动电路分常规启动电路和受控式启动电路两种形式。

1. 常规启动电路

常规启动电路的电路形式如图 2-7 所示。

接通电源开关后，市电电压经整流、滤波后，获得约 300V 的直流电压，一路经开关变压器的一次绕组送到开关管的漏极，另一路经 R1、R2 对 C1 进行充电，当 C1 两端电压达到一定值时，则 PWM 控制芯片的振荡电路得电工作，输出驱动脉冲控制开关管工作。当开关电源正常工作后，开关变压器二次绕组上感应的脉冲电压经 VD1、C1 整流滤波后产生直流电压，将取代启动电路，为 PWM 控制芯片的供电端供电。

2. 受控式启动电路

受控式启动电路基本构成如图 2-8 所示。

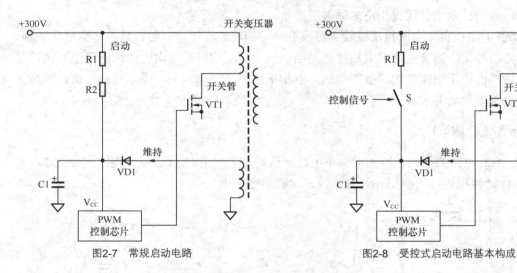

图2-7　常规启动电路　　　　　　　图2-8　受控式启动电路基本构成

受控式启动电路和常规启动电路相比，增加了一个可控开关 S，实际电路中，可控开关一般由三极管、场效应管、晶闸管等电路组成，控制信号一般取自开关变压器的反馈绕组。开关 S 在启动时接通，启动后断开，由 VD1、C1 整流滤波产生的电压接替启动电路工作。这种电路不但可减小功耗，还可大大减小启动电路的故障率。

图 2-9 所示是一个具体的受控式启动电路的原理图，电路中，开关电源 PWM 控制芯片采用的是最为常见的 UC3842。

开机后，VT912 导通，+300V 电压经 VT912、R932 在 C916 两端建立启动电压，加到 UC3842 的⑦脚，为 UC3842 提供启动电压。

当 UC3842 启动后，开关电源工作，开关变压器 T901 的⑥脚、⑦脚感应的脉冲（叠加有 +300V 直流电压）经 VD910、C915 对整流后的电压进行滤波，经 R927 加到 VT912 的基极，导致 VT912 截止，启动电路关断。

由以上分析可知，这种启动判断电路的控制信号来自开关变压器产生的脉冲整流电压。

图 2-10 所示为另一种形式的受控式启动电路原理图，电路中，开关电源 PWM 控制芯片采用的仍是 UC3842。

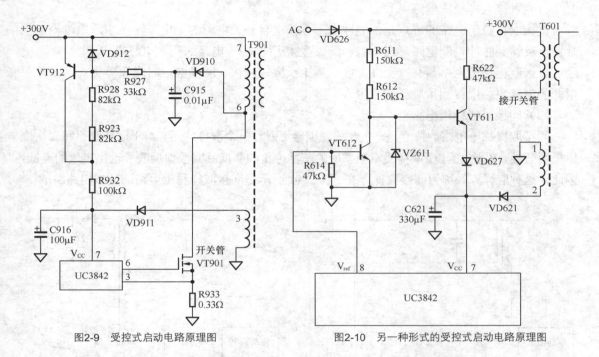

图2-9　受控式启动电路原理图　　　　　图2-10　另一种形式的受控式启动电路原理图

开机后，VT611 导通，交流电压经 VD626 整流、VT611 和 R622 降压、VD627 整流，在 C621 两端建立启动电压，加到 UC3842 的⑦脚，为 UC3842 提供启动电压。

当 UC3842 启动后，开关电源工作，UC3842 的⑧脚输出 5V 基准电压，VT612 导通，导致 VT611 截止，启动电路关断。

由以上分析可知，这种受控式启动电路的控制信号取自 UC3842 的基准电压输出脚，这种受控式启动电路在开关电源中也有一定的应用。

2.1.5　功率转换电路

功率转换电路主要由开关管和开关变压器（也称"高频变压器"）组成，它是实现变压、变频以及输出电压调整的执行部件，是开关电源的核心。早期的开关电源多采用三极管作为开关管，目前开关电源一般采用场效应管作为开关管。

2.1.6　稳压电路

为了使开关电源的输出电压不因市电电压、负载电流的变化而发生变化，必须通过稳压电路来对开关管的导通时间进行控制，达到稳定输出电压的目的。稳压电路主要由取样电路、基准电压源、误差放大器、光电耦合器和脉冲调制电路等组成。

1．稳压电路的两种类型

开关电源稳压电路主要有两种类型，即直接取样稳压电路和间接取样稳压电路。

（1）直接取样稳压电路

直接取样稳压电路的特点是，取样电压直接取自开关电源的主电源输出端，通过光电耦合器再反馈到脉冲调制电路。图2-11所示是直接取样稳压电路的基本电路组成。

直接取样稳压电路具有安全性能好、稳压反应速度快、瞬间响应时间短等优点，在开关电源的电源电路中得到了广泛的应用。

（2）间接取样稳压电路

间接取样稳压电路的特点是，在开关变压器上专设一个取样绕组，由于取样绕组和二次绕组采用紧耦合结构，所以，取样绕组被感应的脉冲电压的高低就间接地反映了输出电压的高低，因此，这种取样方式称为间接取样方式。图2-12所示是间接取样稳压电路的基本电路组成。

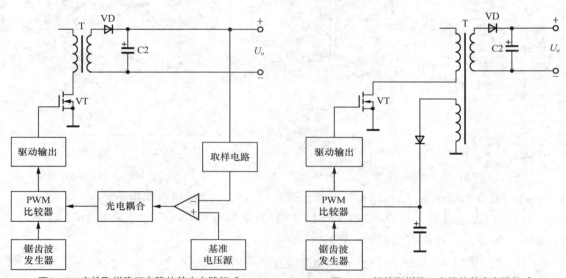

图2-11　直接取样稳压电路的基本电路组成　　　　图2-12　间接取样稳压电路的基本电路组成

这种取样方式的优点是电路简洁，但也存在不少问题，主要是稳压瞬间响应差。当输出电压因市电电压等发生变化时，需经开关变压器的耦合才能反映到取样绕组上，不但响应速度慢，而且不便于空载检修，检修时，还需在主电源输出端接假负载。

2．稳压电路的工作过程

下面以直接取样稳压电路为例进行说明，有关电路如图2-11所示。

220V交流输入电压经过整流、滤波后变为脉动直流电压，为开关管VT提供电源。开关电源工作后，从开关变压器T的二次侧输出脉冲电压，经二极管VD整流和电容C2滤波后，输出直流电压U_o为负载供电。

当输出电压U_o下降时，经取样电路取样后的电压亦下降，取样电压与基准电压经误差放大器比较后，由光电耦合器输入PWM比较器，使PWM比较器输出的脉冲宽度加宽，宽脉冲使开关管导通时间加长，驱动开关变压器T储能增加，使输出电压U_o上升，反之结果相反。

2.1.7　保护电路

开关电源的许多元器件都工作在大电压、大电流条件下，为了保证开关电源及负载电路的安全，开关电源设置了许多保护电路。

1.　尖峰吸收回路

由于开关变压器是感性器件，在开关管截止瞬间，其集电极上将产生尖峰极高的反峰值电压，容易导致开关管过压损坏，为此，很多开关电源设置了如图 2-13 所示的尖峰吸收回路。

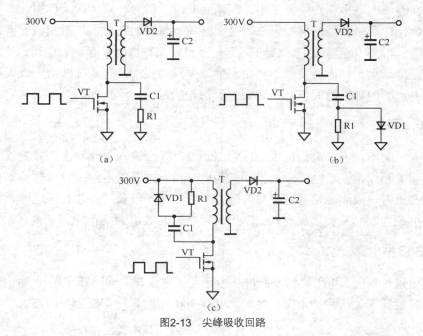

图2-13　尖峰吸收回路

在图 2-13（a）所示的电路中，开关管 VT 截止瞬间，其集电极上产生的反峰值电压，经C1、R1 构成充电回路，充电电流使尖峰电压被抑制在一定范围内，以免开关管被击穿。当C1 充电结束后，C1 通过开关变压器 T 的一次绕组、300V 滤波电容 C1、地、R1 构成放电回路。因此，当 R1 取值小时，虽然利于尖峰电压的吸收，但增大了开关管的开启损耗；当 R1取值大时，虽然降低了开关管的开启损耗，但降低了尖峰电压的吸收。

图 2-13（b）所示电路针对以上电路进行了改进，在图 2-13（b）中，不但加装了二极管VD1，而且加大了 R1 的值，这样，由于 VD1 的内阻较小，利于尖峰电压的吸收，而 R1 的取值又较大，降低了开启损耗对开关管 VT 的影响。

图 2-13（c）所示的电路与图 2-13（b）所示的电路工作原理是一样的，吸收效果要更好一些。目前，开关电源的电源尖峰吸收回路基本上采用该电路形式。

2.　过压保护电路

为避免因各种原因引起的输出电压升高，从而造成负载电路的元器件损坏，一般都会设置过压保护电路。方法有多种，有在输出电压和地之间并联晶闸管（SCR）的，一旦电压取样电路检测到输出电压升高，就会触发晶闸管导通，起到过压保护的作用，也可以在检测到输出电压升高时，直接控制开关管的振荡过程，使开关电源停止工作。

3. 过流保护电路

为了避免开关管因负载短路或过重而使开关管过流损坏，开关电源必须具有过流保护功能。

最简单的过流保护措施是在线路中串入保险管。在电流过大时，保险管的动作不会很及时，只能起慢速保护的作用。

另外，在整流电路中常接限流电阻，阻值为几欧，能起一定的限流作用。

还有一种比较有效的过流保护方法，是在开关调整管的发射极（对三极管而言）或源极（对场效应管而言）串接一只过流检测小电阻，一旦由某种情况引起饱和电流过大，则过流检测电阻上的压降增大，从而触发保护电路，使开关管基极上的驱动脉冲消失或调整驱动脉冲的脉宽，使开关管的导通时间下降，达到过流保护的目的。

4. 软启动电路

一般在开机瞬间，开关电源由于稳压电路还没有完全进入工作状态，开关管将处于失控状态，极易因关断损耗大或过激励而损坏。为此，在一些开关电源中设有软启动电路，其作用是在每次开机时，限制激励脉冲导通时间，使之不至于过长，并使稳压电路迅速进入工作状态。有些电源控制芯片中集成有软启动电路，有些开关电源则在外部专设有软启动电路。

5. 欠压保护电路

当市电电压过低时，将引起激励脉冲幅度不足，导致开关管因开启损耗大而损坏，因此，有些开关电源设置了欠压保护电路。例如，开关电源控制芯片 UC3842 内部就设置了欠压保护电路。

开关电源的保护电路还有一些，这里不再一一分析。

|2.2 开关电源特殊单元电路介绍|

开关电路除以上介绍的基本单元电路外，有些开关电源还采用了一些特殊的电路，下面简要介绍一些应用较多的特殊电路。

2.2.1 功率因数校正（PFC）电路

目前，多数开关电源输入电路普遍采用带有大容量滤波电容器的全桥整流变换电路，没有附加功率因数校正（PFC）电路。这种电路的缺点是：开关电源输入级整流和大滤波电容产生的严重谐波电流会危害电网，影响其正常工作，使输电线上的损耗增加，降低功率因数，浪费电能。若加入 PFC 电路，可以通过适当的控制电路，不断调节输入电流波形，使其逼近正弦波，并与输入电网电压保持同相，可使功率因数大大提高，减小了电网负荷，提高了输出功率，并明显降低了开关电源对电网的污染。

1. 功率因数降低的原因

PFC 是 20 世纪 80 年代发展起来的一项技术，PFC 电路的作用不仅仅是提高线路或系统的功率因数，更重要的是可以解决电磁干扰（EMI）和电磁兼容（EMC）问题。

线路功率因数降低的原因有两个：一个是线路电压与电流之间的相位角 ϕ，另一个是电流或电压的波形失真。

功率因数（PF）定义为有功功率（P）与视在功率（S）的比值，即 $PF = P/S$。当线路电压和电流均为正弦波波形并且二者相位角为 ϕ 时，功率因数 PF 即为 $\cos\phi$。由于很多家用电器和电气设备是既有电阻又有电抗的阻抗负载，所以电压与电流之间的可能存在相位角 ϕ。这类感性负载的功率因数都较低（一般为 0.5～0.6），说明交流（AC）电源设备的额定容量不能被充分利用，输出大量的无功功率，致使输电效率降低。为提高负载功率因数，往往会采取一些补偿措施。最简单的方法是在电感性负载两端并联电容器，这种方法称为并联补偿。

PFC 方案完全不同于传统的"功率因数补偿"，它是针对非正弦电流，用于提高线路功率因数，迫使 AC 线路电流追踪电压波形的瞬时变化轨迹，并使电流与电压保持同相位，使系统呈纯电阻性的一种技术措施。

长期以来，开关电源都是采用桥式整流和大容量电容滤波电路来实现 AC/DC 转换的。由于滤波电容的充、放电作用，在其两端的直流电压出现略呈锯齿波的纹波。滤波电容上电压的最小值与其最大值（纹波峰值）相差并不多。由于桥式整流二极管的单向导电性，AC线路只有在输入电压瞬时值高于滤波电容上的电压时，整流二极管才会因正向偏置而导通，而当 AC 输入电压瞬时值低于滤波电容上的电压时，整流二极管因反向偏置而截止。也就是说，在 AC 线路电压的每个半周期内，只在电压峰值附近时，二极管才会导通（导通角约为 70°）。虽然AC 输入电压仍大体保持正弦波波形，但 AC 输入电流却呈高幅值的尖峰脉冲，如图 2-14 所示。这种严重失真的电流波形含有大量的谐波成分，引起线路功率因数严重下降。

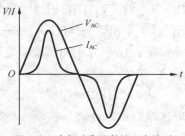

图2-14　未加功率因数校正电路时输入电流与电压的波形

2. 无源 PFC 和有源 PFC

为提高线路功率因数、抑制电流波形失真，必须采用 PFC 措施。PFC 分无源和有源两种类型，目前应用较多的是有源 PFC 技术。

（1）无源 PFC 电路

无源 PFC 电路不使用三极管等有源器件，而是由二极管、电阻、电容和电感等无源器件组成的。无源 PFC 电路有很多类型，其中比较简单的无源 PFC 电路由 3 只二极管和 2 只电容组成，如图 2-15 所示。

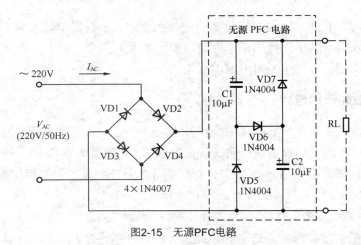

图2-15　无源PFC电路

这种无源 PFC 电路的工作原理是：在 50Hz 的 AC 线路电压按正弦规律由零向峰值 V_m 变化的 1/4 周期内（即在 $0 < t \leqslant 5\text{ms}$），桥式整流器中二极管 VD2 和 VD3 导通（VD1 和 VD4 截止），电流对电容 C1 并经二极管 VD6 对 C2 充电。当 V_{AC} 瞬时值达到 V_m，因 $C_1 = C_2$，故 C1 和 C2 上的电压相同，均为 $\frac{1}{2}V_m$。当 AC 线路电压从峰值开始下降时，电容 C1 通过负载和二极管 VD5 迅速放电，并且下降速率比 AC 电压按正弦规律下降快得多，故直到 AC 电压瞬时值达到 $1/2V_m$ 之前，VD2 和 VD3 一直导通。当瞬时 AC 电压幅值小于 $\frac{1}{2}V_m$ 时，电容 C2 通过 VD7 和负载放电。当 AC 输入电压瞬时值低于无源 PFC 电路的 DC 总线电压时，VD2 和 VD3 截止，AC 电流不能通过整流二极管，于是 I_{AC} 出现死区。在 AC 电压的负半周开始后的一段时间内，VD1 和 VD4 不会马上导通。只有在 AC 瞬时电压高于桥式整流输出端的 DC 电压时，VD1 和 VD4 才能因正向偏置而导通。一旦 VD1 和 VD4 导通，C1 和 C2 再次被充电，于是出现与 AC 电压在正半周类似的情况，得到图 2-16 所示的 AC 线路输入电压 V_{AC} 和电流 I_{AC} 波形。

从图 2-18 中可以看出，采用无源 PFC 电路取代单只电容滤波，整流二极管导通角明显增大（大于 120°），AC 输入电流波形会变得平滑一些。在选择 $C_1 = C_2 = 10\mu\text{F}/400\text{V}$ 的情况下，线路功率因数可达 0.92～0.94。由于这种低成本的无源 PFC 电路的 DC 输出电压纹波较大，质量较差，所以其一般用在一些低档产品中。

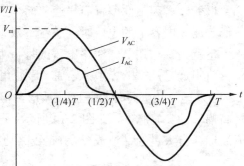

图2-16　加入无源PFC时的输入电压与电流波形

（2）有源 PFC 电路

有源 PFC 电路框图见图 2-17。

从图中可以看出，这是一个由储能电感 L、场效应功率开关管 VT、二极管 VD2 构成的升压式 DC/DC 变换器。

整流输入电压由 R1、R2 分压后，经输入电压检测电路后送到乘法器。场效应开关管的源极电流经输入电流检测后也送到乘法器。输出电压由 R3、R4 分压后，送到输出电压检测电路，经与参考电压比较和误差放大后也送到乘法器。

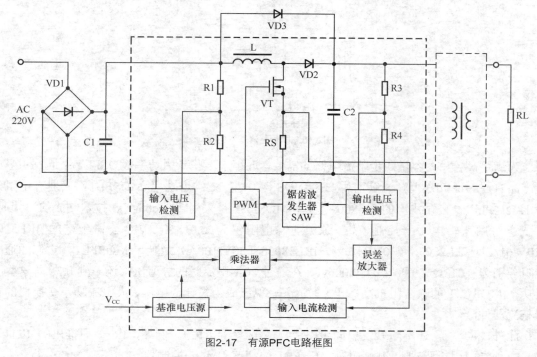

图2-17　有源PFC电路框图

在较大动态范围内，模拟乘法器的传输特性呈线性。当正弦波交流输入电压从零上升至峰值时，乘法器将 3 路输入信号处理后，输出相应电平去控制 PWM 比较器的门限值，然后与锯齿波比较，产生 PWM 调制信号，加到场效应功率开关管 VT 的栅极，调整场效应管漏、源极导通宽度和时间，使它同步跟踪电网输入电压的变化，让 PFC 电路的负载相对交流电网呈纯电阻特性，使流过一次回路感性电流峰值包络线紧随正弦交流输入电压变化，获得与电网输入电压同频同相的正弦波电流。

在开关电源实际 PFC 电路中，除场效应管 VT 和几个分压电阻外，上述的大部分电路都集成在一块集成电路上，这块集成电路称为功率校正集成电路，如 MC33261/34261、KA7524/7526、L6560、SG3561、NCP1650、ICEPCS01、TDA4862/4863 等。

2.2.2　同步整流电路

同步整流是采用通态电阻极低的专用功率 MOSFET 来取代整流二极管，以降低整流损耗的一项新技术。它能大大提高开关电源的效率，并且不存在由肖特基二极管势垒电压而造成的死区电压。功率 MOSFET 属于电压控制型器件，它在导通时的伏安特性呈线性关系。用功率 MOSFET 作整流器时，由于要求栅极电压必须与被整流电压的相位保持同步才能完成整流功能，故称之为同步整流。同步整流基本电路如图 2-18 所示。

电路中，VT1 及 VT2 为功率 MOSFET。在二次电压的正半周，VT1 导通，VT2 关断，VT1 起整流作用；在二次电压的负半周，VT1 关断，VT2 导通，VT2 起到续流作用。同步整流电路的功率损耗主要包括 VT1 及 VT2 的导通损耗及栅极驱动损耗。当开关频率低于 1MHz 时，导通损耗占主导地位；当开关频率高于 1MHz 时，以栅极驱动损耗为主。

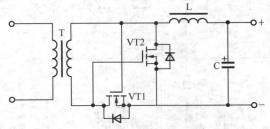

图2-18　同步整流基本电路

为满足高频、大容量同步整流电路的需要，近年来一些专用功率 MOSFET 不断问世，典型产品有 Fairchild（仙童）公司生产的 NDS8410 型 N 沟道功率 MOSFET，其通态电阻为 0.015Ω。Philips 公司生产的 SI4800 型功率 MOSFET 是采用 Trench MOS 技术制成的，其通、断状态可用逻辑电平来控制，漏-源极通态电阻仅为 0.0155Ω。IR 公司生产的 IRL3102（20V/61A）、IRL2203S（30V/116A）、IRL3803S（30V/100A）型功率 MOSFET，它们的通态电阻分别为 0.013Ω、0.007Ω和 0.006Ω，在通过 20A 电流时的导通压降还不到 0.3V。这些专用功率 MOSFET 的输入阻抗高，开关时间短，现已成为设计低电压、大电流功率变换器的首选整流器件。

此外，IC 厂家还不断开发出同步整流集成电路（SRIC）。例如，IR 公司推出的 IR1176 就是一种专门用于驱动 N 沟道功率 MOSFET 的高速 CMOS 控制器。

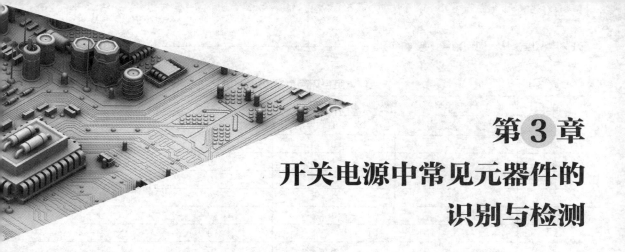

第3章

开关电源中常见元器件的识别与检测

开关电源是由一个个元器件组合而成的，常用的元器件主要有电阻、电容、电感、开关变压器、二极管、三极管、场效应管、晶闸管、光电耦合器、三端误差放大集成电路、集成稳压器、电磁继电器等。另外，一些小型电子产品采用的开关电源还大量采用了贴片元器件。本章将对这些元器件的识别与检测进行简要介绍。

|3.1　电阻、电容、电感和变压器的识别与检测|

3.1.1　电阻的识别与检测

开关电源中采用的电阻元件较多，常见的有以下几种。

1. 色环电阻

色环电阻用色环来表示其阻值，常用的有4色环电阻和5色环电阻，外形如图3-1所示。

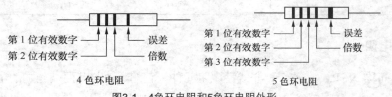

图3-1　4色环电阻和5色环电阻外形

4色环电阻用3个色环来表示阻值（前2环代表有效值，第3环代表倍数，即乘上10的多少次方），最后1个色环表示误差。5色环电阻一般是金属膜电阻。为更好地表示精度，用前4个色环表示阻值，最后1个色环表示误差。表3-1、表3-2所示是4色环电阻、5色环电阻的色环颜色-数值对照表。

表 3-1　　　　　　　　　　　　　　4 色环电阻色环颜色-数值对照表

色环颜色	第 1 色环	第 2 色环	第 3 色环	第 4 色环
	第 1 位数字	第 2 位数字	倍数	误差范围
黑	—	0	10^0	—
棕	1	1	10^1	—
红	2	2	10^2	—
橙	3	3	10^3	—
黄	4	4	10^4	—
绿	5	5	10^5	—
蓝	6	6	10^6	—
紫	7	7	10^7	—
灰	8	8	10^8	—
白	9	9	10^9	—
金	—	—	10^{-1}	±5%
银	—	—	10^{-2}	±10%
无色	—	—	—	±20%

表 3-2　　　　　　　　　　　　　　5 色环电阻色环颜色-数值对照表

色环颜色	第 1 色环	第 2 色环	第 3 色环	第 4 色环	第 5 色环
	第 1 位数字	第 2 位数字	第 3 位数字	倍数	误差范围
黑	—	0	0	10^0	—
棕	1	1	1	10^1	±1%
红	2	2	2	10^2	±2%
橙	3	3	3	10^3	—
黄	4	4	4	10^4	—
绿	5	5	5	10^5	±5%
蓝	6	6	6	10^6	±0.25%
紫	7	7	7	10^7	±0.1%
灰	8	8	8	10^8	—
白	9	9	9	10^9	—
金	—	—	—	10^{-1}	
银	—	—	—	10^{-2}	

2. 压敏电阻

压敏电阻简称 VSR，它是一种非线性电阻元件，它的阻值与其两端施加的电压值的大小有关。当两端电压大于一定的值（压敏电压值）时，压敏电阻器的阻值急剧减小；当压敏电阻器两端的电压恢复正常时，压敏电阻的阻值也恢复正常。压敏电阻的外形及电路符号如图 3-2 所示。

开关电源电路常采用压敏电阻用于过压保护及浪涌吸收。压敏电阻常常跨接在被保护元器件的两端。正常工作情况下，压敏电阻基本上对线路不产生影响，因为当压敏电阻两端的电压低于压敏电压值时，其呈高阻状态，流过压敏电阻的漏电流只在微安级。当电路中由于电路的接通或断开瞬间或雷电感应等，而产生一个高出正常电压许多倍的瞬时电压时，电压值超过压敏电阻的压敏电压，则压敏电阻的阻值急剧下降，致使流过压敏电阻的电流值骤增几个数量级，将电压的跳变限制在压敏电压值附近，从而避免了被保护的元器件受到高压电的冲击而损坏。当瞬时脉冲高压消除后，线路电压恢复正常，压敏电阻又处于原来的高阻状态。可见压敏电压值必须低于被保护元器件的击穿电压，否则便达不到保护目的。在选择压敏电阻器时，低压敏电压值的压敏电阻器保护性能更好，一般压敏电压值为正常工作电压的 1.5～2 倍，但压敏电压值不能选得过低，否则漏电流增大，功率损耗大，使用寿命缩短，故应综合考虑。

检测压敏电阻时，应将压敏电阻从电路中取下，用指针式万用表的 R×10k 挡测量压敏电阻两端间的阻值，应为∞，若指针有偏转，则压敏电阻漏电流大、质量差，应予以更换。若压敏电阻选用不当、元件老化或遇到异常高压脉冲（如雷击和过高电压输入）时也会失效乃至损坏，严重时元件外表发黑或开裂。压敏电阻损坏后，应尽可能选用与原型号规格相同的更换件。

3. 负温度系数热敏电阻

负温度系数热敏电阻简称 NTC 电阻或 NTC 元件，它是一种随温度的升高电阻值降低的电阻元件。

NTC 电阻在开关电源中有着广泛的应用，这是由于在开关电源电路中安装有大容量电解电容，在开机瞬间，电容对电源几乎呈短路状态，其冲击电流很大，容易造成整流堆或保险管的过载。若在设备的整流输出端串接上 NTC 元件，如图 3-3 所示，则在电路开机瞬间，由于 NTC 元件的电阻很大，电容的充电电流便受到 NTC 元件的限制。在 14～60s 之后，随着 NTC 元件升温，其阻值降得很小，其上的分压也逐步降至零点几伏，这样小的压降，可视此种元件在完成软启动功能后为短接状态，不会影响开关电源的正常工作。

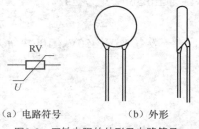

(a) 电路符号　　　　(b) 外形

图3-2　压敏电阻的外形及电路符号

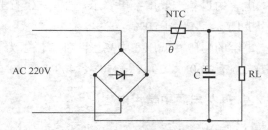

图3-3　NTC元件在开关电源上的应用

检测热敏电阻时，可将万用表拨到电阻挡，用带鳄鱼夹的表笔分别夹住热敏电阻的两个引脚，记下此时的阻值。然后用手捏住热敏电阻，观察万用表，会看到指针随着温度的慢慢升高会慢慢向右移，表明电阻在逐渐减小。当减小到一定数值时，指针停了下来。若环境温度接近体温，采用该方法效果就不明显，这时可用电烙铁靠近热敏电阻，同样也会看到指针慢慢右移，则可证明这只 NTC 热敏电阻是好的。

3.1.2　电容的识别与检测

1. 电容的表示法

电容的单位主要是 mF（毫法）、μF（微法）、nF（纳法）和 pF（皮法），其换算关系是：

$1\text{mF} = 10^3\mu\text{F} = 10^6\text{nF} = 10^9\text{pF}$。

电容通常有以下几种表示法。

（1）直接表示

电容为 10 000pF 以上用微法作单位，10 000pF 以下用皮法作单位。pF 为最小的标注单位，在电路图中标注数值时常直接标出，而不写单位。电容标注中的小数点用 R 表示，如标注为 470 时，电容就是 470pF，标注为 R56μF 时，电容就是 0.56μF。

（2）数码表示法

电容值通常采用 3 位数码表示，前 2 位表示有效数，第 3 位数表示有效数后 0 的个数，单位为 pF，如 201 表示为 200pF，容量有小数的电容器一般用字母表示小数点，如 1p5 表示 1.5pF。

数码表示法有一种特例，如果数值第 3 位是 9，则电容量是前 2 位有效数字乘以 10^{-1}，如 229 表示 $22 \times 10^{-1}\text{pF}$。

（3）字母表示法

这是国际电工委员会推荐的标注方法，使用的标注字母有 4 个，即 p、n、μ、m，分别表示 pF、nF、μF、mF，用 2～4 个数字和 1 个字母表示电容量，字母前为容量的整数，字母后为容量的小数。如 1p5、4μ7、3n9 分别表示 1.5pF、4.7μF、3.9nF。

（4）色环表示法

顺引线方向，前 2 位色环表示电容量的有效数字，第 3 位色环表示后面 0 的个数（分别用黑、棕、红、橙、黄、绿、蓝、紫、灰、白表示 0～9 这 10 个数字），如电容色环为黄、紫、橙，则表示 $47 \times 10^3\text{pF} = 47\ 000\text{pF}$。

电容的误差一般用字母表示，含义：C 为±0.25pF，D 为±0.5pF，F 为±1%，J 为±5%，K 为±10%，M 为±20%。

电容的耐压有低压和中高压两种，低压为 200V 以下，一般有 16V、50V、100V 等，中高压一般有 160V、200V、250V、400V、500V、1 000V 等。

2. 开关电源中常用电容

（1）铝电解电容

铝电解电容是以电解的方法形成的氧化膜作为介质的电容，它以铝当阳极，以乙二醇、丙三醇、硼酸和氨水等所组成的糊状物作为电解液。

根据电解电容位置的不同，铝电解电容在开关电源中所起的作用是不一样的，维修中发现，铝电解电容是损坏率较高的元件，因此，检修时应引起注意。

① 铝电解电容极性的判别。当铝电解电容外壳极性标志不清时，可用下述方法进行判别。

用指针式万用表的 R×10k 挡测量电容两端的电阻值，并两端对调再测量一次，当指针稳定时，比较两次测量读数的大小，取较大的读数值，这时万用表黑表笔接的是电容的正极，红表笔接的是电容的负极。该方法一是利用了万用表内部的电池做电源，二是利用了电解电容反向漏电流比正向漏电流大的特性。

② 铝电解电容漏电流的测量。测量铝电解电容漏电流需要一只稳压电源和一只万用表，

下面以测量 47μF/25V 电解电容为例进行说明，电路如图 3-4 所示进行连接。

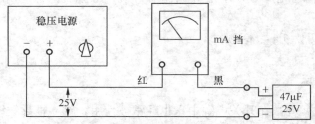

图3-4　电解电容漏电流测量图

先用 500mA 挡给电容充电，表头指示值小于 5mA 时换成 5mA 挡，再依次换成 0.05mA 挡，观察表头指示值，当小于 10μA 时，说明该电容性能良好，可上机试用，否则，说明该电容不良。

（2）钽电解电容

钽电解电容（CA）简称钽电容，它也属于电解电容的一种，由于其使用金属钽（Ta）做介质，所以不需要像普通电解电容那样使用电解液。

另外，钽电解电容不需要像普通电解电容那样使用镀了铝膜的电容纸烧制，所以本身几乎没有电感，但同时也限制了它的容量。此外，钽电解电容内部没有电解液，很适合在高温下工作。钽电解电容的特点是寿命长、耐高温、准确度高。

钽电解电容的损耗、漏电均小于铝电解电容，可以在要求高的电路中代替铝电解电容，但钽电解电容容量较小，价格比铝电解电容高，而且耐电压及电流能力相对较弱，因此，在很多场合，钽电解电容是无法取代铝电解电容的。

（3）瓷介电容

瓷介电容是一种用氧化钛、钛酸钡、钛酸锶等材料制成陶瓷并以此作为介质构成的电容，也称为陶瓷电容，由于这种电容通常做成片状，故俗称瓷片电容。瓷片电容价格廉、损耗大、稳定性差，现在已逐步被独石电容取代。

（4）独石电容

独石电容是多层陶瓷电容的别称，所使用的材料主要有 NPO 电介质、X7R 电介质、Y5V 电介质等。

独石电容具有可靠性高、电容量稳定、耐高温、绝缘性好、成本低等优点，因而得到了广泛的应用。

3.　电容损坏的现象与代换

电容工作久了会老化，其主要特征是容量减小。电容容量可用电容表（有些数字式万用表也具有测量电容容量的功能）方便地进行测量，如发现容量减小过多，应进行更换。另外，对于电解电容，也可用指针式万用表电阻挡进行测量，老化的电容的摆动幅度较同等容量的新电容要小得多。当某个电容的容量减至很小时，通常称之为"失效"。实践中发现，当铝电解电容容量减小过多时，在其顶端会有一层白色粉末状物质，这就是铝电解电容的漏液现象，也是铝电解电容损坏的直观表现。

电容代换时要注意以下几点：①所代换的电容耐压不能低于原电容的耐压值；②无极性电容、有极性电容不能混用。另外，钽电解电容外观很像独石电容，使用时要注意区分。

3.1.3　电感的识别与检测

1. 电感的表示法

电感是一个电抗元件，在开关电源中它也经常被使用。将一根导线绕在铁芯或磁芯上或一个空心线圈作为一个电感。电感的主要物理特征是它能将电能转换为磁能并储存起来，也可以说它是一个储存磁能的元件。电感的电感量通常有以下两种表示法。

（1）直标法

电感量是由数字和单位直接标在外壳上的，电感上的数字是标称电感量，其单位是μH或 mH。

（2）数码表示法

电感量通常用 3 位数码表示，前 2 位表示有效数，第 3 位数表示有效数后零的个数，小数点用 R 表示，最后一位英文字母表示误差范围，单位为μH。如 220K 表示 22μH，8R2J 表示 8.2μH。

2. 电感的检测

电感的电感量一般用电感表进行测量，电感线圈的通断、绝缘等状况可用万用表的电阻挡进行检测。检测时，将万用表置 R×1 挡或 R×10 挡，用两表笔接在线圈的两端，指针应指示导通，否则线圈断路，该法适合粗略、快速测量线圈是否烧坏。

3.1.4　开关变压器

1. 开关变压器的工作过程

开关变压器也称高频变压器，它是开关电源最重要的组成部分之一。开关电源工作时，开关管工作在开关状态，开关频率很高（通常在几千赫以上），于是，在开关管漏极（或集电极）产生高频脉冲波，这个高频脉冲波通过开关变压器进行变压，由开关变压器的各个二次绕组进行输出，输出的脉冲电压再经整流滤波后，产生直流电压，供负载使用。

2. 开关变压器的检测

开关变压器绕组的通断情况，可用万用表电阻挡方便地进行测量，检测时，将万用表置 R×1 挡或 R×10 挡，用两表笔接在同一绕组的两端，指针应指示导通，否则，说明绕组断路。

另外，开关变压器绕组间的绝缘情况也可用万用表的电阻挡进行测量，检测时，将万用表置 R×1 挡或 R×10 挡，用两表笔接触在不同绕组任一端，指针应指示无穷大，否则，说明绕组绝缘不良或存在短路现象。

|3.2　二极管、三极管、场效应管和晶闸管的识别与检测|

3.2.1　二极管的识别与检测

在开关电源中应用的二极管，主要有整流二极管、快恢复二极管、肖特基二极管、稳压二极管等。

1. 整流二极管

整流二极管的作用是将交流电变成直流电。常见的整流二极管有 1N4007、1N5404 等型号的二极管，在电路中的代表符号为"VD"。

整流二极管可用万用表进行检测。维修时，如果测得的二极管正向电阻太大或反向电阻太小，都表明二极管的整流效率不高。如果测得正向电阻为无穷大，说明二极管的内部断路；如果测得的反向电阻接近于零，则表明二极管已被击穿。

开关电源电路还经常使用全波整流桥的组件（简称"全桥组件"）。所谓全桥组件，是一种把 4 只整流二极管按全波桥式整流电路连接方式封装在一起的整流组合件，形状有长方体、圆柱体、扁形和缺角方形 4 种，整流桥组件的引脚标注如图 3-5 所示，其中"～"为交流输入端，"+""－"为直流输出端。

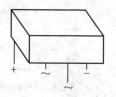

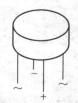

　　（a）长方体全桥组件引脚标注法　　　　（b）圆柱体全桥组件引脚标注法

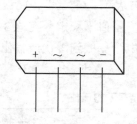

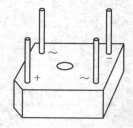

　　（c）扁形全桥组件引脚标注法　　　（d）缺角方形全桥组件引脚标注法

图3-5　整流桥组件的引脚标注

2. 快恢复二极管

在开关电源输出电路中，不仅要求二极管有足够的耐压值，而且还要求二极管具有良好的开关特性，即具有很短的反向恢复时间，因此，输出电路的整流二极管一般使用快恢复二极管。

反向恢复时间是二极管由正向导通转为反向截止过程所需要的时间，一般小于 0.5μs。

维修时，若发现快恢复二极管已损坏，也不可采用普通的整流二极管进行代换。这是因为，普通整流二极管的反向恢复时间较长（一般达几十微秒），当开关变压器输出的正向脉冲使二极管导通后，二极管还来不及反向截止，反向脉冲部分就已经涌入二极管，这势必给此类二极管造成较大的反向电流，使二极管结间温度上升，结间温度上升又会使反向电流增大、降低耐压，最终导致二极管击穿。

3. 肖特基二极管的特性

肖特基二极管属于低功耗、大电流、超高速的半导体器件，其反向恢复时间可小到几纳秒，正向导通压降仅 0.4V 左右，而整流电流却可达到几千安。

肖特基二极管与 PN 结二极管在构造原理上有一定区别。这种管的缺点是反向耐压较低，一般不超过 100V，适宜在低电压、大电流的条件下工作，因此，对于输出低电压、大电流的开关电源，一般采用肖特基二极管。

需要说明的是，很多肖特基二极管和快恢复二极管有 3 只引脚，外形酷似三极管，其实，这是一种内含 2 个肖特基二极管的复合二极管，其中 1 只引脚为公共极，另 2 只引脚分别为 2 只二极管的正极或负极，可用万用表进行判断，3 脚肖特基二极管的外形及内部电路如图 3-6 所示 [图 3-6（a）为共阴型肖特基二极管，图 3-6（b）为共阳型肖特基二极管]。

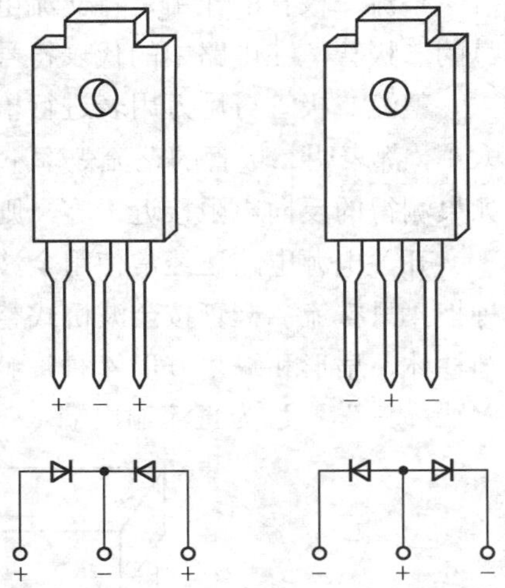

(a) 共阴型　　　　(b) 共阳型

图3-6　3脚肖特基二极管的外形及内部电路

4. 稳压二极管

稳压二极管是一种用于稳压（或限压）的特殊二极管，工作于反向击穿状态，而整流二极管一般不能工作在反向击穿区，但稳压二极管却工作在反向击穿区。稳压二极管在电路中常用字母 VZ 表示。

稳压二极管的故障主要表现为开路、短路和稳压值不稳定，在这 3 种故障中，前一种故障表现为电源电压升高，后两种故障表现为电源电压变低到零伏或输出不稳定。常用稳压二极管的型号及稳压值如表 3-3 所示。

表 3-3　　　　　　　　　　　　常用稳压二极管的型号及稳压值

型号	稳压值/V
1N4728	3.3
1N4729	3.6
1N4730	3.9
1N4732	4.7
1N4733	5.1
1N4734	5.6
1N4735	6.2

续表

型号	稳压值/V
1N4744	15
1N4750	27
1N4751	30
1N4761	75

常用稳压二极管的外形与普通小功率整流二极管的外形相似，使用时应注意区分，一般从稳压二极管壳体上的型号标记可清楚地加以鉴别。

3.2.2　三极管的识别与检测

1.　开关电源常用三极管

开关电源中采用的三极管种类较多，按半导体材料和导电极性分，有 NPN 管、PNP 管，按耗散功率分，有小功率管、中功率管和大功率管等，常见三极管外形如图 3-7 所示。

小功率三极管一般外形均相似，只要各个电极引出线标志明确，且引出线排列顺序与代换管一致，即可对其进行更换。大功率三极管主要用作开关管，不过，近年生产的开关电源，其开关管采用三极管的越来越少，大都被大功率场效应管所代替。

2.　三极管引脚的判别

图3-7　常见三极管外形

将指针式万用表置于电阻 R×1k 挡，用黑表笔接三极管的某一引脚（假设为基极），再用红表笔分别接另外两个引脚。如果指针指示的两个阻值都很大，该管便是 PNP 型管，其中黑表笔所接的那一引脚是基极。若指针指示的两个阻值均很小，则说明这是一只 NPN 型管，黑表笔所接的那一引脚是基极。如果指针指示的阻值一个很大，一个很小，那么黑表笔所接的引脚就不是三极管的基极，再换另一外引脚进行类似的测试，直至找到基极。

判定基极后就可以进一步判断集电极和发射极，仍然用万用表 R×1k 挡，将两表笔分别接除基极之外的两个电极，如果测试的是 PNP 型管，用一个 100kΩ电阻接于基极与红表笔之间，可测得一电阻值，然后将两表笔交换，同样在基极与红表笔间接 100kΩ电阻，又测得一电阻值，两次测量中阻值小的一次红表笔所对应的是 PNP 型管集电极，黑表笔所对应的是发射极。如果测试的是 NPN 型管，电阻 100kΩ就要接在基极与黑表笔之间，同样测得电阻小的一次黑表笔对应的是 NPN 型管集电极，红表笔所对应的是发射极。在测试中也可以用潮湿的手指代替 100kΩ电阻捏住集电极与基极。注意测量时不要让集电极和基极碰在一起，以免损坏三极管。

3.2.3　场效应管的识别与检测

1.　场效应管介绍

虽然场效应管与三极管相似，但两者的控制特性却截然不同。普通三极管是电流控制器件，通过控制基极电流达到控制集电极电流或发射极电流的目的，即需要信号源提供一定的电流才能工作，它的输入电阻较低。场效应管则是电压控制器件，它的输出电流决定于输入电压的大小，基本上不需要信号源提供电流，它的输入阻抗很高。此外，场效应管还具有开关速度快、高频特性好、热稳定性好、工作电流大（最大可达 100A）、输出功率大（可达 250W）等优点。

场效应管按其结构的不同可分为结型场效应管和绝缘栅（金属氧化物）场效应管两种，开关电源电路的开关管，较多地采用了 N 沟道金属氧化物功率场效应管（MOSFET）。

2.　金属氧化物功率场效应管的检测

用万用表检测金属氧化物功率场效应管可按以下步骤进行。

（1）栅极 G 的判定

用万用表 R×100 挡，测量场效应管任意两引脚之间的正、反向电阻值，如果其中一次测量得到的两引脚电阻值为数百欧，这时两表笔所接的引脚分别是漏极 D 与源极 S，则未接表笔的另一引脚为栅极 G。

（2）漏极 D、源极 S 及类型的判定

用万用表 R×10k 挡测量 D 极与 S 极之间正、反向电阻值，正向电阻值约为 $0.2×10\mathrm{k}\Omega$，反向电阻值在 $5×10\mathrm{k}\Omega\sim\infty$。在测反向电阻时，红表笔所接引脚不变，黑表笔脱离所接引脚后，与栅极触碰一下，然后黑表笔去接原引脚，此时会出现以下两种可能。

① 若万用表读数由原来较大阻值变为零，则此时红表笔所接为源极，黑表笔所接为漏极。用黑表笔触发栅极有效（使功率场效应管漏极与源极之间正、反向电阻值均为零），则该场效应管为 N 沟道型。

② 若万用表读数仍为较大值，则黑表笔接回原引脚不变，改用红表笔去触碰栅极，然后红表笔接回原引脚，此时万用表读数由原来阻值较大变为零，则此时黑表笔所接为源极，红表笔所接为漏极。用红表笔触发栅极有效，该场效应管为 P 沟道型。

（3）场效应管的好坏判别

用万用表 R×1k 挡去测量场效应管任意两引脚之间的正、反向电阻值。如果出现两次及两次以上电阻值较小（几乎为 0Ω），则该场效应管损坏；如果仅出现一次电阻值较小（一般为数百欧姆），其余各次测量电阻值均为无穷大，还需做进一步判断。用万用表 R×1k 挡测量漏极与源极之间的正、反向电阻值。对于 N 沟道型场效应管，红表笔接源极，黑表笔先触碰栅极后，测量漏极与源极之间的正、反向电阻值，若测得正、反向电阻值均为零，该管为好的。对于 P 沟道型场效应管，黑表笔接源极，红表笔先触碰栅极后，测量漏极与源极之间的正、反向电阻值，若测得正、反向电阻值均为零，则该管是好的，否则表明已损坏。

应注意的是，在场效应管栅极与源极之间接有保护二极管的情况下，以上检测方法不再适用。

下面以金属氧化物场效应管 2SK727 为例进行说明（用 500 型万用表测量），如图 3-8 所示。

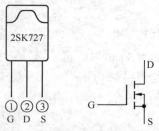

图3-8　金属氧化物场效应管的检测

① 用 R×100 挡，测量场效应管任意两引脚之间的正、反向电阻值，当红表笔接②脚，黑表笔接③脚时，万用表读数为 800Ω，其余多次万用表读数均为无穷大，则①脚为栅极。

② 用 R×10k 挡，测量漏极与源极之间电阻值，当红表笔接②脚，黑表笔接③脚，此时万用表读数为 0.3×10kΩ。当万用表红表笔接③脚，黑表笔接②脚，万用表读数为∞，这时红表笔接③脚不动，黑表笔先触碰①脚后，黑表笔接回②脚，万用表读数为零，此时红表笔所接③脚为源极，黑表笔所接为漏极，用黑表笔触碰栅极有效，说明 2SK727 属 N 沟道型场效应管。

金属氧化物场效应管的栅极很容易感应电荷而将场效应管击穿，保存时，应将 3 个电极捆在一起，也就是将 3 个电极引出线短接。

3.2.4　晶闸管的识别与检测

晶闸管是晶体闸流管的简称，俗称可控硅，它是一种大功率开关型半导体器件，在电路中一般用符号 VS 表示。在开关电源电路中，晶闸管一般用作保护器件。晶闸管的种类较多，常用的主要有单向晶闸管和双向晶闸管。

1. 单向晶闸管

（1）单向晶闸管的特性

单向晶闸管简称 SCR，也叫作单向可控硅。它是一种三端器件，共有 3 个电极，控制极（门极）G、阳极 A 和阴极 K。单向晶闸管种类很多，按功率大小来区分，单向晶闸管有小功率、中功率和大功率 3 种规格，一般从外观上可进行识别。小功率晶闸管多采用塑封或金属壳封装；中功率晶闸管的控制极引脚比阴极细，阳极带有螺栓；大功率晶闸管的控制极上带有金属编织套。常见单向晶闸管外形如图 3-9 所示。

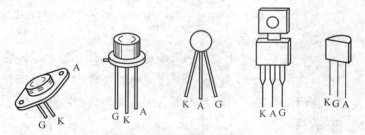

图3-9　常见单向晶闸管外形

图 3-10 所示是单向晶闸管的结构、等效电路和电路符号。

由结构图 3-10（a）可见，单向晶闸管由 PNPN 4 层半导体构成。它的特性是，当阳极 A 和阴极 K 之间加上正极性电压时，A、K 还不能导通，只有当控制极 G 再加上一个正向触发信号时，A、K 之间才能进入深饱和导通状态，而 A、K 两电极一旦导通后，即使去掉 G 极上的正向触发信号，A、K 之间仍保持导通状态，只有使 A、K 之间的正向电压足够小或在两者间施以反向电压时，才能使其恢复截止状态。

晶闸管的以上特性可从其等效电路中得到解释。当在晶闸管的阳极 A 和阴极 K 间加上正电压后，等效三极管 VT1、VT2 便具备了电流放大条件。此时若在它的控

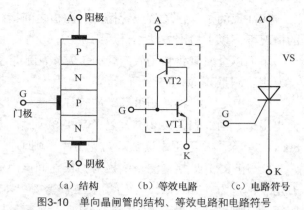

(a) 结构　　(b) 等效电路　　(c) 电路符号

图3-10　单向晶闸管的结构、等效电路和电路符号

制极 G 上加正向电压 U_G，由于正反馈的作用，VT1、VT2 进入饱和，晶闸管阳极 A 和阴极 K 间流过较大的电流，管压降接近零，电源电压几乎全部降落在负载上。晶闸管导通后，由于 VT1 的基极上始终有比最初的控制极电流大很多的电流流过，可以推知，此时即使去掉控制极电压 U_G，晶闸管仍然维持其导通状态。

晶闸管在下述 3 种情况下不导通：一是阳极 A 和阴极 K 间加负电压（阳负、阴正），此时等效的两只三极管均因反向偏置而不导通；二是阳极 A 和阴极 K 间加正电压，但没有最初的控制极触发电压 U_G，晶闸管因得不到最初的触发电流，不能形成正反馈放大过程，所以不导通；三是阳极 A 和阴极 K 间导通电流小于其维持电流，即不能维持其内部等效三极管的饱和状态，晶闸管也不导通。

一只性能良好的晶闸管，截止时其漏电流应很小，触发导通后其压降也应很小。这是对晶闸管进行性能检测的主要依据。

（2）单向晶闸管的检测

由单向晶闸管的结构可知，控制极 G 和阴极 K 之间是一个 PN 结，由 PN 结的单向导电特性可知，其正反向电阻值相差很大，而控制极 G 和阳极 A 之间有两个反向串联的 PN 结，因此无论 A、G 两个电极的电位谁高谁低，两极间总是呈高阻值，所以用万用表可以很方便地测出其电极引脚。

将万用表旋转为 R×100 挡，分别测量晶闸管任意两引出脚间的电阻值，随两表笔的调换共进行 6 次测量，其中 5 次万用表的读数应为∞，1 次读数应为几十欧。读数为几十欧的那一次，黑表笔接的是控制极 G，红表笔接的是阴极 K，剩下的引脚便为阳极 A。若在测量中不符合以上规律，说明晶闸管损坏或不良。

单向晶闸管也可以根据其封装形式来判断各电极。例如，平板形晶闸管的引出线端为控制极 G，平面端为阳极 A，另一端为阴极 K。金属壳封装（TO-3）的晶闸管，其外壳为阳极 A。塑封（TO-220）的晶闸管的中间引脚为阳极 A，且多与自带散热片相连。

（3）单向晶闸管的代换

晶闸管的参数很多，但设计电路时一般都留有较大的余量，所以在更换晶闸管时两只晶闸管只要几个主要参数相近就可以了。这些主要参数有：额定电流、额定电压、触发电流、触发电压等。额定电流与额定电压这两个参数最重要。最简单的方法是从实物或电路标注上查出晶闸管的型号和参数。如一单向晶闸管的外壳上印有"KP5"字样，则表示它是 KP 型

普通晶闸管，额定电流是 5A。如果有两只 KP5 型的晶闸管，外形相同，而额定电压的范围有最低的 100V 到最高的 3 000V，这时究竟应该选哪一种呢？从安全方面考虑，当然选用额定电压高的晶闸管，但是额定电压值越高，晶闸管的价格也越贵，造成浪费。在这种情况下，我们应该通过对电路进行估算来确定它们的额定电压值。为保证晶闸管的安全，它的额定电压参数一般要取最高工作电压的 1.5～2 倍。

非标准型号晶闸管损坏，或者没有与其相同型号的晶闸管备用时，就要设法来找参数相近的晶闸管进行代换。代换时一般要注意以下几点。

① 晶闸管的外形要相同。如果两者外形不同，就无法安装。

② 晶闸管的开关速度要基本一致。如 KK 型快速晶闸管就不能用 KP 型或 3CT 型普通晶闸管代换，KP 型晶闸管可以用 3CT 型普通管代换。

③ 选取代换管时，不管什么参数，都不必留有过大的余量，过大的余量不仅是一种浪费，有时反而起不好的作用。例如，选用额定电流是 30A 的晶闸管来代换 20A 的晶闸管，虽然安全，但是 20A 晶闸管只需较小的电流就能触发导通，而 30A 的晶闸管则需要较大的电流才能触发导通。因此，当把这个 30A 晶闸管更换到电路上去，可能会出现不触发或触发不灵敏的现象。

2. 双向晶闸管

（1）双向晶闸管的特性

单向晶闸管实质上属于直流控制器件，要控制交流负载，必须将两只晶闸管反极性并联，每只晶闸管控制一个半波，为此需用两套独立的触发电路，使用不够方便。双向晶闸管是在普通晶闸管的基础上发展而成的，它不仅能代替两只反极性并联的单向晶闸管，而且仅需一个触发电路，是目前比较理想的交流开关器件。其英文名称 TRIAC 即三端双向交流开关之意。

尽管从形式上可将双向晶闸管看作两只普通晶闸管的组合，但实际上它是由 7 只晶体管和多只电阻构成的功率集成器件。常见双向晶闸管外形如图 3-11 所示。

双向晶闸管的结构与电路符号如图 3-12 所示。

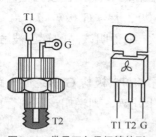

图3-11　常见双向晶闸管外形

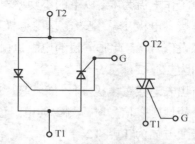

图3-12　双向晶闸管的结构与电路符号

双向晶闸管的 3 个电极分别是 T1、T2、G，与单向晶闸管相比，它能双向导通，且具有 4 种导通状态，如图 3-13 所示。

当 G 极和 T2 相对于 T1 的电压为正时，导通方向为 T2→T1，T2 为阳极，T1 为阴极。

当 G 极和 T1 相对于 T2 的电压为负时，导通方向为 T2→T1，T2 为阳极，T1 为阴极。

当 G 极和 T1 相对于 T2 的电压为正时，导通方向为 T1→T2，T1 变为阳极，T2 变为阴极。

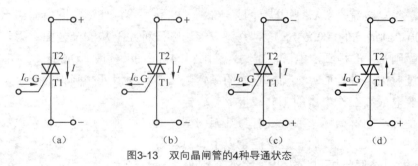

图3-13 双向晶闸管的4种导通状态

当 G 极和 T2 相对于 T1 的电压为负时，则导通方向为 T1→T2，T1 变为阳极，T2 变为阴极。

另外，双向晶闸管也具有去掉触发电压后仍能导通的特性，只有当 T1、T2 间的电压降低到不足以维持导通或 T1、T2 间的电压改变极性时又恰逢没有触发电压晶闸管才被阻断。

（2）双向晶闸管各电极的判别

由双向晶闸管的结构可知，G 极与 T1 极靠近，距 T2 极较远，G 和 T1 之间的正反向电阻都很小。因此，在用万用表的 R×1 挡测量晶闸管任意两引脚间的电阻值时，正常时有一组为几十欧，另两组为无穷大，阻值为几十欧时表笔所接的两引脚为 T1 和 G，剩余的引脚是 T2 极。

判别出 T2 后，可以进一步区分 T1 和 G。假定 T1 和 G 两电极中的任意一脚为 T1，用黑表笔接 T1，红表笔接 T2，将 T2 与假定的 G 极瞬间短路，如果万用表的读数由无穷大变为几十欧，说明晶闸管能被触发并维持导通。调换两表笔重复以上操作，结果相同时，说明假定正确。如果调换表笔操作时，万用表瞬间指示为几十欧又指示为无穷大，说明晶闸管没有维持导通，说明原来的假定是错误的，原假定的 T1 极实际上是 G 极，假定的 G 极实际上是 T1 极。

当测功率稍大的双向晶闸管时，若使用 R×1 挡不能触发导通，可在黑表笔接线中串接一节干电池，干电池应和表内电池的极性顺向串联，再按上述方法测试，就能触发导通。

（3）双向晶闸管触发能力的检测

对于工作电流为 8A 以下的小功率双向晶闸管，可用万用表 R×1 挡直接测量。测量时先将黑表笔接主电极 T2，红表笔接主电极 T1，然后用镊子将 T2 极与 G 极短路，给 G 极加上正极性触发信号，若此时测得的电阻值由无穷大变为十几欧，则说明该晶闸管已被触发导通，导通方向为 T2→T1。

再将黑表笔接主电极 T1，红表笔接主电极 T2，用镊子将 T2 极与 G 极之间短路，给 G 极加上负极性触发信号时，测得的电阻值应由无穷大变为十几欧，则说明该晶闸管已被触发导通，导通方向为 T1→T2。

若在晶闸管被触发导通后断开 G 极，T2、T1 极间不能维持低阻导通状态而阻值变为无穷大，则说明该双向晶闸管性能不良或已经损坏。若给 G 极加上正（或负）极性触发信号后，晶闸管仍不导通（T1 与 T2 间的正、反向电阻值仍为无穷大），则说明该晶闸管已损坏，无触发导通能力。

对于工作电流为 8A 以上的中、大功率双向晶闸管，在测量其触发能力时，可先在万用表的某支表笔上串接 1～3 节 1.5V 干电池，然后再用 R×1 挡按上述方法测量。

|3.3　特殊元器件的识别与检测|

3.3.1　光电耦合器

1. 光电耦合器的工作过程

光电耦合器是由一只发光二极管和一只受光控制的光敏三极管组成的。常见的光电耦合器有管式、双列直杆式等封装形式。

光电耦合器的工作过程如下：光敏三极管的导通与截止是由发光二极管所加正向电压控制的。当发光二极管加上正向电压时，发光二极管有电流通过发光，使光敏三极管内阻减小而导通；反之，当发光二极管不加正向电压或所加正向电压很小时，发光二极管中无电流或通过电流很小，发光强度减弱，光敏三极管的内阻增大而截止。根据上述光电耦合器的工作原理，可用简单的方法来检查其质量的好坏。

2. 光电耦合器的代换

光电耦合器广泛应用于并联型开关电源中，较常用到的光电耦合器主要有以下 3 类，如表 3-4 所示。

表 3-4　　　　　　　　　　　　　　家用电器常用光电耦合器

类型	型号	内电路图
第 1 类	PC817、PC818、PC810、PC812、PC507、TLP521、TLP621	④　③ ① ②
第 2 类	TLP632、TLP532、TLP519、TLP509、PC504、PC614、PC714	⑥　⑤　④ ①　②　③
第 3 类	TLP503、TLP508、TLP531、PC503、PC613、4N25、4N26、4N27、4N28、4N35、4N36、4N37、TIL111、TIL112、TIL114、TIL115、TIL116、TIL117、TLP631、TLP535	⑥　⑤　④ ①　②　③

这 3 类间所有型号的光电耦合器均可直接互换。第 1 类与第 2 类可以代换，但需对应其相同引脚功能接入，原则上第 3 类可以代换第 1～2 类，选择功能相同引脚接入即可，无用引脚可不接入电路，但第 1～2 类不可以代换第 3 类。

如用 PC817 代换 TLP632 时，PC817 的①、②脚对应接入 TLP632 的①、②脚位置，PC817 的③脚对应接入 TLP632 的④脚位置，PC817 的④脚对应接入 TLP632 的⑤脚位置即可。如用 4N35 代换 TLP632 时，可直接接入原 TLP632 的位置，4N35 的⑥脚不接电路。

3. 光电耦合器的检测

检测光电耦合器可用 2 块万用表进行判别，一块万用表选择 R×1 挡，黑表笔接发光二极管的正极，红表笔接发光二极管的负极，为发光二极管提供驱动电流，将另一块万用表设置在 R×100 挡，同时测量光敏三极管③、④脚（对于 6 脚型的光电耦合器为④、⑤脚）两端电阻，然后交换③、④脚的表笔，两次测量中有一次测得阻值较小，为几十欧，这时黑表笔接的就是光敏三极管集电极。保持这种接法，将接①、②脚的万用表调整为 R×100 挡，如果这时③、④脚之间的阻值有明显的变化，增至几千欧，则说明光电耦合器是好的。如果③、④脚之间的阻值不变或变化不大，则说明光电耦合器损坏。

3.3.2 三端误差放大集成电路

三端误差放大集成电路广泛地应用于并联型开关电源稳压电路中，其外形酷似三极管，但其内部结构和三极管却有着质的区别。常见的三端误差放大集成电路有 TL431、SE024N 等，下面简要进行介绍。

1. TL431

TL431 外形如图 3-14（a）所示。3 个引脚分别为：阴极（K）、阳极（A）和取样（R，有时也用 G 表示）。图 3-14（b）所示是 TL431 的内部组成示意图。

从图 3-14（b）可以看出，R 端接在内部比较放大器的同相输入端，当 R 端电压升高时，比较放大器的输出端电压也上升，即内部三极管基极电压上升，导致其集电极电压下降，即 K 端电压下降。

表 3-5 所示是三端误差放大集成电路 TL431 的测量数据。

表 3-5 　　　　　　　　　　　　　　　　　TL431 的测量数据

符号	A	R	K
功能	阳极	取样	阴极
红表笔接 A，黑表笔测量/kΩ	0	无穷大	16
黑表笔接 A，红表笔测量/kΩ	0	3.5	22
说明	黑表笔接 R，红表笔接 C，阻值为无穷大； 黑表笔接 C，红表笔接 R，阻值为5kΩ		

2. SE024N

三端误差放大电路 SE024N 内部电路框图见图 3-15。

从图 3-15 可以看出，SE024N 与 TL431 内部电路有所不同，在 TL431 中，电路只进行误差放大，没有误差取样，而 SE024N 则不同，除可进行误差放大外，还设置了取样分压电阻

R1、R2。因此，采用 SE024N 组成稳压电路时，外部电路不需再设置取样电阻。

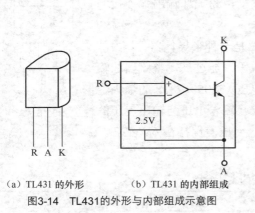

(a) TL431 的外形　　(b) TL431 的内部组成

图3-14　TL431的外形与内部组成示意图

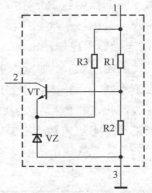

图3-15　三端误差放大电路SE024N内部电路框图

3.3.3　集成稳压器

开关电源的输出电路中，较多地采用了一些集成稳压器，以满足不同负载对电压的要求。常见的集成稳压器有以下几种。

1. 78 系列三端固定正压集成稳压器

（1）78 系列三端固定正压集成稳压器介绍

78 系列三端固定正压集成稳压器已经成为世界通用系列产品。国外产品有美国 NC 公司的 LM78××、美国仙童公司的μA78××、摩托罗拉公司的 MC78××、意大利 SGS 公司的 L78××、东芝公司的 TA78××、日电公司的μPC78×× 和 HA78×× 等多种型号。我国的产品则以 W78×× 表示。表 3-6 所示是 78 系列产品国内外型号对照表。

表 3-6　　　　　　　　　　78 系列集成稳压器国内外型号对照表

国内型号	主要参数		国外产品对应型号	
W7805	$U_o = 5V$	$I_o = 1.5A$	LM7805	μA7805
W7812	$U_o = 12V$	$I_o = 1.5A$	LM7812	μA7812
W7818	$U_o = 18V$	$I_o = 1.5A$	LM7818	μA7818
W78L05	$U_o = 5V$	$I_o = 100mA$	LM78L05	μA78L05
W78L12	$U_o = 12V$	$I_o = 100mA$	LM78L12	μA78L12
W78L18	$U_o = 18V$	$I_o = 100mA$	LM78L18	μA78L18
W78M05	$U_o = 5V$	$I_o = 500mA$	LM78M05	μA78M05
W78M12	$U_o = 12V$	$I_o = 500mA$	LM78M12	μA78M12
W78M18	$U_o = 18V$	$I_o = 500mA$	LM78M18	MC78M18

78 系列三端固定正压集成稳压器的特点是体积小、性能优良、保护功能完善、可靠性高、成本低廉、使用简便、无须调试等。78 系列三端固定正压集成稳压器常见外形如图 3-16 所示。

（2）78 系列集成稳压器使用注意事项

① 78 系列集成稳压器的输入、输出和接地端装错时很容易造成损坏，需特别注意。同

时，在安装时三端集成稳压器的接地端一定要焊接良好，否则在使用过程中，由于接地端的松动，会导致输出端电压的波动，易损坏输出端连接的其他电路，也可能损坏集成稳压器。

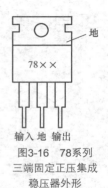

图3-16　78系列三端固定正压集成稳压器外形

② 正确选择输入电压范围。三端集成稳压器是一种半导体器件，内部调整管有一定的耐压值。为此，变压器的绕组电压不能过高，整流器的输出电压最大值不能大于集成稳压器的最大输入电压。7805～7818 的最大输入电压为 35V。集成稳压器有一个使用最小压差（输入电压与输出电压的差值）的限制，最小压差约为 2.5V。一般应使这一压差保持在 6V 左右。表 3-7 给出了几种常见稳压器的主要参数。

表 3-7　　　　　　　　　　几种常见稳压器的主要参数

稳压器	输出电压/V	输入电压/V	最小输入电压/V	最大输入电压/V
W7805	5	10	7.5	35
W7812	12	19	14.5	35
W7818	18	27	20.5	35

③ 保证散热良好。对于用集成稳压器组成的大功率稳压电源，应在集成稳压器上安装足够大的散热器。当散热器的面积不够大，内部调整管的结温达到保护动作点附近时，集成稳压器的稳压性能将变差。

（3）78××集成稳压器的检测

检测 78××集成稳压器是否损坏，一般采用在路电压测试法。在路电压测试法就是不必将待测的稳压器从电路上拆下来，直接用万用表的电压挡去测量稳压器的输出端电压是否正常。测试时，所测输出端电压应在稳压器标称稳压值±5%内。否则，说明稳压器性能不良或已经损坏。

需要注意的是：在测试时，为了防止发生误判，还应测量输入端的电压 U_i，输入端电压应比输出端的标称输出电压高 2.5V 以上，例如，被测稳压器为 7805（输出 5V），则 U_i 应至少为 7.5V，但不能超过最大值 35V。

另外，对于有些型号字迹不清的 78××稳压器，也可通过测量输出端的电压来确定稳压器的实际稳压值。

2. 79 系列三端固定负压集成稳压器

79 系列集成稳压器是固定负压输出的集成稳压器，它的种类与参数基本与 78 系列固定正压输出的集成稳压器相对应。

图 3-17 所示是 79 系列稳压器的外形图，79 系列稳压器引脚排列顺序与 78 系列稳压器有很大的区别，使用时必须加以注意。

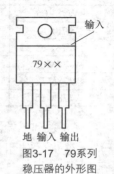

图3-17　79系列稳压器的外形图

3. 低压差线性稳压器（LDO）

普通集成稳压器（如常见的 78 系列三端稳压器）工作时要求输入与输出之间的压差值较大（一般要求 2～3V 以上），功耗较高。为了解决这一问题，出现了低压差线性稳压器（LDO）。LDO 工作时要求输入与输出之间的压差值较小（一般为 1V 以下甚至更低），并且功耗较低。

普通集成稳压器的缺点是效率不高，且只能用于降压的场合。集成稳压器的效率取决于输出电压与输入电压之比：

$$\eta = U_o : U_i$$

例如，对于普通集成稳压器，在输入电压为 5V 的情况下，输出电压为 2.5V 时，效率只有 50%。由此看来，对于普通集成稳压器，约有 50% 的电能被转化成"热量"流失掉了，这也是普通集成稳压器工作时易发热的主要原因。LDO 由于是低压差，所以效率要高得多。例如，LDO 在输入电压为 3.3V 的情况下，输出电压为 2.5V 时，效率可达 76%。因此，在一些新型电子设备上，为了提高电能的利用率，一般不采用普通集成稳压器，而是采用 LDO。

常见的 LDO 型号众多，下面简要介绍几例。

（1）LM1117

LM1117 是一个 LDO，根据其型号的后缀不同，可输出不同的电压，例如，LM1117DTX-1.8 的输出电压为 1.8V，LM1117DTX-2.5 的输出电压为 2.5V，LM1117DTX-3.3 的输出电压为 3.3V，LM1117DTX-5.0 的输出电压为 5V。LM1117 有多种封装形式，如图 3-18 所示。

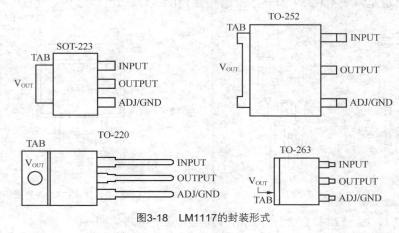

图3-18　LM1117的封装形式

（2）AIC1084

AIC1084 是一个 LDO，根据其型号的后缀不同，可输出不同的电压，例如，AIC1084CE-15 的输出电压为 1.5V，AIC1084CE-18 的输出电压为 1.8V，AIC1084CE-33 的输出电压为 3.3V。AIC1084 有多种封装形式，如图 3-19 所示。

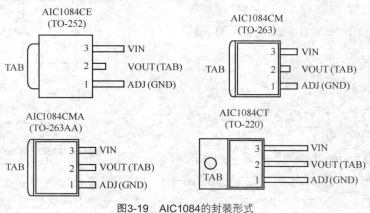

图3-19　AIC1084的封装形式

4. 三端可调集成稳压器

（1）三端可调集成稳压器介绍

三端可调集成稳压器分正压输出和负压输出两种，主要区别如表 3-8 所示。

表 3-8　　　　　　　　　　　三端可调集成稳压器的种类及区别

类型	产品系列及型号	最大输出电流 I_{oM}/A	输出电压 U_o/V
正压输出	LM117L/217L/317L	0.1	1.2～37
	LM117M/217M/317M	0.5	1.2～37
	LM117/217/317	1.5	1.2～37
负压输出	LM137L/237L/337L	0.1	−1.2～−37
	LM137M/237M/337M	0.5	−1.2～−37
	LM137/237/337	1.5	−1.2～−37

图 3-20 所示是常见 LM317 的外形及引脚排列图。

图 3-21 所示是常见 LM337 的外形及引脚排列图。

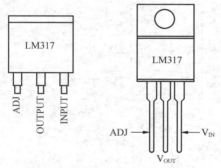

图3-20　LM317的外形及引脚排列图

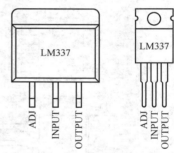

图3-21　LM337的外形及引脚排列图

实际电路中，应用 LM317 较多，LM317 基本应用电路如图 3-22 所示。

图 3-22 中，R1 为取样电阻，R_P 是可调电阻，当 R_P 调到零时，相当于 R_P 上端接地，此时，U_o = 1.25V。如果将 R_P 下调，随着其阻值的增大，U_o 也不断升高，但最大不得超过极限值 37V。若取 $R1 = 120\Omega$，$R_P = 3.4k\Omega$ 或取 $R1 = 240\Omega$，$R_P = 6.8k\Omega$，能获得 1.25～37V 连续可调的电压调整范围。LM317 输出电压的表达式为：

$$U_o = 1.25V\left(1+\frac{R_P}{R1}\right)$$

以上应用电路及 U_o 表达式对其他同类型号的稳压器也同样适用。

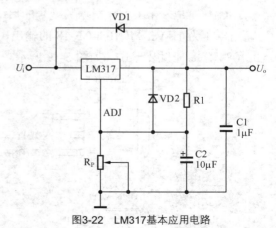

图3-22　LM317基本应用电路

此外，图 3-22 中的其他几个元器件的作用分别为：C1 是防自激振荡电容，要求使用 1μF 的钽电容；C2 是滤波电容，可滤除 RP 两端的纹波电压；VD1 和 VD2 是保护二极管，可防止输入端及输出端对地短路时烧坏稳压器的内部电路。

（2）三端可调集成稳压器的检测

三端可调集成稳压器一般采用在路电压测试法。测试时，一边调整 R_P，一边用万用表直流电压挡测量稳压器直流输入端、输出端电压值。当将 R_P 从最小值调到最大值时，输出电压 U_o 应在指标参数给定的标称电压调节范围内变化，若输出电压不变或变化范围与标称电压范围偏差较大，则说明稳压器已经损坏或性能不良。

5. 具有复位功能的五端 5V 集成稳压器

有些开关电源的输出电路较多地采用了具有复位功能的五端 5V 集成稳压器，下面以 L78MR05FA 为例说明。

L78MR05FA 的输出电压为 5V，输出电流为 500mA，内有安全工作保护电路和过热保护电路，且具有复位功能，延迟时间可由外部电容来设置。L78MR05FA 内部电路见图 3-23。

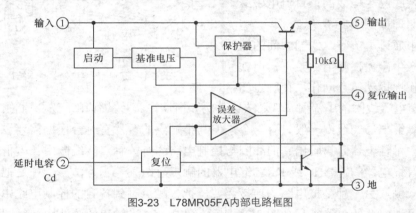

图3-23　L78MR05FA内部电路框图

检测 L78MR05FA 时，一般采用在路电压测试法测量输出电压。典型电压值如表 3-9 所示。

表 3-9　　　　　　　　　　　　　　　　L78MR05FA 典型在路电压

引脚号	符号	功能	在路电压/V
①	IN	电压输入	22
②	Cd	外接延时电容	3.7
③	GND	地	0
④	RESET	复位	4.5
⑤	OUT	稳压输出	5

6. 输出电压可控的五端 5V 集成稳压器

输出电压可控的五端 5V 集成稳压器在开关电源输出电路中也有一定的应用，典型产品有 L78OS05FA。其中，①脚为电压输入端，②脚为空，③脚为地，④脚为控制端，⑤脚为稳压输出端。

当④脚为低电位时，L78OS05FA 的⑤脚可输出稳定的 5V 电压；当④脚电压为高电位时，L78OS05FA 关断，无 5V 输出。

检测 L78OS05FA 时，一般采用在路电压测试法。需要说明的是：只有④脚为低电位时，

⑤脚才有输出，测试时，要将④脚置低电位，否则，容易引起误判。

3.3.4　直流电磁继电器

1. 直流电磁继电器的结构

电磁继电器是在自动控制电路中广泛使用的一种器件。在开关电源中，主要采用直流电磁继电器。直流电磁继电器实质上是用较小电流来控制较大电流的一种自动开关。图3-24所示为直流电磁继电器的基本结构和外形。

直流电磁继电器是由铁芯、线圈、衔铁、触点以及底座等构成的，直流电磁继电器的动作原理如图3-25所示。

当线圈中通过电流时，线圈中间的铁芯被磁化，产生磁力，将衔铁吸下，衔铁通过杠杆的作用推动簧片动作，使触点闭

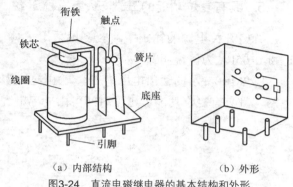

（a）内部结构　　　　　（b）外形

图3-24　直流电磁继电器的基本结构和外形

合；当切断继电器线圈的电流时，铁芯失去磁力，衔铁在簧片的作用下恢复原位，触点断开。

直流电磁继电器的线圈一般只有一个，但其带触点的簧片有时会根据需要设置为多组。在电路中，表示继电器时只画出它的线圈与控制电路的有关触点。线圈用长方框表示，长方框的旁边标有继电器的符号 K 或 KR。继电器的触点有两种表示方法，一种是把触点直接画在长方框的一侧，另一种是按电路的连接需要，把各触点画到各自的控制电路中。

直流电磁继电器的电路符号如图3-26所示。在电路中，触点的画法应按线圈不通电时的原始状态画出。

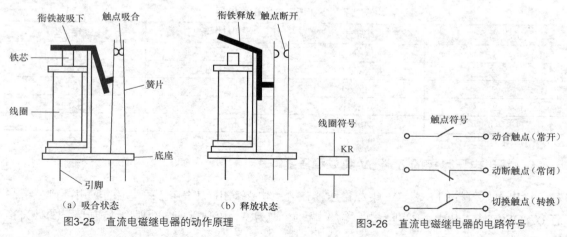

（a）吸合状态　　　　　　（b）释放状态

图3-25　直流电磁继电器的动作原理

图3-26　直流电磁继电器的电路符号

2. 直流电磁继电器的检测

直流电磁继电器是否正常，可用"试听"的方法进行判断，给继电器线圈试加直流电压，继电器的常开触点应闭合，常闭触点应断开，此时，可以听到继电器吸合的声音，如果通电

后继电器无反应，说明继电器线圈断路或触点卡死。

日常维修中发现，继电器存在的主要故障是触点接触不良，此时，可用万用表进行检测。测量时，先测量一下常闭触点之间的电阻，阻值应为零；然后测量一下常开触点之间的电阻，阻值应为无穷大；接着，给线圈通电，使常开触点吸合，常闭触点断开，此时，常开触点之间的电阻变为零，而常闭触点之间的电阻变为无穷大，如果触点接触电阻极大，触点看上去已经锈蚀，那么被测继电器不能再继续使用，若触点接触电阻时大时小不稳定，触点看上去完整无损，只是表面颜色发黑，这时，可用细砂纸轻擦触点表面，使其接触良好。

|3.4　贴片元器件的识别与检测|

一些对体积要求比较严格的电子产品，其开关电源的很多元器件采用了贴片封装形式。贴片元器件与通孔元器件相比，提高了安装密度，减小了引线分布杂乱带来的影响，降低了寄生电容和电感，并增强了抗电磁干扰能力，下面简要介绍几种常见的贴片元器件。

3.4.1　贴片电阻

常用的贴片电阻主要有矩形和圆柱形两种。

1．矩形贴片电阻

矩形贴片电阻元件外形多呈矩形薄片形状，一般为黑色，引脚在元件的两端，如图 3-27 所示。

矩形贴片电阻的阻值一般直接标注在电阻其中一面，黑底白字，通常用 3 位或 4 位数字代码，代码中的前两位（或 4 位代码中的前 3 位）表示电阻值的有效数字，最后一位数字表示在有效数字后面添加零的个数。当电阻值小于 10Ω 时，在代码中用 R 表示电阻值小数点的位置。

图3-27　矩形贴片电阻的外形

以下是 3 位数字表示法表示的电阻：

330 表示 33Ω，而不是 330Ω；

221 表示 220Ω；

683 表示 68 000Ω，或 68kΩ；

105 表示 1 000 000Ω，或 1MΩ；

8R2 表示 8.2Ω。

以下是 4 位数字表示法表示的电阻：

1000 表示 100Ω，而不是 1 000Ω；

4992 表示 49 900Ω，或 49.9kΩ；

1623 表示 162 000Ω，或 162kΩ；

0R56 或 R56 表示 0.56Ω。

2. 圆柱形电阻

圆柱形电阻是由通孔电阻去掉引线演变而来的，外形如图 3-28 所示。

圆柱形电阻可分为碳膜和金属膜两大类，价格便宜，电阻额定功率有 1/10W、1/8W 和 1/4W 3 种，对应规格分别为 $\phi 1.2mm \times 2.0mm$、$\phi 1.5mm \times 3.5mm$、$\phi 2.2mm \times 5.9mm$，体积大的功率也大，其标志采用常见的色环标志法，参数与矩形贴片电阻相近。

图3-28　圆柱形电阻的外形

与矩形贴片电阻相比，圆柱形固定电阻的高频特性差，但噪声和三次谐波失真较小，多用在音频和电源电路中。矩形贴片电阻一般用于频率较高的电路中，可提高安装密度和可靠性。

3.4.2　贴片电容

贴片电容主要有贴片陶瓷电容和贴片电解电容。电容一般多为黄色，贴片电解电容稍大，一般在其中间标出容量，陶瓷电容很小，一般未标出其容量，需要用电容器进行测量。电解电容的一端有一较窄的暗条，该端表示为正极。常见贴片无极性电容和电解电容外形如图 3-29 所示。

（a）无级性电容　　　　　　　　（b）电解电容

图3-29　贴片无极性电容和电解电容外形

贴片电解电容的标识方法主要有以下几种。

（1）采用 3 位数进行标注，单位为 pF。前两位为有效数，后一位数为加的零数。如 475 表示 4 700 000pF，即 4.7μF。

（2）直接进行标注，注出的参数主要有容量和耐压值，比如：10V6 代表电解电容的容量为 10μF，耐压为 6V。

（3）使用代码法，通常贴片电解电容使用的代码由一个字母和 3 个数字组成，字母指示电解电容的耐压值，而 3 个数字用来标明电解电容的电容量。电容量是用 pF 来表示的，第 1、2 位数字代表电容量的有效数字，第 3 位数字代表有效数字后乘以的倍率。贴片电解电容上面的指示条标明此端为电解电容的正极。贴片电解电容代码中字母与耐压值的对照如表 3-10 所示。

表 3-10　　　　　　　　贴片电解电容代码中字母与耐压值的对照

贴片电解电容代码中的字母	所代表的耐压值/V
E	2.5
G	4
J	6.3

续表

贴片电解电容代码中的字母	所代表的耐压值/V
A	10
C	16
D	20
E	25
V	35
H	50

例如，若某一电解电容的标识代码为 A475，则 A 表示耐压值为 10V，47 表示电容量的有效数字为 47，代码中的 5 代表 10^5，则此贴片电解电容的容量为：

$$47 \times 10^5 \text{ pF} = 4.7 \times 10^6 \text{ pF} = 4.7\mu\text{F}$$

3.4.3　贴片电感

常见贴片电感外形如图 3-30 所示。

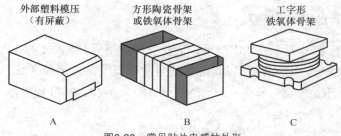

图3-30　常见贴片电感的外形

图 3-30 中，A 型是内部有骨架绕线，外部有磁性材料屏蔽经塑料模压封装的结构；B 型是用长方形骨架绕线而成（骨架有陶瓷骨架或铁氧体骨架），两端头供焊接用；C 型为工字形陶瓷、铝或铁氧体骨架，焊接部分在骨架底部。

A 型结构有磁屏蔽，与其他电感元件之间相互影响小，可高密度安装。B 型尺寸最小，C 型尺寸最大。

片状电感的电感量代码有 nH 及 μH 两种单位。用 nH 作单位时，用 N 或 R 表示小数点。例如：4N7 表示 4.7nH，4R7 也表示 4.7nH；10N 表示 10nH，而 10μH 则用 100 来表示。

3.4.4　贴片二极管

1. 贴片二极管的型号

部分贴片二极管的型号仍是沿用引线式二极管的型号，如用户熟知的整流二极管 1N4001~1N4007，开关管 1N4148 等。另外，新型贴片二极管也有自己的型号。

目前，进口元器件数量较多，各国都有半导体分立器件型号命名标准，如美国以 1N 开头的，日本以 1S 开头的，我国以 2A~2D 开头的都是二极管。也有不少是由工厂自己来命名（厂标）的，不同的生产厂有不同的型号，如 SM4001~SM4007、GS1A~GS1K、SIA~SIM

及 M1～M7 等。这种不标准的型号出现在电路中时，给分析电路及维修带来很多困难。

2. 贴片二极管的封装形式

贴片二极管有多种封装形式，主要可分成 3 种：二引线型、圆柱形（玻封或塑封）和小型塑封型。二引线型的顶面及圆柱形的圆周上有一块横条标志线，它表示二极管的负极端。常见贴片二极管的外形如图 3-31 所示。

图 3-32 所示为复合二极管阵列器件 DALC208 的外形图及内部电路。

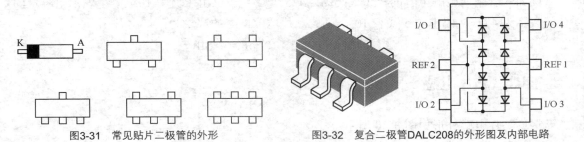

图3-31　常见贴片二极管的外形　　　　　图3-32　复合二极管DALC208的外形图及内部电路

3. 贴片二极管的型号代码及色标

小尺寸贴片二极管一般不打印出型号，而是打印出型号代码或色标。这种型号代码由生产工厂自定，并不统一。图 3-33 所示是二引线封装二极管，其顶面 A2 表示型号代码。

图 3-34 所示是小型塑封二极管，其顶面的型号 N、N20、P1 分别表示 3 种小型塑封二极管的型号代码。

图3-33　二引线封装二极管型号　　　　　图3-34　小型塑封二极管的型号代码

3.4.5　贴片三极管和贴片场效应管

贴片三极管和贴片场效应管是由传统引线式三极管及场效应管发展而来的，管芯相同，但封装不同，并且大部分沿用引线式的原型号。为增加安装密度，进一步减小印制板尺寸，开发出了一些新型三极管、场效应管、带阻三极管、组合三极管等。

1. 贴片三极管的型号识别

我国三极管型号以"3A～3E"开头、美国以"2N"开头、日本以"2S"开头。目前市场上 2S 开头的型号占多数，欧洲对三极管的命名方法是用 A 或 B 开头（A 表示锗管，B 表示硅管），第二部分用 C、D 或 F、L（C——低频小功率管，F——高频小功率管、D——低频大功率管，L——高频大功率管），用 S 和 U 分别表示小功率开关管和大功率开关管，第三部分用 3 位数表示登记序号。如 BC87 表示硅低频小功率三极管，还有一些三极管型号是由生产工厂自己命名的（厂标），不是标准的命名。例如，摩托罗拉公司生产的三极管是以"M"

开头的，在一个封装内带有两个偏置电阻的 NPN 三极管，其型号为 MUN2211T1，相应的 PNP 三极管为 MUN2111T1（型号中 T1 表示该公司的后缀）。

2. 普通贴片三极管

普通贴片三极管有 3 个电极或 4 个电极，其外形及引脚排列如图 3-35 所示。

3. 复合贴片三极管

这类贴片三极管在一个封装中有两个三极管，其外形如图 3-36 所示。

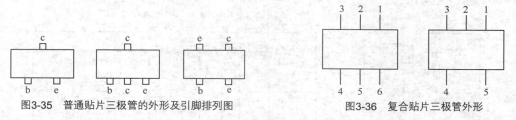

图3-35　普通贴片三极管的外形及引脚排列图　　　　图3-36　复合贴片三极管外形

不同的复合三极管，内部的结构不一样，如图 3-37 所示。由于它们的连接方式不统一，因此，在维修和更换时要特别注意。

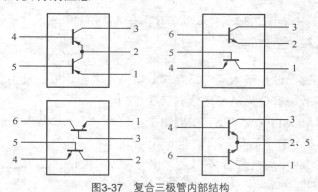

图3-37　复合三极管内部结构

4. 片状带阻三极管

片状带阻三极管又称为状态三极管，它是由一个三极管及一到两个内接电阻组成的，如图 3-38 所示。

状态三极管在电路中使用时相当于一个开关电路。当状态三极管饱和导通时，I_c 很大，ce 间输出电压很低；当状态三极管截止时，I_c 很小，ce 间输出电压很高，相当于 V_{CC}（供电电压）。状态三极管中的 R1 决定了状态三极管的饱和深度，R1 越小，状态三极管饱和越深，

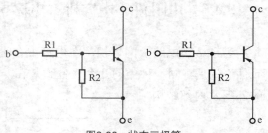

图3-38　状态三极管

I_c 电流越大，ce 间输出电压越低，抗干扰能力越强，但 R1 不能太小，否则会影响开关速度。R2 的作用是为了减小状态三极管截止时集电极的反向电流，同时可减小整机的电源消耗。状态三极管在外观结构上与普通三极管并无多大区别，只能通过使用万用表测量进行分辨。

状态三极管以日本生产居多,各厂的型号各异,常见状态三极管外形及内部电路如图3-39所示。

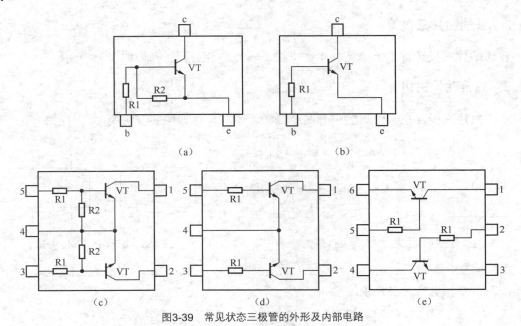

(a)　　　　　　　　　(b)

(c)　　　　　　(d)　　　　　　(e)

图3-39　常见状态三极管的外形及内部电路

5. 贴片场效应管

与贴片三极管相比,贴片场效应管具有输入阻抗高、噪声低、动态范围大、交叉调制失真小等特点。贴片场效应管分为结型场效应管（JFET）和绝缘栅场效应管（MOSFET）。JFET 主要用于小信号场合；MOSFET 既可用于小信号场合，也可用于功率放大或驱动的场合。贴片场效应管外形及引脚排列如图 3-40 所示（两种不同排列）。

可见，场效应管的外形结构与三极管十分相似，应注意区分，场效应管 G、S、D 极分别相当于三极管的 b、e、c 极。

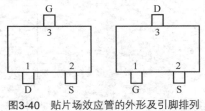

图3-40　贴片场效应管的外形及引脚排列

3.4.6　电阻排、电容排、电感排

为了减小电路板的体积，在电路中有时会采用电阻排、电容排、电感排元件，这些"排元件"就是将同一种类的几个元件封装在一起，构成一个独立的元件。图 3-41 所示是电阻排的外形及内部结构。

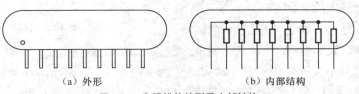

(a) 外形　　　　　　　　(b) 内部结构

图3-41　电阻排的外形及内部结构

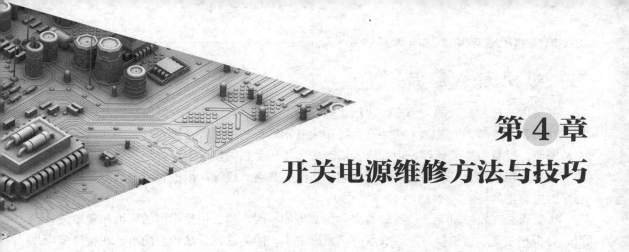

第4章
开关电源维修方法与技巧

开关电源是电子设备中故障率最高的电路，开关电源出现故障后，会导致各种故障出现，最常见的现象有无法开机、整机无反应、电源指示灯不亮。除此之外，还会出现死机、开机后关机保护等现象。下面根据维修实际情况，简要介绍开关电源的故障原因、维修方法及常见维修工具的使用。

|4.1 开关电源的故障分类、故障原因及检修程序|

开关电源在电子设备中的故障率最高，约占整机故障率的50%。

4.1.1 开关电源的故障率为什么高

无论哪种电子设备，只要采用开关电源供电，那么，开关电源的故障率均为最高，约占整机故障率的50%，对于部分老式的电子设备，故障率更高，有的高达80%以上。这是为什么呢？因为开关电源工作在高电压、大电流状态下，大部分元器件均要在高负荷条件下工作，时间久了，很容易产生故障。

4.1.2 开关电源产生故障的原因

1. 内部原因

开关电源产生故障的内部原因有开关电源内部元器件性能不良，元器件存在虚焊、腐蚀，接插件、开关及触点发生氧化，印制电路板存在漏电、铜断、连锡等情况，元器件的寿命也属这类故障。

2. 外部原因

开关电源产生故障的外部原因有电网电压不正常，机内大功率元器件长期工作，元器件的老化、性能下降等。

3. 人为原因

开关电源产生故障的人为原因包括运输过程中的剧烈震动和过分颠簸，以及用户自己乱拆、乱调及乱改等。尤其是一些并不具备相应基础知识的维修者在操作时，不注意元器件的参数限制，随意更换元器件，由此给机器造成了"致命"的损害，如将场效应开关管换成功率三极管，将快恢复二极管换成用于50Hz整流的普通二极管，把小容量电解电容换成特大容量的电解电容等。

维修人员在检修机器之前，应首先弄清故障的原因，然后根据不同的原因和现象进行检查、分析和修理。在检修时，一般从外部原因着手，因为这种方法较为简单。在检修前应尽量向用户询问，并在检修时做好记录，以便于对故障进行分析与判断，然后再着手查找内部原因。

4.1.3   开关电源故障检修程序

开关电源电路复杂，工作电压高，这给维修工作带来了一定的难度。要把开关电源修好，除掌握其基本原理和正确的维修方法之外，还应注意维修的步骤是否合理，以确保维修工作有条不紊地进行。检修时，可按以下步骤进行。

1. 询问用户

接手一台待修的机器时，应仔细询问用户机器发生故障的时间及故障现象，用户是否自己或找人检修过，机器购买的时间，机器工作的环境，有无使用说明书和维修图纸，机器平时的工作情况，是否碰撞或摔伤过等，并做好记录。这些看似细小的问题对下一步的维修十分重要。比如，如果机器找人检修过，开关电源中的可调电位器有可能被调整，在检修时，就应该对机器的可调元器件特别注意和恢复，使检修少走弯路。如果机器的工作环境较潮湿或灰尘较大，在检修时应首先对机器加以清洁，并用电吹风对电路板适当加温。在故障发生时，如果机器有异味或冒烟现象发生，维修人员就不能随便通电开机。因此，通过询问用户获得第一手的维修资料，将会给后续分析判断故障提供依据。

2. 观察故障现象

打开机盖之后，应首先检查外观。检查开关电源内有无异物，排线有无松脱和断裂，元器件有无虚焊和断线，电路板元器件是否缺损等，检查无误后方可通电观察，并对故障现象做好记录。

3. 确定故障范围

根据故障现象，判断引起故障的各种可能的情况，并根据测量结果，大致确定故障的范围。

（1）将开关电源与负载断开（一般情况下需要接假负载），若开关电源有正常的输出，则说明原开关电源正常，故障出现在开关电源的负载电路。

（2）将开关电源与负载断开，若开关电源输出仍不正常，说明故障在开关电源本身。

当判断出故障在开关电源部分时，还要根据故障现象，大致确定具体的故障位置。例如，开关电源无输出，指示灯不亮，故障一般是交流输入电路或开关管损坏；输出电压过高或过低，一般问题出在稳压电路上。

4. 测试关键点

判断出大致的故障范围之后，可以通过测试关键点的电压、波形，并结合工作原理进一步缩小故障范围。这一点至关重要，也是维修的难点，这要求维修者平时应多查询资料，多积累经验，多记录一些关键点的正常工作电压和波形，为分析判断提供可靠的依据。

5. 排除故障

找出故障原因后，就可以针对不同的故障元器件加以更换和调整。更换元器件时，应注意所更换的元器件应与原来元器件的型号和规格保持一致。若无相同的元器件，应查找资料，找出可以替换的元器件，切不可对故障元器件随便进行替换。

6. 整机测试

故障排除后，还应对开关电源的输出电压进行测试，使之完全符合要求。对于一些软故障，应作较长时间的通电试机，观察故障是不是还会出现，等故障彻底排除后再交于用户，以维护自己的维修声誉。

|4.2　开关电源检修的方法与常见故障的维修|

4.2.1　开关电源检修的方法

1. 假负载法

在维修开关电源时，为区分故障发生在负载电路还是电源本身，经常需要断开主负载，并在开关电源主电压输出端加上假负载进行试机，如图 4-1 所示。之所以要接假负载，是因为开关管在截止状态期间，储存在开关变压器一次绕组的能量要向二次侧释放，如果不接假负载，则开关变压器储存的能量无处释放，极易导致开关管击穿损坏。关于假负载，应根据开关电源的输出电压（或功率）的大小进行选择。一般而言，若输出电压在 100V 以上，应选择 40～100W 的灯泡或 300Ω左右的大功率电阻，若输出电压在 30V 以下，可选择汽车/摩托车上用的灯泡或 600Ω～1kΩ大功率电阻。

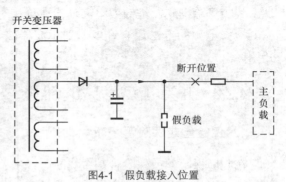

图4-1　假负载接入位置

另外需要说明的是，有些电子产品的开关电源的直流电压输出端通过一个电阻接地，相当于接了一个假负载，因此，这种结构的开关电源在维修时不需要再接假负载。

2. 短路法

并联型开关电源一般采用带光电耦合器的直接取样稳压控制电路，当输出电压较高时，可采用短路法来确定故障范围。

短路法的过程是：短路光电耦合器的光敏接收管的两脚（相当于减小了光敏接收管的内阻），然后测量主电压，若未发生变化，则说明故障在光电耦合器之后的电路（开关变压器的一次电路一侧）。反之，故障发生在光电耦合器之前的电路。

需要说明的是，短路法应在熟悉电路的基础上有针对性地进行，不能盲目短路，以免将故障范围扩大。另外，从检修的安全角度考虑，在短路之前应先断开负载电路。

3. 串联灯泡法

所谓串联灯泡法，就是取掉输入回路的保险丝（熔断器），用一个 60W/220V 的灯泡串在保险丝两端。当通入交流电后，若灯泡很亮，则说明电路有短路现象。由于灯泡有一定的阻值，如 60W/220V 的灯泡，其阻值约为 500Ω（指热阻），所以起到一定的限流作用。这样，一方面能直观地通过灯泡的明亮度来大致判断电路的故障原因；另一方面，由于灯泡的限流作用，不至于立即使已有短路的电路烧坏元器件。在排除短路故障后，灯泡的亮度自然会变暗，最后再取掉灯泡，换上保险丝即可。

4. 代换法

代换法分为元器件级代换和板级代换。

元器件级代换是指用正常的元器件代换怀疑发生了故障的元器件，若代换后开关电源工作正常，说明被代换的元器件损坏。在开关电源中，有些元器件可用万用表直接判断其是否正常，如电阻，有些则不好判断，如电源控制芯片。因此，对于不易判断的元器件，若维修中怀疑其有问题，建议使用正确的元器件进行代换，以提高维修效率。

板级代换是指对整机开关电源或电源电路的一部分电路进行整体代换。这种方法主要用于开关电源出现大面积元器件烧坏或开关电源出现疑难故障时的维修。这种维修方法的特点是：故障排除彻底，维修效率高，但造价相对也较高。

检修电源的方法还有许多，如示波器法、加热冷却法、人工干预法等，这里不再一一介绍。

4.2.2　开关电源常见故障维修

1. 保险丝或保险管烧断

在判断保险丝或保险管是否烧断时，主要检查整流桥各二极管、大滤波电容及开关管等部位。抗干扰电路故障也会导致保险丝或保险管发黑、烧断。值得注意的是，因开关管击穿导致的保险丝或保险管烧断往往还伴随着过流检测电阻和电源控制芯片的损坏，而且负温度系数热敏电阻也很容易和保险丝或保险管一起烧坏。

2. 无输出，但保险丝或保险管正常

这种现象说明开关电源未工作，或者工作后进入了保护状态。此时首先测量电源控制芯片的启动脚是否有启动电压，若无启动电压或者启动电压太低，则检查启动电阻和启动脚外接的元器件是否有漏电存在。若电源控制芯片正常，则经上述检查后可很快查到故障。若有启动电压，则测量控制芯片的驱动输出脚（厚膜电路没有驱动输出脚）在开机瞬间是否有高低电平的跳变。若无跳变，说明控制芯片损坏、外围振荡电路元器件或保护电路有问题，可先代换控制芯片，再检查外围元器件。若有跳变，一般为开关管不良或损坏。

3. 有输出电压，但输出电压过高

这种故障往往来自稳压取样和稳压控制电路。我们知道，直流输出、取样电阻、误差取样放大器（如 TL431）、光电耦合器和电源控制芯片等电路共同构成了一个闭合的控制环路，在这一环路中，任何一处出现问题都会导致输出电压升高。

对于有过压保护电路的电源，输出电压过高首先会使过压保护电路动作，此时，可断开过压保护电路，使压保护电路不起作用，然后测量开机瞬间的电源主电压。如果测量值比正常值高，说明输出电压过高。在实际维修中，以取样电阻变值、误差放大器或光电耦合器不良为常见故障原因。

4. 输出电压过低

根据维修经验，除稳压控制电路会引起输出电压过低外，还有下面一些原因会引起输出电压过低。

（1）开关电源负载有短路故障。此时，应断开开关电源电路中的所有负载，以区分是开关电源电路不良还是负载电路有故障。若断开负载电路，电压输出正常，说明是负载过重，若仍不正常，说明开关电源电路有故障。

（2）输出电压端整流二极管、滤波电容等失效，可以通过代换法进行判断。

（3）开关管的性能下降，必然导致开关管不能正常导通，从而使电源的内阻增加，带负载能力下降。

（4）开关变压器不良，不但造成输出电压下降，还会造成开关管激励不足从而屡次损坏开关管。

（5）大滤波电容（即耐压 300V 以上的滤波电容）不良，造成电源带负载能力差，一旦接负载输出电压便下降。

4.2.3 屡次损坏开关管故障的维修

屡次损坏电源开关管（或厚膜电路，厚膜电路内含开关管）是开关电源电路维修的重点和难点，分析如下。

开关管是开关电源的核心部件，工作在大电流、高电压的环境下，损坏的概率是比较大的，一旦损坏，换上新管并不一定可以排除故障，有时甚至还会损坏新管。这种屡次损坏开关管的故障排除较为麻烦，往往令初学者无从下手。下面简要分析导致屡次损坏开关管故障的常见原因。

1. 开关管过压损坏

开关管过压损坏原因如下。

（1）市电电压过高，导致开关管提供的漏极工作电压高，开关管漏极产生的开关脉冲幅度自然升高许多，从而突破开关管 D-S 的耐压值造成开关管击穿。

（2）稳压电路有问题，使开关电源输出电压升高的同时，开关变压器各绕组产生的感应电压幅度大，在其一次绕组产生的感应电压与开关管漏极 D 得到的直流工作电压叠加，如果这个叠加值超过开关管 D-S 的耐压值，就会损坏开关管。

（3）开关管漏极 D 保护电路（尖峰脉冲吸收电路）有问题，不能将开关管漏极 D 幅度颇高的尖峰脉冲吸收掉而造成开关管漏极电压过高而被击穿。

（4）大滤波电容（耐压 300V 以上的滤波电容）失效，使其两端含有大量的高频脉冲，在开关管截止状态期间与反峰电压叠加后，导致开关管过压损坏。

2. 开关管过流损坏

开关管过流损坏原因如下。

（1）开关管散热片过小或固定不牢。

（2）开关电源负载过重，造成开关管导通时间延长而损坏开关管。常见原因是输出电压整流、滤波电路不良或负载电路有短路、漏电等故障。

（3）开关变压器匝间短路。

3. 开关管功耗大损坏

开关管功耗大损坏原因如下。

常见的开关管功耗大损坏有开启损耗大和关断损耗大两种。开启损耗大主要是因为开关管在规定的时间内不能从放大状态进入饱和状态，开关管激励不足。关断损耗大主要是由开关管在规定的时间内不能从放大状态进入截止状态开关管栅（基）极的波形发生畸变造成的。

4. 开关管本身有质量问题

市售电源开关管质量良莠不齐，如果开关管存在质量问题，开关管屡次损坏也就在所难免了。

5. 开关管代换不当

开关电源的场效应开关管功率一般较大，不能用功率小、耐压低的场效应管代换，否则极易损坏，也不能用 BU508A、2SD1403 等三极管代换。实验发现，用这些三极管代换后电源虽可工作，但通电几分钟三极管即过热，由此引起屡次损坏开关管故障。

4.2.4 电源电路检修注意事项

1. 加隔离变压器

开关电源大都为并联型开关电源，对于并联型开关电源，虽然负载所在的电路板为冷底板，但开关电源变压器一次电路仍为热底板。因此，如果不加隔离变压器，就不能用示波器测量开关变压器一次侧之前的任何电路，否则，不但会使示波器外壳带电，对人身构成威胁，还会烧坏电源。用万用表测量电压时可不加隔离变压器。

2. 避免电击

在维修开关电源时，即使用了隔离变压器也不能保证 100% 的安全。导致触电的充分必要条件是，与身体接触的两处或两处以上的导体间存在超过安全电压的电位差，并有一定强度的电流流经人体。隔离变压器可以消除热地与电网之间的电位差，在一定程度上可以防止触电。但它无法消除电路中各点间固有的电位差。也就是说，维修人员只要两只手同时接触了开关电源电路中具有电位差的部位，同样会导致电击。因此，维修人员在修理时，如果必须带电操作，首先，应使身体与大地可靠绝缘，例如坐在木质座位上，脚下踩一块干燥的木板或包装用的泡沫之类的绝缘物；其次，要养成单手操作的习惯，当必须接触带电部位时，防止双手操作或单手与身体的其他部位形成回路等，这些都是避免电击的有效措施。

3. 选好参考电位

在测量电源电路的电压时，要选好参考电位。开关变压器一次侧之前的地为热地，开关变压器一次侧之后的地为冷地，二者不是等电位。因此，测量开关变压器一次电路的电压时，要以热地为参考点，将万用表的负表笔接热地；测量开关变压器二次电路（负载电路）时，要以冷地为参考点，将万用表的负表笔接冷地。

4. 电源不振荡时应对大滤波电容两端的电压放电

在维修无输出的电源时，通电后再断电，由于电源不振荡，大滤波电容（耐压 300V 以上的滤波电容）两端的电压放电会极其缓慢，此时，如果用万用表的电阻挡测量电源，应先对大滤波电容两端的电压进行放电（可用一大功率的小电阻进行放电），然后才能测量，否则不但会损坏万用表，而且会危及维修人员的安全。

5. 检修时应控制开机时间

在检修的开关电源输出电压高于正常值许多时，开机时间尽量要短，以免击穿开关管与负载元器件，造成不必要的损失。开机时间的标准是测量完某点电压值需要的最短时间。实际监测时，可一手拿表笔，一手按开关，接通电源开关，看清读数后，立即关断电源。

6. 更换故障元器件后再次开机时要监测开关电源输出电压值

对开关电源进行检查时，若发现或怀疑某个元器件有问题，在更换这个元器件后，开机时要监测开关电源（105～150V）输出端电压，如果高于正常值许多，要快速关机。之后按电压输出高的故障进行检查。

7. 保险管损坏的检修

在交流输入电路中，保险管熔断很少是由保险管自然损坏造成的，大多数是由后级电路短路故障造成的，如市电整流二极管短路、电源开关管短路等。因此，若遇到保险管损坏的故障，应首先对以上易损元器件检查更换后再更换新的保险管试机。保险管损坏时，应使用同规格新品更换，不要使用铜丝代换，以免对电路造成更大的损害。当损坏的保险管内部发黑或显像管爆裂时，说明后级电路短路严重，更应仔细检查。

8. 开关变压器中电解电容的检修

开关变压器热端电路中的电解电容故障率较高，虽然有的电容用万用表测量正常，但实际上的确有问题。所以，对开关变压器热端电路中的 2.2～100μF 电解电容检修时，建议用代换法进行检修，以免造成判断错误。

9. 更换开关电源元器件时，应注意以下几点

（1）更换开关电源元器件时必须用相同型号或相同性能及规格的元器件。

① 稳压电路中的各元器件。

② 保护电路中的各元器件。

③ 振荡电路中的元器件。

④ 交流 220V 输入电路中的保险管。

（2）更换开关电源元器件时采用功率、耐压、容量可以提高的元器件。

① 交流 220V 整流滤波电容中的大滤波电容与整流二极管。

② 开关电源各电压输出端的滤波电容与整流二极管。

（3）开关电源中的交流 220V 整流滤波电路中的保险电阻与开关电源电压输出端的保险电阻的代换。

这两个电路中的保险电阻最好选用相同的功率与电阻，如果没有相同的电阻，功率与阻值的选择原则是：原来元件的保险电阻功率/电阻值＝代换元件保险电阻的功率/电阻值。注意，一定要用保险电阻代换。

10. 用假负载法与电流法断开开关电源对行扫描电路供电时应注意的事项

（1）断开负载时，一般是断开元器件的一引脚，断开处通常是开关电源主输出端到负载之间的保险电阻、电感的一引脚。不要用割断电路板的方法进行断开。

（2）在维修开关电源时，为判断故障在开关电源电路还是在负载电路，常常需要断开开关电源主电压的负载。开关电源误差取样电路可以有两种形式：间接取样电路和直接取样电路。对于间接取样电路，在切断开关电源主电压负载时没有什么特别的要求；对于直接取样电路，在断开主电压负载时，应注意切断点的位置，即断开点应选在稳压电路之后，如图 4-2 所示的虚线 C 的右侧，而决不能取在虚线 A 的左侧。否则误差取样电路得不到误差电压（误差电压为零），将导致开关电源输出电压急剧升高，这可能会烧毁开关管或开关电源控制芯片。

11. 对于开关电源无电压输出的故障

如果监测结果是在开机瞬间某个输出端有电压，说明开关电源能产生振荡，这是由于开关电源输出电压高或负载有过流故障造成保护电路工作，引起开关电源停振。

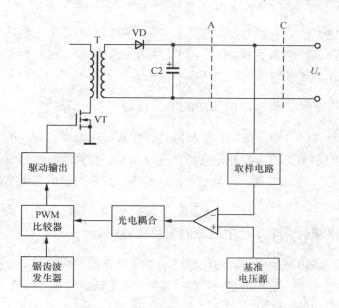

图4-2　开关电源主电压断开处示意图

　　另外，对于开关电源输出电压低的故障，如果监测结果是关机瞬间电压升高，这也同样说明开关电源中的保护电路因故障进入保护状态。

4.2.5　开关电源检修技巧

1. 检修开关电源时，要先对故障率相对高的电路进行检查

　　在检修开关电源时，如果同时判断在两个或两个以上的部分可能存在问题时，要先对故障率较高的部分进行检查。例如，对于只在开机瞬间开关电源有电压故障，故障原因可能是稳压电路有问题造成输出电压过高，也可能是开关电源某路输出端有短路或过流，但因后者的可能性远远大于前者，所以在检修时，要先查开关电源电压输出端是否有短路、过流，之后再检查稳压电路是否过压保护。

2. 检修开关电源时，要先对易损件进行检查

　　从开关电源的结构来讲，每种开关电源均有自己的优缺点，也有比较固定的易损件。从电子设备的使用时间长短来讲，开关电源易损件也有一定的故障规律，例如，当开关电源使用时间较长时，开关电源热端的电解电容故障率相对较高。检修开关电源时，在按常规方法进行检修之前，应重点对这些易损件进行检查，这样可以事半功倍。

3. 检修开关电源时，要善于利用观察法

（1）观察保险管内的保险丝是否熔断，判断开关电源有无严重短路故障

　　交流 220V 整流滤波电路中的保险丝熔断的直接原因有在开关电源热端固定的几个元器件中，开关管、耐压 300V 以上的大滤波电容、交流 220V 整流二极管击穿等。所以，如果观察到保险管内的保险丝熔断，肯定是上述中的某个元器件有问题。

（2）观察开关电源中的电解电容顶部是否鼓胀，可判断出这个电容是否有问题

如果电容鼓胀，说明电容基本失效，需要进行更换。同时，还要检查电容鼓胀的原因，是工作久了自然损坏，还是电压过高损坏等，以便对症下药。

4. 检修开关电源时，要学会电压法的使用技巧

使用电压法检修开关电源，可判断出故障是否在开关电源或在开关电源的哪个部位。电压法检修开关电源的常见关键点有开关电源交流输入端、整流滤波输出端、开关管漏极或栅极、开关电源控制芯片的启动端、开关电源输出端等。将测得的值与正常的值进行比较，即可查出故障点。

5. 检修开关电源时，要学会电阻法的使用技巧

使用电阻法可判断出开关电源各电压输出端是否存在击穿短路与严重漏电故障，从而确认开关电源中的某个元器件是否击穿、开路、漏电。电阻法最常用于检查开关管、交流 220V 整流滤波中的保险电阻是否开路。

在以下几种情况下，可采用电阻法进行检查。

（1）在开关电源中有的输出端有小电压，有的输出端始终无电压时，需要用电阻法测量没有电压输出的端子电阻。如果电阻值近于零，说明这个输出端的整流二极管或负载有击穿故障。

（2）在开关管漏极电压为零时，需要用电阻法检查交流 220V 桥式整流滤波电路，检查交流 220V 桥式整流器串联的保险电路是否开路。

（3）在保险管内的保险丝熔断时，需要用电阻法测量开关漏极对地电阻，如果测量结果近于零，说明烧断保险管的原因是开关管或耐压 300V 以上的大滤波电容、桥式整流器击穿。

6. 检修开关电源时，要学会电流法的使用技巧

使用电流法可判断开关电源工作电压异常是否由开关电源的主负载过流造成。方法是在开关电源主输出端与主负载断开处接入电流表，如图 4-3 所示，电流表的挡位打在较大挡位（如 500mA），测量开机瞬间的电流。如果电流在正常范围，可判断主负载正常，如果电流超出正常范围，可判断主负载存在短路故障。

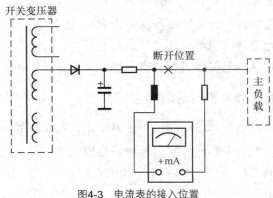

图4-3　电流表的接入位置

|4.3　开关电源常见维修工具介绍|

　　要检修开关电源，必须熟练各种仪器的使用，下面主要介绍在开关电源维修中最常使用的几种工具。

4.3.1　万用表

　　万用表具有用途多、量程广、使用方便等优点，它可以用来测量电阻、交直流电压和直流电流等很多参数。在开关电源维修中，万用表是必不可少的仪器。

　　常见的万用表有指针式万用表和数字式万用表。指针式万用表是以表头为核心部件的多功能测量仪表，测量值由表头指针指示读取。数字式万用表的测量值由液晶显示屏直接以数字的形式显示，读取方便，有些还带有语音提示功能。这两类万用表各有所长，在使用的过程中不能完全替代，要取长补短，配合使用。

　　由于万用表是一种十分普及的维修仪器，大多数读者对其比较熟悉，本书不作具体介绍。

4.3.2　示波器

　　示波器是一种用途广泛的电子测量仪器。它能把电信号转换成可在屏幕上直接观察的波形。用示波器维修开关电源，可直观、准确、快速确定故障范围，查找到故障点。

　　由于开关电源电压高、电流大，且有热底板、冷底板之分，因此，用示波器维修开关电源有一定的危险性，特别是初学者，若使用或操作不当，很容易发生触电事故。用示波器维修开关电源的使用方法和注意事项请参考第 6 章。

4.3.3　直流稳压电源

　　直流稳压电源用来为负载提供稳定的直流供电电压，便于判断故障和维修。例如，当开关电源输出电压较低时，为了区别是开关电源故障还是负载电路故障，可将开关电源主电压输出端断开，用直流稳压电源单独为负载电路提供电压。若此时设备工作正常，说明开关电源无故障，若此时直流稳压电源被拉低，说明负载电路有故障。目前市面上在售的直流稳压电源较多，选择时，应尽量选用输出电压可调的直流稳压电源。

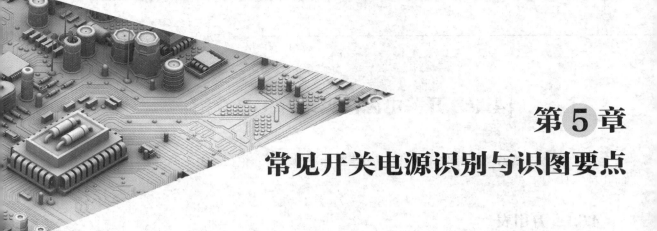

第5章
常见开关电源识别与识图要点

为了全面了解开关电源，弄清开关电源各电路之间的关系，就需要识读开关电源电路图。开关电源电路图形式多样，且新型开关电源芯片不断出现，给开关电源识图造成了一定的困难。在本章中，我们将不同的开关电源进行了科学归类，详细介绍了不同类型开关电源的识别与识图技巧。

|5.1 并联型单管开关电源电路的识别与识图|

并联型单管开关电源电路是应用最为广泛的一种开关电源，这类开关电源有以下几个特点。

一是开关电源采用并联形式，也就是说，开关变压器的一次侧、二次侧是完全隔离的，负载"地"不带电，比较安全。

二是开关管采用一只功率场效应管（或功率三极管），电路简洁。

三是此类开关电源既有自激式，也有他激式，但绝大多数是他激式。

四是此类开关电源的开关变压器既有反激型，也有正激型，但绝大多数为反激型。

下面列举几个实例进行详细介绍。

5.1.1 并联自激式单管开关电源电路

自激式单管开关电源是一种由间歇振荡电路组成的开关电源，此类开关电源的市场占有量不大，结构也不太复杂，下面以图5-1所示的电路进行说明。

识图时，应注意以下几个要点。

自激式单管开关电源中的开关管既可以采用三极管，也可以采用场效应管，这里采用的是三极管。开关管 VT513 起着开关及振荡的双重作用，省去了控制电路（一般没有专用电源控制芯片），自激振荡的过程如下。

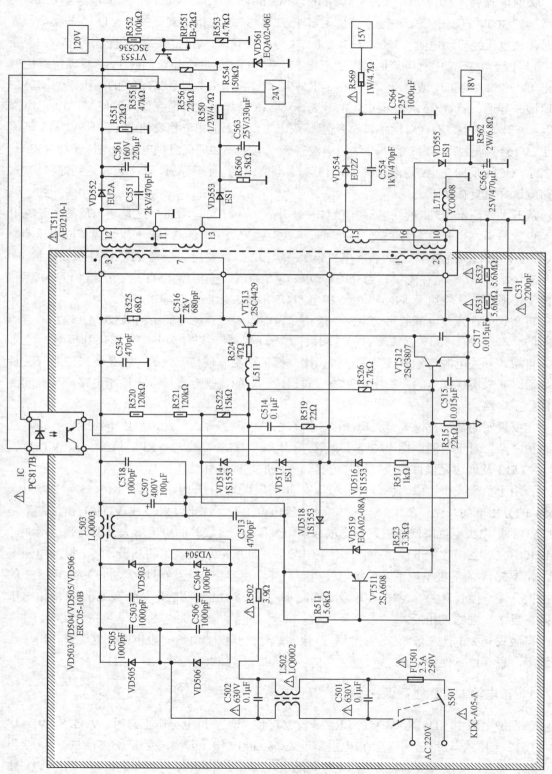

图5-1　并联自激式单管开关电源

接通电源后，220V 市电电压经 VD503～VD506 整流、C507 滤波，在滤波电容 C507 两端得到近 300V 直流电压，通过开关变压器 T511 的 3～7 绕组加到开关管 VT513 的集电极。同时，该电压经启动电阻 R520～R522、R524 为 VT513 的基极提供启动电流，使 VT513 导通。T511 绕组 3～7 中有电流通过并感应出 3 正、7 负的感应电压，同时 1、2 反馈绕组也感应出 1 正、2 负的正反馈电压，该电压经 R519、C514、R524 加至 VT513 的基极，使 VT513 迅速饱和导通。随着 C514 充电电压的升高，VT513 基极电位逐渐变低，致使 VT513 退出饱和区，I_c 开始减小，在 T511 的 1、2 绕组感应出 1 负、2 正相位相反的电压，使 VT513 迅速截止。VT513 截止后，T511 的 1、2 绕组中没有感应电压，300V 直流供电输入电压又经 R520～R522 给 C514 反向充电，逐渐提高 VT513 基极电位，使其重新导通，再次翻转达到饱和状态，电路就这样重复振荡下去。

从开关变压器 T511 的同名端（T511 中的小圆点）中可以看出，这是一个反激型开关电源。也就是说，当开关管 VT513 导通时，开关变压器 T511 的 3～7 一次绕组感应电压为 3 正、7 负，而二次绕组 11、12 感应电压为 11 正、12 负，整流二极管 VD552 处于截止状态，在一次绕组 3～7 中储存能量。当开关管 VT513 截止时，变压器 T511 一次绕组 3～7 中存储的能量，通过二次绕组及 VD552 整流和电容 C561 滤波后向负载输出。

自激式单管开关电源的启动电阻一般由几只电阻组成（如本例中的 R520～R522），启动电阻的一端一般接 300V 直流端，另一端接开关管的基极，以便为开关管提供基极电流。

自激式开关电源与他激式开关电源相比，稳压控制原理是一致的，都是通过控制开关管的导通时间来实现稳压的，稳压电路的形式也是一致的，既有直接取样稳压电路，又有间接取样稳压电路。

需要说明的是，自激式开关电源由于没有电源控制芯片，因此，稳压电路元器件较多，电路稍复杂。对于本例，稳压电路主要由 VT553、VD561、R552、RP551、R553、VT511、IC、VT512 及周边元器件组成，取样方式为直接取样，具体稳压过程如下。

当由于负载减少等原因使开关电源输出的电压 120V 上升时，取样电路 R552、RP551、R553 的分压增高，误差放大管 VT553 的基极电位上升。由于发射极被 VD561 钳位，于是 VT553 的集电极电位降低，流过光电耦合器 IC 内发光二极管的电流增大，发光强度增大，导致其中光敏三极管集电极、发射极间电阻减小，即开关管 VT511 的基极、集电极间电阻下降，使 VT511 的基极电位下降，集电极电压升高，使 VT512 导通量增大，开关管 VT513 的基极被分流，控制开关管 VT513 导通时间减小，即 VT513 提前截止（脉宽减小），输出电压下降。反之，则结果相反。

自激式开关电源一般不采用开关电源控制芯片，其保护电路一般也由分立元器件组成。本例中，设有以下保护电路。

1. 市电输入电压过高保护

该保护电路由 VD518、VD519、R523 及 VT512 组成。市电电压正常时，VD518、VD519 对 VT512 工作状态没有影响；当市电电压过高时，300V 电压升高，变压器 T511 的 3～7 绕组的电流将增大，反馈绕组 1 端感应的正电压随之升高。当 1 端电压升到一定值时，通过 VD518 使 VD519 工作在击穿状态，此时，T511 的 1 端正反馈电压经 VD518、VD519、R523 和 VT512

的发射极短路到地，使正反馈停止，VD513 停振，从而起到市电电压过压保护的作用。

2. 电源电路输出电压过压保护

当 120V 主电压输出过高时，负载电压使光电耦合器 IC 发光二极管发光强度增大，使光敏三极管集电极、发射极间电阻大大降低，从而使 VT512 饱和导通，导致 VT513 的基极接地而停振，电源无输出。

5.1.2　并联他激式单管开关电源电路

并联他激式单管开关电源应用非常广泛，既有正激型，也有反激型，其中，多数为反激型。

1. 并联他激式单管开关电源电路识别之一（反激型）

图 5-2 所示为并联他激式单管开关电源应用电路（反激型）。

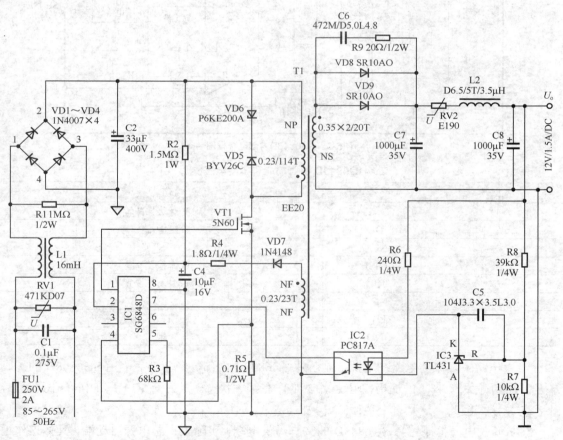

图5-2　并联他激式单管开关电源应用电路（反激型）

从开关变压器 T1 的同名端（T1 中的小圆点）可以看出，这是一个反激型开关电源，要识别这个开关电源，应注意以下几个要点。

（1）首先要理解开关电源控制芯片 SG6848D 的内部电路基本组成和引脚功能。要了解

SG6848D，可以查阅有关资料或相关书籍，也可以通过网络下载相应的数据手册。

　　SG6848D 是由 System General 公司开发的一款高性能脉宽调制型（PWM）控制器，具有引脚数量少、外围电路简单、安装调试简便、性能优良、价格低廉等优点，可精确地控制占空比，实现稳压输出。SG6848D 内部电路如图 5-3 所示，主要由振荡器、PWM 比较器、过流比较器（OCP）、欠压比较器（UVLO）、脉冲驱动电路等几部分组成，各引脚功能和典型电压值如表 5-1 所示。

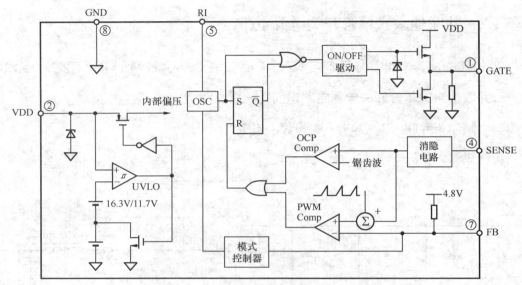

图5-3　SG6848D内部电路框图

表 5-1　　　　　　　　　　　　　SG6848D 引脚功能和典型电压值

引脚号	符号	功能
①	GATE	PWM 驱动脉冲输出
②	VDD	电源端
③	NC	空
④	SENSE	过流检测端
⑤	RI	PWM 频率设定
⑥	NC	空
⑦	FB	反馈输入端
⑧	GND	地

　　（2）电路中，振荡电路在电源控制芯片 SG6848D 内部，经驱动后，由 SG6848D 的①脚输出，加到开关管 VT1 的栅极，驱动 VT1 工作在开关状态。开关管 VT1 只工作在开关状态，不参与振荡，因此，这是一个他激式开关电源。

　　（3）开关电源控制芯片 SG6848D 的②脚为供电端，实际上也是电源启动端，具体工作过程是：C2 两端产生的 300V 左右的直流电压，一方面经开关变压器 T1 的一次绕组 NP 加到开关管 VT1 的漏极，另一方面，经 R2 降压，加到电源控制芯片 SG6848D 的②脚，为 SG6848D 提供启动电流，使 SG6848D 启动，并使振荡电路进入工作状态。SG6848D 启动后，其①脚（GATE 端）输出 PWM 控制脉冲，驱动开关管 VT1 工作在开关状态，开关变压器 T1 的 NF

绕组输出感应电动势，经二极管 VD7 整流、C4 滤波后产生直流工作电压，为 SG6848D 的②脚提供持续的供电，维持 SG6848D 的正常工作状态。

（4）该开关电源稳压电路采用直接取样方式，工作过程比较简单，具体如下：当输出电压超过 12V 时，经 R7、R8 分压后，IC3（TL431）的 R 极电压升高。根据 TL431 的特点，此时，其 K 极电压会降低，使得流过光电耦合器 IC2（PC817A）内部发光二极管的电流增大，二极管发光亮度增加，使 IC2 内部的光敏三极管导通程度增强，等效电阻减小，经与 SG6848D 的⑦脚内部电阻分压后，使 SG6848D 的⑦脚电压下降，于是 SG6848D 的①脚输出脉冲占空比变小，输出端电压下降。当电压低于 12V 时，控制过程相反，使输出电压升高。

（5）SG6848D 内部集成有过流和欠压保护功能。只需少量外围元器件，即可组成一个完整的保护电路。对于本例，主要有欠压保护电路和过流保护电路。

SG6848D 本身具有欠压保护功能。当 SG6848D 的⑦脚电压低于 11.7V 时，SG6848D 内部的欠压锁定器的输出变为低电平，①脚停止输出 PWM 驱动脉冲，开关管 VT1 截止，开关电源停止工作。

很多电源控制芯片都具有欠压保护电路，其保护机理基本一致。

过流保护电路由取样电阻 R5 以及 SG6848D 的④脚内部电路组成。当负载短路或其他情况引起开关管 VT1 电流增加时，取样电阻 R5 上的电压升高。当 SG6848D 的④脚电压达到 1.0V 时，SG6848D 的①脚停止输出 PWM 脉冲，使开关管 VT1 截止，从而达到过流保护的目的。这种过流保护电路在并联型开关电源中得到了广泛应用。

2. 并联他激式单管开关电源电路识别之二（正激型）

图 5-4 所示为采用开关电源控制芯片 UC3842 的并联他激式单管开关电源应用电路（正激型）。

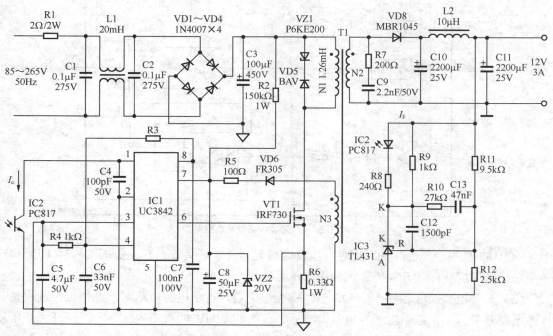

图5-4 并联他激式单管开关电源应用电路（正激型）

从开关变压器 T1 的同名端（T1 中的小圆点）可以看出，这是一个正激型开关电源，要识别这个开关电源，应注意以下几个要点。

（1）了解开关电源控制芯片 UC3842 的内部电路基本组成和引脚功能。电流模式类开关电源控制电路 UC3842 是 8 脚单端 PWM 控制芯片，引脚功能如表 5-2 所示，其内部电路框图见图 5-5。UC3842 主要由基准电压发生器、VCC 欠压保护电路、振荡器、PWM 闭锁保护、推挽放大电路、误差放大器及电流比较器等电路组成。

表 5-2   UC3842 引脚功能

引脚号	功能
①	误差输出
②	误差反相输入
③	电流检测，用于过流保护
④	外接定时元器件
⑤	地
⑥	驱动脉冲输出
⑦	电源输入
⑧	5V 基准电压

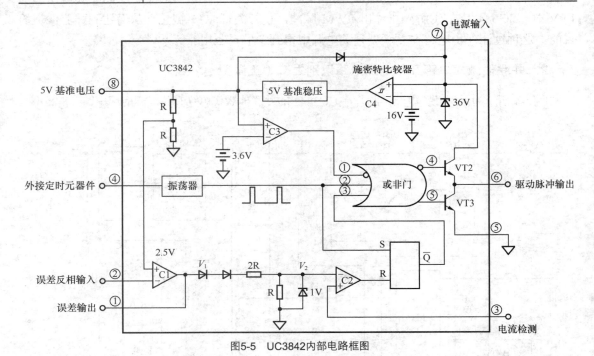

图5-5   UC3842内部电路框图

UC3842 只需少量的外围元器件（振荡定时元器件、开关管、开关变压器等），即可构成一个功能完善的他激式开关电源，如图 5-6 所示。

（2）开关电源控制芯片 UC3842 的⑦脚为供电端，也是电源启动端，具体工作过程是：接通电源开关后，市电电压经整流、滤波后，获得约 300V 的直流电压，一路经开关变压器的一次绕组送到开关管 VT1 的漏极，另一路经 R2 对 C8 进行充电。当 C8 两端电压达到 16V

时，则加到 UC3842 的⑦脚同相输入端的电压超过 16V，此时，UC3842 的施密特比较器 C4（参见 UC3842 内部电路框图）输出高电平，使 5V 基准稳压电路工作，从⑧脚输出 5V 基准电压。当⑦脚电压降为 10V 时，施密特比较器 C4 输出低电平，5V 基准稳压电路停止工作。当开关电源正常工作后，T1 的二次绕组 N3 上感应的脉冲电压经 VD6、R5、C8 整流滤波后产生 16V 左右直流电压，将取代启动电路，为 UC3842 的⑦脚供电。

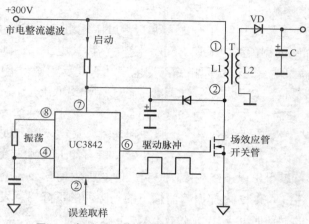

图5-6　由UC3842构成的他激式开关电源基本电路

（3）UC3842 的振荡电路比较典型，下面作简要分析：当 UC3842 启动后，⑧脚输出 5V 电压，5V 电压经 R3、C6 形成回路，对 C6 充电。当 C6 充电到一定值时，C6 通过 UC3842 迅速放电，一方面在 UC3842 的④脚上产生锯齿波电压，使 UC3842 工作在自由振荡状态，另一方面，控制 UC3842 内部振荡器输出脉宽很窄的矩形正脉冲，其对应关系如图 5-7 所示。

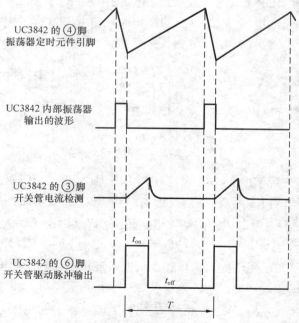

图5-7　电源电路主要波形及对应关系

UC3842 内部产生的矩形正脉冲，一方面加到或非门的②脚，控制或非门④脚为低（VT2 截止），⑤脚为高（VT3 导通），另一方面，该正脉冲还送到 R-S 触发器的置位端（S），使 R-S 触发器置"1"，即 Q 为"1"，$\overline{Q}$ 为"0"。此正脉冲通过后，或非门的②脚变为低电平（对或非门的输入无影响），由于 R-S 触发器仍保持 $\overline{Q}$ 为"0"的状态，所以或非门的④脚输出高电平（VT2 导通），⑤脚输出低电平（VT3 截止），此时，UC3842 的⑥脚输出高电平，控制开关管 VT1 导通。

VT1 导通后，300V 直流电压经开关变压器 T1 的 N1 绕组→VT1 的 D 极→VT1 的 S 极→R6 形成回路，流过回路的锯齿波电流在 R6 两端产生锯齿波电压，加到 UC3842 的③脚（电流比较器 C2 的同相输入端）。当 C2 同相输入端电压高于其反相输入端电压时，C2 输出高电平，控制 R-S 触发器复位，$\overline{Q}$ 为"1"，使或非门的④脚输出低电平（VT2 截止），⑤脚输出高电平（VT3 导通），此时，UC3842 的⑥脚输出低电平，控制开关管 VT1 截止。

当 UC3842 内部振荡器产生的下一个正脉冲到来时，又重复以上过程，从而 UC3842 的⑥脚输出具有一定占空比的矩形脉冲，控制开关管 VT1 不断地导通与截止。

根据以上分析，可以得出以下结论：UC3842 的⑥脚驱动脉冲高电平开始时刻（即开关管 VT1 的导通时刻）由 UC3842 内部振荡器输出的正脉冲的下降沿触发；⑥脚的高电平持续时间（即开关管 VT1 的导通时间）由③脚的锯齿波电压以及①脚取样电压（或②脚取样电压）共同控制；⑥脚驱动脉冲周期 T 由④脚的锯齿波振荡周期决定。

（4）UC3842 的内部误差放大器 C1 主要用于稳压和调压，其同相输入端接 2.5V 基准电压，反相输入端一般接误差取样电压。不过，该电源电路比较特殊，C1 反相输入端没有接取样电压，而是直接接地，即 C1 误差放大器未被采用，用于稳压的取样电压直接接到了 UC3842 的①脚，即 C1 的输出端。

为了更深入地了解 UC3842 的稳压原理，我们简单做一个计算。

设 C1 放大器的输出端电压为 U_1，C2 的反相输入端电压为 U_2，则 U_1、U_2 存在如下关系（设二极管正向导通电压为 0.7V）：

$$U_2 = (U_1 - 0.7 \times 2) \times \frac{R}{R + 2R} = \frac{1}{3} (U_1 - 1.4)$$

设流过开关管 VT1 的 D-S 极电流（即电阻 R6 上的电流）为 I，则：

$$I = \frac{U_2}{R_6} = \frac{U_1 - 1.4}{3 \times R_6}$$

此式说明：流过开关管 VT1 的 D-S 极电流 I 与电压比较器 C1 的输出电压 U_1 呈线性关系，与开关管 VT1 的 S 极电阻 R6 成反比关系，即 U_1 越大（或 UC3842 的①脚电压越大），I 越大，开关变压器 T1 储能越多，开关电源的输出电压越高，R_6 越小，I 越大，T1 储能越多，开关电源输出电压越高。

维修时，经常发现 R6 阻值变大的现象，代换时应用阻值相当的电阻进行代换，否则易造成输出电压过低的现象。需要说明的是，若 R6 阻值增大不多，由于开关电源的输出电压还受 UC3842 的①脚（或②脚）电压控制，因此开关电源输出的电压下降并不明显。

（5）电流模式类开关电源控制电路 UC3842 应用于稳压电路时，主要有两种取样方式：

直接取样和间接取样。对于本例中的开关电源，采用的是直接取样方式，即取样电压取自开关电源 12V 电压输出端。当 12V 电源由于某种情况使该输出端电压升高时，通过取样电阻 R11、R12 分压，加到误差放大集成电路 IC3（TL431）R 端的电压升高，使 K、A 两端电压减小，光电耦合器 IC2 内发光二极管电流增大，发光加强，导致 IC2 内光敏三极管电流增大，相当于光敏三极管 ce 结电阻减小，使 UC3842 的①脚电压下降，控制 UC3842 的⑥脚输出脉冲的高电平时间减小，开关管 VT1 导通时间缩短，其二次绕组感应电压降低，12V 电压降低，达到稳压的目的。若 12V 电压下降，则稳压过程相反。

（6）UC3842 不但内部设有欠压保护电路，而且结合外围电路可组成完善的保护电路。该开关电源比较简单，并没有设置过多的保护电路。

当 UC3842 的启动电压低于 16V 时，UC3842 不能启动，其⑧脚无 5V 基准电压输出，开关电源电路不能工作。当 UC3842 已启动，但负载有过电流使开关变压器 T1 的感抗下降，其反馈绕组输出的工作电压低于 10V 时，UC3842 的⑦脚内部的施密特触发器动作，控制⑧脚无 5V 输出，UC3842 停止工作，避免了开关管 VT1 因激励不足而损坏。

开关管 VT1 源极 R6 为过电流取样电阻。由于某种情况（如负载短路）引起 VT1 源极的电流增大时，R6 上的电压降增大，UC3842 的③脚（电流检测）电压升高，当该电压上升到 1V 时，UC3842 的⑥脚无脉冲电压输出，VT1 截止，电源停止工作，实现过电流保护。

|5.2　并联型多管开关电源电路的识别与识图|

并联型多管开关电源电路主要是指并联型推挽式、半桥式、全桥式 3 种类型的开关电源，此类开关电源主要有以下几个特点。

一是开关电源采用并联形式，也就是说，开关变压器的一次侧、二次侧是完全隔离的，负载"地"不带电，比较安全。

二是开关管采用多只功率场效应管（或三极管），电路比较复杂。

三是此类开关电源既有自激式，也有他激式，但绝大多数是他激式。

5.2.1　并联型推挽式开关电源电路

并联型推挽式开关电源分为自激式和他激式，其中，他激式应用较多。下面简要介绍这两种类型的推挽式开关电源的识图要点。

1. 并联型自激推挽式开关电源电路

（1）基本电路

并联型自激推挽式开关电源电路是 1955 年由美国人罗耶（Royer）发明和设计出来的，故又称为罗耶变换器，其基本电路如图 5-8 所示。

当接通输入直流电源电压 U_i 后，就会在分压器电阻 R1 上产生一个电压，该电压通过开关变压器 T 的 Nb1 和 Nb2 两个绕组分别加到两个功率开关管 VT1 和 VT2 的基极上。由于电路不可能完全对称，所以总能使其中的一个功率开关管首先导通。假如是功率开关管 VT1 首先导通，那么功率开关管 VT1 集电极的电流 I_{c1} 就会流过开关变压器一次绕组 Np1，使开关变压器 T 的磁芯磁化，同时也使其他的绕组产生感应电动势。在基极绕组 Nb2 上产生的感应电动势使功率开关管 VT2 的基极处于负电位，使其反向偏置而维持在截止状态。在另一个基极绕组 Nb1 上产生的感应电动势则使功率开关管 VT1 的集电极电流进一步增加，这是一个正反馈的过程。最后的结果是功率开关管 VT1 很快就达到饱和导通状态，此时，几乎全部的输入直流电源电压 U_i 被加到开关变压器 T 的绕组 Np1 上，同时，开关变压器 T 的磁通量变化率接近于零，因此，开关变压器 T 的所有绕组上的感应电动势也接近于零。由于绕组 Nb1 两端的感应电动势接近于零，于是功率开关管 VT1 的基极电流减小，集电极电流开始下降，从而使所有绕组上的感应电动势反向，紧接着磁芯的磁通脱离饱和状态，促使功率开关管 VT1 很快进入截止状态，功率开关管 VT2 很快进入饱和导通状态。这时，几乎全部的输入直流电源电压 U_i 又被加到开关变压器 T 的绕组 Np2 上，使开关变压器 T 磁芯的磁通量迅速下降，很快就达到了反向的磁饱和值。此时，基极绕组 Nb2 上的感应电动势下降，再次引起正反馈，使功率开关管 VT2 脱离饱和状态，然后转换到截止状态，而功率开关管 VT1 又转换到饱和导通状态。上述过程周而复始，这样就在两个功率开关管 VT1 和 VT2 的集电极上形成了周期性的方波电压，从而在开关变压器 T 的二次绕组 Ns 上形成了周期性的方波电压。将该绕组 Ns1、Ns2 上所形成的周期性的方波电压经过整流和滤波后，就形成了开关电源的直流输出电压，这就是自激型推挽式开关电源电路的工作过程。

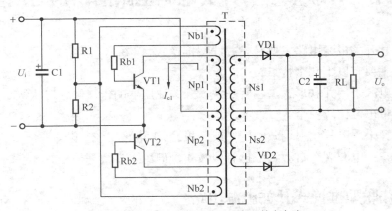

图5-8　并联型自激推挽式开关电源基本电路

（2）应用电路

图 5-9 所示为并联型自激推挽式开关电源应用电路，该电源电路的主要性能如下。

① 输入直流电源电压为 28V。

② 输出直流电压：A 路 10V，B 路 20V。

③ 输出功率为 120W。

④ 输出纹波电压两路均小于 100mV。

⑤ 工作频率为 2kHz。

⑥ 转换效率为 80%。

⑦ 具有开关电源停振自动保护功能。

当接入 28V 直流输入电源电压时，启动电阻 R 和电容 C2 很快给两只功率开关管 VT1 和 VT2 的任意一只提供正向偏置电压，促使其功率开关管导通，与该功率开关管基极相连的开关变压器反馈绕组就会给另一只功率开关管提供反向偏置电压，使其维持截止状态。当开关电源电路中的开关变压器 T 磁芯的磁通变化到正的饱和值附近时，电路的工作状态开始翻转，很快使原来处于导通状态的功率开关管变为截止状态，而原来处于截止状态的功率开关管则翻转为导通状态。当开关变压器 T 中磁芯的磁通变化到负的饱和值时，又要发生功率开关管工作状态的翻转。这样就会在开关变压器 T 的一次绕组中产生交替变化的方波电压信号，此方波电压信号被耦合到它的二次绕组中，在经过整流、滤波后成为所需要的直流供电电压。

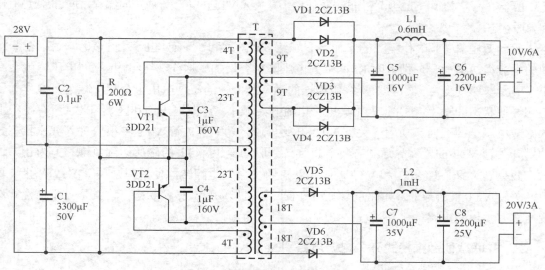

图5-9　并联型自激推挽式开关电源应用电路

电路中的电容器 C3、C4 和开关变压器二次侧的电感 L1、L2 是为了减小开关电源电路的噪声和输出电压中的纹波电压而设置的。

（3）改进型电路

自激推挽式开关电源还存在一定的缺点，主要是开关管集电极峰值电流较高、电路容易产生不平衡、对磁性材料要求较严、对开关管耐压值要求较高等，为了克服这些缺点，人们又发明了并联型自激推挽式双变压器开关电源，其基本电路如图 5-10 所示。

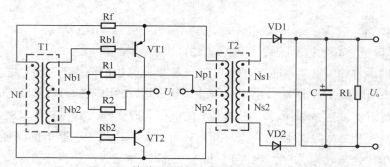

图5-10　并联型自激推挽式双变压器开关电源

自激推挽式双变压器开关电源电路用一个体积较小的工作在饱和状态的驱动变压器 T1 来控制功率开关管工作状态的转换，而使用一个体积较大的工作在线性状态的开关变压器 T2 来进行电压的变换和功率的传输。由于采用了独立的饱和驱动变压器，所以开关电源电路的工作特性就有了很大的改善。

电路的工作过程是，在接通电源后，由于电路总是存在着不平衡，假定功率开关管 VT1 首先导通，它的集电极电压就会降低，在输出开关变压器 T2 的一次绕组 Np1 两端就会产生电压，一次绕组 Np2 的两端也会相应地产生感应电压。绕组 Np1、Np2 上所产生的电压值之和全部加到由驱动变压器 T1 的一次绕组与反馈电阻 Rf 组成的串联电路两端。驱动变压器 T1 的二次绕组 Nb2 上所产生的电压使功率开关管 VT2 的基极反向偏置，使其保持截止状态。驱动变压器 T1 的二次绕组 Nb1 所产生的电压使功率开关管 VT1 的基极置成正向偏置，使其很快达到饱和导通状态。

驱动变压器 T1 磁化电流的增加就会导致 T1 的饱和。一旦 T1 达到饱和，一次绕组 Nf 中的电流很快增加，反馈电阻 Rf 两端的电压降也会增加。这样，绕组 Nf 上的电压降就会减小，于是与驱动变压器 T1 二次绕组相连的功率开关管的激励电压也会相应减小，原来处于饱和导通状态的功率开关管 VT1 集电极电流开始减小，逐渐退出饱和区。因此，所有绕组上的感应电压全部反向。功率开关管 VT2 开始导通，功率开关管 VT1 将很快进入截止状态。功率开关管 VT2 的饱和导通状态将一直维持到驱动变压器 T1 的磁通达到负饱和值为止。这时，两只功率开关管 VT1 和 VT2 的工作状态将又会发生翻转，使功率开关管 VT2 截止，功率开关管 VT1 重新导通。如此重复上述过程，电路形成自激振荡状态，这就是自激推挽式双变压器开关电源电路的工作过程。

2. 并联型他激推挽式开关电源电路

并联型他激推挽式开关电源电路与自激推挽式开关电源电路主要有以下两点区别。

一是自激推挽式开关电源电路中的功率开关管和开关变压器要作为振荡电路的器件参与其振荡工作，振荡器的工作频率和占空比均与功率开关管和开关变压器的技术参数有关，而他激推挽式开关电源电路中的功率开关管和开关变压器只作为功率变换电路，不参与振荡电路的工作，振荡器的工作频率和占空比均与功率开关管和开关变压器的技术参数无关。

二是他激推挽式开关电源电路中具有专门的 PWM（或 PFM）振荡、驱动和控制电路，该振荡、驱动和控制电路一般均由一个集成电路来承担，而自激推挽式开关电源电路中却没有这些电路。

（1）基本电路

图 5-11 所示是并联型他激推挽式开关电源的基本电路。

电路工作时，在 PWM 控制芯片的控制下，推挽电路中的两个开关管 VT1 和 VT2 交替导通，在一次绕组 L1 和 L2 两端分别形成方波电压，此方波电压信号被耦合到 T 的二次绕组中，在经过整流、滤波后成为所需要的直流供电电压。改变输入到 VT1、VT2 开关脉冲的占空比，可以改变 VT1、VT2 导通与截止时间，从而改变了开关变压器 T 的储能值，也就改变了输出的电压值。需要注意的是，当 VT1 和 VT2 同时导通时，相当于开关变压器一次绕组短路，因此应避免两个开关管同时导通。

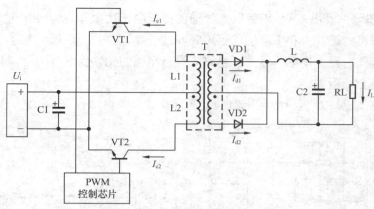

图5-11　并联型他激推挽式开关电源的基本电路

（2）双管共态导通问题

两个功率开关管同时导通的现象称为共态导通现象。这种现象一旦发生，就会将功率开关管全部击穿而损坏，给用户造成极大的经济损失。他激推挽式开关电源电路中存在的双管共态导通问题在桥式开关电源电路中同样存在，因此，在电路中一般都设有相应的电路来解决这一问题，无论是识图还是维修，此类器件都应引起我们的足够重视。下面对双管共态导通问题进行简要的介绍和分析。

在他激推挽式开关电源电路中，一只功率开关管在正向驱动脉冲的作用下处于导通状态，而另一只功率开关管在反向关断脉冲作用下处于关断状态，但由于存储时间的作用它仍然停留在导通状态，这就产生了双管同时导通的现象，俗称"共态导通"。从上面基本电路的分析中可以看到，当双管同时导通时就会出现开关变压器一次侧两个对称的绕组一个给磁芯正向励磁，另一个给磁芯反向励磁，相互抵消。这样一来，一则开关变压器的二次侧无感应电压产生，输出端无直流电压输出，二则开关变压器一次侧的两个对称绕组相当于两根短路线，将输入直流电源电压直接短路到两只功率开关管的集电极和发射极之间，使集电极峰值电流急剧增加，严重时两只功率开关管同时被电流击穿而损坏。产生双管共态导通现象的电路及波形如图 5-12 所示。

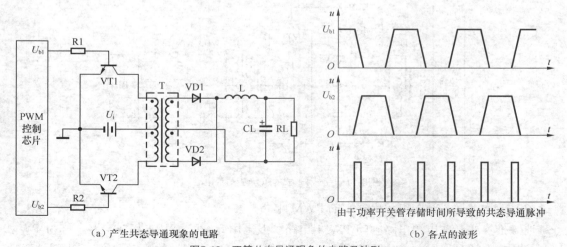

（a）产生共态导通现象的电路　　　　　　　　　　　　　　　（b）各点的波形

图5-12　双管共态导通现象的电路及波形

从图 5-12 中还可以看出，产生双管共态导通的原因除了功率开关管所存在的存储时间以外，还包括驱动信号的上升沿和下降沿的延迟时间过长。

为了避免双管共态导通现象的发生，电路中设有相应的元器件进行防范，其电路形式也较多，下面只简要介绍两种。

图 5-13 所示是加入 RC 延时导通电路的他激推挽式开关电源。

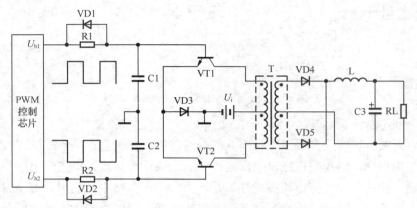

图5-13　加入RC延时导通电路的他激推挽式开关电源

电路中，两个电容器 C1 和 C2 分别接于每个功率开关管的基极与地之间，使输入驱动方波信号的正向上升沿因积聚电荷而延迟开启时间。输入电阻 R1（R2）和二极管 VD1（VD2）并联，对输入驱动正向上升信号来说，二极管 VD1（VD2）是反向偏置的，RC 延迟电路起作用。对输入驱动跳变信号来说，二极管 VD1（VD2）正向偏置与电阻 R1（R2）分流，使电容 C1（C2）快速放电，并从功率开关管基极抽取较大的反向电流。

图 5-14 所示是另一种形式的 RC 延迟导通电路，和图 5-13 所示的 RC 延时导通电路相比，电路中增加了一只开关变压器 T1，它为两个功率开关管基极电路提供反向的驱动脉冲信号，也为基极放电提供了简易的通路。开关变压器 T1 二次侧的两个输出电压为相位互补的、对地正负相间的双向脉冲信号电压。加入 T1 后，电路性能更好，可靠性更高。

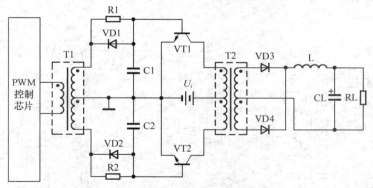

图5-14　另一种形式的RC延迟导通电路

（3）他激推挽式开关电源电路中的 PWM 电路

他激推挽式开关电源电路中的 PWM 电路一般采用专用的 PWM 集成电路，称为 PWM 控制芯片，内部包括 PWM 发生器、PWM 驱动器、PWM 控制器等电路，并且采用双端驱动输出形式（相位相差 180°）。另外，具有双端驱动输出的 PWM 控制芯片，不但能构成他激推挽式开关电源电路，而且能构成其他类型的双端式开关电源，如半桥式、全桥式等开关电源电路。目前，PWM 控制芯片形式多样，下面以应用较多的 UC3525A 为例进行说明。

UC3525A 是一系列的电压控制模式的 PWM 控制与驱动器集成电路。其内部电路如图 5-15 所示，引脚功能如表 5-3 所示。与 UC3525A 功能基本一致的还有 UC1525A、UC2525A、UC3527A 等。

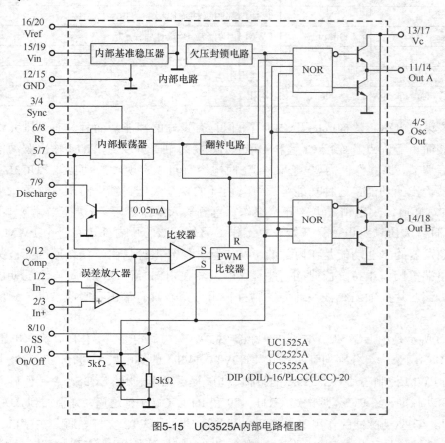

图5-15　UC3525A内部电路框图

表 5-3　　　　　　　　　　　　　　UC3525A 引脚功能

引脚号		符号	功能
DIP16	PLCC20		
①	②	In−	误差放大器反相输入端
②	③	In+	误差放大器同相输入端
③	④	Sync	振荡器同步输入端
④	⑤	Osc Out Put	内部振荡器输出端
⑤	⑦	Ct	外接定时电容
⑥	⑧	Rt	外接定时电阻
⑦	⑨	Discharge	外接放电电阻
⑧	⑩	SS（SS）	软启动端
⑨	⑫	Comp	内部 PWM 比较器的输出端

续表

引脚号		符号	功能
DIP16	PLCC20		
⑩	⑬	On/Off	外部控制端。高电平时，芯片内部工作被关断；低电平时，芯片内部开始工作
⑪	⑭	Out putA	PWM 驱动信号 A 输出端
⑫	⑮	GND	地
⑬	⑰	Vc	芯片内部图腾柱输出级的集电极
⑭	⑱	Out putB	PWM 驱动信号 B 输出端
⑮	⑲	Vin	电源输入端
⑯	⑳	Vref	基准电压
	①、⑥、⑪、⑯	NC	未用

　　使用该集成电路芯片构成的开关电源不但具有良好的性能，而且具有外围元器件少、调试和安装简单等优点。连接 Ct 端和 Discharge 端的电阻可以对 PWM 输出驱动信号的死区时间进行调节，该器件仅需要一个外部定时电容就可以实现软启动功能。UC3525A 还具有欠压封锁输出的功能，这种功能是通过其内部的一个欠压封锁电路来实现的，当输入电压达到 75V 之前，欠压锁定电路开始工作，直到输入电压等于 8V。而当输入电压从 8V 降至 7.5V 时，欠压锁定电路又开始恢复工作。另外，该芯片内部还有一个 PWM 触发器，该 PWM 触发器的主要功能是在内部的 PWM 脉冲信号不管是由于什么原因而被关闭时，都能将输出端关闭而维持一段时间，并且该触发器在内部时钟信号的每一个周期内都要被复位一次。该芯片的输出级被设计为图腾柱输出方式，具有输出和吸收 200mA 的输出驱动能力。

　　图 5-16 所示是由 UC3525A 构成的他激推挽式开关电源电路。工作时，输入电压 U_i 经开关变压器 T 的两个绕组分别加到两只开关管 VT1、VT2 的集电极，同时，U_i 还经 R9、R10 限流后，为 PWM 控制芯片 UC3525A 的⑬脚、⑮脚提供工作电压。UC3525A 工作后，从⑪脚、⑭脚输出驱动脉冲，经 RC 延迟电路（R11、C9 和 R12、C10）延迟后，分别加到开关管 VT1、VT2 的基极，在驱动脉冲的作用下，使两个开关管 VT1 和 VT2 交替导通，在 VT1、VT2 的集电极产生方波信号，此方波电压信号被耦合到 T 的二次绕组中，在经过整流、滤波后成为所需要的直流供电电压 U_o。

　　当输出的直流电压 U_o 升高时，流过光电耦合器 IC2 中发光二极管的电流增大，其发光强度增强，则光敏三极管导通加强，使 UC3525A 的①脚电压下降，经 UC3525A 内部电路检测后，控制⑪脚、⑭脚输出的驱动脉冲占空比减小，开关管 VT1、VT2 提前截止，使开关电源的输出电压下降到正常值。反之，当输出电压降低时，经上述稳压电路的负反馈作用，开关管 VT1、VT2 导通时间变长，输出电压上升到正常值。

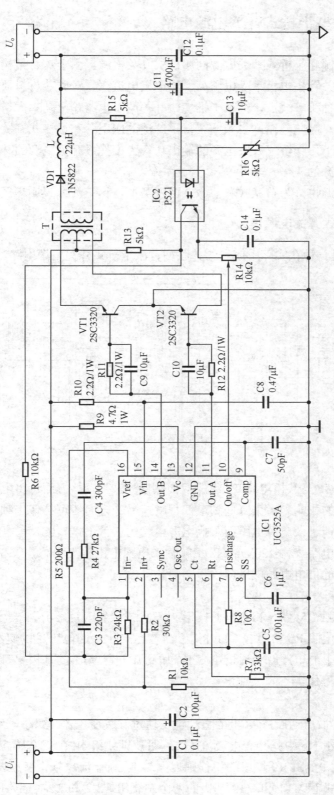

图5-16　由UC3525A构成的他激推挽式开关电源电路

5.2.2 并联型半桥式开关电源电路

半桥式开关电源和全桥式开关电源同属桥式开关电源，由于这种结构克服了推挽式开关电源电路中功率开关管集电极承受电压高、集电极电流大、对磁芯材料要求严、功率开关变压器必须具有中心抽头等缺点，继承了推挽式开关电源电路输出功率大、开关变压器磁滞回线利用率高等优点，因此，在许多领域获得了广泛的应用。和推挽式开关电源相比，在相同的成本和输入条件下，半桥式开关电源的输出功率为推挽式开关电源的 2 倍，全桥式开关电源为推挽式开关电源的 4 倍。

半桥式开关电源也分为自激式和他激式两种类型，这里简要说明识图要点。

1. 自激半桥式开关电源电路

图 5-17 所示是一种在实际中应用的并联型自激半桥式开关电源电路。

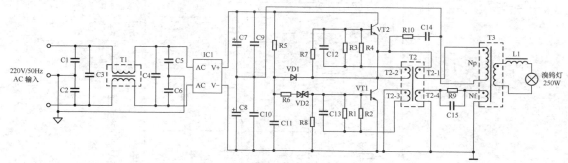

图5-17　并联型自激半桥式开关电源电路

（1）整流滤波电路

电路中，C1～C6 与共模电感 T1 组成双向共模滤波器，一方面可将电源内部所产生的高频信号对工频电网的影响和污染降低到最低程度，另一方面还可挡住工频电网上的杂散电磁干扰信号，使其不能进入电源电路而干扰电源电路的正常工作。IC1 和电解电容 C7、C8 组成的全波整流滤波电路，将 220V/50Hz 工频输入电网电压整流和滤波成 300V 的直流电压，作为半桥式变换器的供电电源电压。

（2）启动电路

启动电路由电阻 R5、R6 和电容 C11 以及双向二极管 VD2 组成。一旦接通电源，300V直流电压就会通过电阻 R5 给电容 C11 充电。当电容 C11 上的电压足以使双向二极管 VD2 触发导通时，该电容上的电压就会通过电阻 R6 加到开关管 VT1 的基极上，使其饱和导通，完成电源电路的启动工作。

（3）振荡电路

当开关管 VT1 被启动后，C8 上的直流电压通过开关变压器 T3 的一次绕组 Np 和开关管VT1 形成回路，绕组 Np 中就会有电流流过，这时反馈绕组 Nf 中就会感应出脉冲电流。该电流经过由电容 C15 和电阻 R9 组成的相移延迟电路延迟后，流过耦合变压器 T2 的 T2-4 绕组，导致在分别连于开关管 VT1 和 VT2 基极的两个副绕组 T2-2 和 T2-3 上感应出 VT1 的基极为负、VT2 的基极为正的相位相反的驱动脉冲电压信号，使导通的 VT1 截止，截止的 VT2 导通。功率开关管 VT2 导通后，Np 绕组中流过的电流反向，结果使 VT1 又回到导通状态，而 VT2 又回到截止状态，完成了一个周期的变换过程。这个过程将不断地进行下去，从而形成了完整的自激型半桥式变换器的工作过程。

（4）其他元器件的识别

电容 C12 和 C13 为加速电容，其作用是改善电路的开关特性，减小开关管 VT1 和 VT2 的开启时间、关断时间以及存储时间，以降低两只功率开关管的损耗，避免和防止双管共态导通现象的发生。电阻 R10 和电容 C14 一起构成开关管集电极峰值电压吸收电路，其作用为抑制和吸收由于开关变压器的漏感而导致的集电极尖峰电压，防止和避免两只开关管由于集电极尖峰电压过高而引起的二次击穿现象。

2. 他激半桥式开关电源电路

并联型他激半桥式开关电源的电路结构如图 5-18 所示。

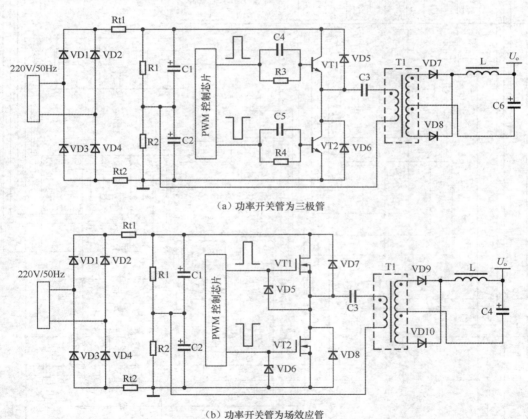

（a）功率开关管为三极管

（b）功率开关管为场效应管

图5-18　并联型他激半桥式开关电源的电路结构

下面以一个实际他激半桥式开关电源为例（PWM 控制芯片采用 TL494），详细介绍各部分电路的识别，有关电路如图 5-19 所示。

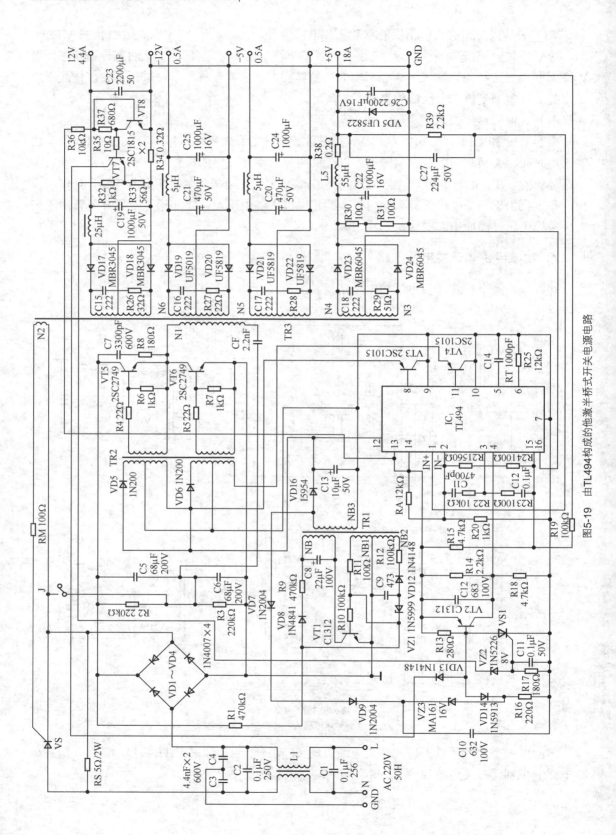

图5-19　由TL494构成的他激半桥式开关电源电路

（1）TL494 介绍

TL494 是一款固定频率 PWM 式开关电源控制电路，芯片内的振荡器可工作在主控方式也可工作在被控方式，驱动输出既可工作在双端输出方式也可工作在单端输出方式。另外，在 TL494 内还设有误差信号放大器、5V 基准电压发生器及欠压保护电路等。KA7500、IR3M02、IR9494、MB3759 与 TL494 的引脚和功能相同，此系列集成电路在桥式开关电源中应用十分广泛。

TL494 内部电路框图见 5-20，引脚功能如表 5-4 所示。

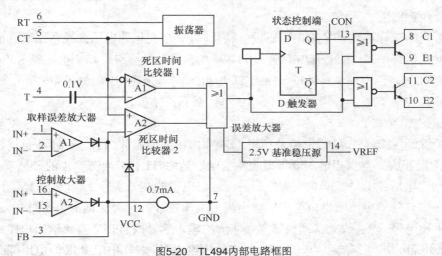

图5-20　TL494内部电路框图

表 5-4　　　　　　　　　　　　　　　TL494 引脚功能

引脚号	符号	功能
①	IN+	误差比较放大器的同相输入端
②	IN−	误差比较放大器的反相输入端
③	FB	反馈/PWM 比较器输入
④	T	死区电平控制端。高电平时，⑧、⑪脚无输出
⑤	CT	外接振荡器定时电容
⑥	RT	外接振荡器定时电阻
⑦	GND	地
⑧	C1	内部输出驱动管 1 的集电极
⑨	E1	内部输出驱动管 1 的发射极
⑩	E2	内部输出驱动管 2 的发射极
⑪	C2	内部输出驱动管 2 的集电极
⑫	VCC	电源
⑬	CON	输出方式控制端。高电平时，⑨、⑩脚输出相位差 180° 的驱动脉冲；接低电平时，⑨、⑩脚被强制输出高电平
⑭	VREF	内部 5V 基准电压输出
⑮	IN−	控制比较放大器的反相输入端
⑯	IN+	控制比较放大器的同相输入端

（2）半桥式变压器的工作过程

当 TL494 的⑫脚得到供电后，其内部振荡器、基准电压发生器便会工作。TL494 是具有单端输出和双端输出功能的 PWM，它是单端输出还是双端输出由⑬脚电平决定，即⑬脚接地时，为单端输出方式，⑬脚接基准 5V 电压时，为双端输出方式，如图 5-19 所示由于⑬脚接⑭脚的基准电压，因此为双端输出方式，而振荡频率由⑤、⑥脚外接的定时电容 C14 和电阻 R25 决定，内部振荡器起振后，在⑤脚外接的定时电容 C14 上产生锯齿波，送到 TL494内部比较放大器的反相输入端，经 IC 内部处理后，从⑧、⑪脚输出具有一定宽度的脉冲电压，经 VT3、VT4 发射极后，加到变压器 TR2 的一次绕组，经耦合后从 TR2 二次侧输出，驱动开关管 VT5、VT6 工作在开关状态。

（3）稳压电路

当负载发生变化导致+5V 输出电压发生变化时，这个变化的电压会经两路送到前级电路：一路是+5V 电压经 R30、R31 分压后送到 TL494 的⑯脚；另一路是+5V 电压经 R39 限流后送到 TL494 的①脚，经内部电路处理，控制 TL494 的⑧、⑪脚输出的脉冲宽度发生变化，从而控制开关管 VT5、VT6 的导通时间，使+5V 电压回到正常值。

（4）保护电路

① 5V 过流保护。5V 过流保护是利用 TL494 内部的控制放大器进行闭环负反馈控制的。TL494 内部误差放大器反相输入端⑮脚的参考电平是由 TL494 内部产生的+5V 基准电压与+5V 直流输出电压经 R15、R19 分压得到的，这点电平的高低实际上反映了+5V 直流输出电压与标准的+5V 基准电压的差值。+5V 输出端的电压正好等于+5V 基准电压时，该点的电位即所谓的平衡电平。误差放大器同相输入端⑯脚的输入信号取自+5V 直流输出电路中由 R30、R31 组成的电阻分压网络的中点。当+5V 直流输出过流时，取样电阻 R38 的电压降必然增大，这样将造成 TL494 的⑯脚（同相输入端）电平比⑮脚（反相输入端）电平上升得更高，经 TL494内部电路处理后，导致 TL494 的⑧、⑪脚输出控制脉冲的宽度变窄。如果过流严重，它输出的脉冲宽度则变为零，开关管 VT5、VT6 截止，从而达到过流保护的作用。

② 5V 过压保护。5V 过压保护由 VZ2、VS1、VT2 等组成。当+5V 直流输出端的输出电压超过规定值时，VZ2 击穿而处于导通状态，控制 VS1 触发导通，进而控制 VT2 导通，TL494的死区电平控制端④脚的电平将上升至+5V 左右，这将使 TL494 的⑧、⑪脚输出的调制脉冲的宽度变为零，开关管 VT5、VT6 处于截止状态，所有的输出都为零，从而达到过压自动保护的目的。

③ 供电电压欠压保护。供电电压欠压保护电路由 VD7、VD9、VZ3、R16、C10、VD14以及 VT2 组成。在供电电压正常时，变压器 TR1 的二次绕组 NB3 上感应得到的控制信号电压幅值大，足以使 VZ3 处于导通状态，VD14 处于反向偏置状态。这时的欠压保护电路对整个电路无影响。反之，当供电电压低于规定值时，VZ3 截止，VZ3 的负端电平将下降至零，结果导致 VT2 导通，TL494 的死区电平控制端④脚的电平上升到+5V 左右，TL494 输出的驱动脉冲的宽度为零，半桥式变换器中的驱动开关管 VT5、VT6 截止，使整个电路输出为零，从而达到欠压保护的目的。

5.2.3 并联型全桥式开关电源电路

全桥式开关电源比半桥式开关电源的开关管数量增加了一倍，这样就使得导通开关管上所流过的电流全部通过开关变压器传输给负载，使开关管集电极峰值电压和电流均降低了一半，从根本上弥补了半桥式开关电源电路存在的不足，因此在中、大功率输出的场合，全桥式开关电源得到了广泛的应用（前面介绍的推挽式和半桥式一般用于中、小功率输出的场合）。

1. 自激全桥式开关电源电路

并联型自激全桥式开关电源一般应用很少，这里不作介绍。

2. 他激全桥式开关电源电路

并联型他激全桥式开关电源电路基本电路如图 5-21 所示。

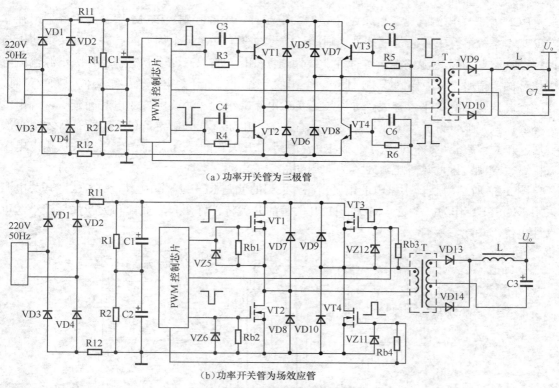

（a）功率开关管为三极管

（b）功率开关管为场效应管

图5-21　并联型他激全桥式开关电源电路基本电路

对比图 5-18 和图 5-21 可以看出，全桥式开关电源的变换器实际上由两个半桥式开关电源的变换器组合而成，因此，二者的工作原理也是基本一致的。

电路工作时，在 PWM 控制芯片的控制下，VT1、VT4 同时截止，VT2、VT3 同时导通，且 VT1、VT4 导通时，VT2、VT3 截止，也就是说，VT1、VT4 与 VT2、VT3 是交替导通的，使开关变压器 T 一次绕组形成方波电压，经 T 耦合和整波滤波后，输出所需的直流电压。改变开关管的脉冲占空比，可以改变 VT1、VT4 和 VT2、VT3 的导通与截止时间，从而改变了开关变压器 T 的储能时间，也就改变了输出的电压值。

|5.3 新型并联型开关电源的识别与识图|

5.3.1 RCC 开关电源电路

RCC 是英文 Ringing Choke Converter 的缩写，中文称之为振荡抑制型变换器，是变换器中最简单的一种，具有元器件少、生产成本低、调试维修方便等优点，也存在开关电源的峰值高、滤波电流大等缺点。此类开关电源工作频率与由输出电压与输出电流的比值有关，因此，它是一种非周期性的开关电源。

RCC 型开关电源与常见的 PWM 型开关电源有一定的区别。PWM 型开关电源采用独立的 PWM 系统，开关管总是周期性地通断，通过改变 PWM 每个周期的脉冲宽度实现稳压与调控。RCC 型开关电源的控制过程并非线性连续变化，它只有两个状态：当开关电源输出电压超过额定值时，脉冲控制器输出低电平，开关管截止；当开关电源输出电压低于额定值时，脉冲控制器输出高电平，开关管导通。当负载电流减小时，滤波电容放电时间延长，输出电压不会很快降低，开关管处于截止状态，直到输出电压降低到额定值以下，开关管才会再次导通。开关管的截止时间取决于负载电流的大小。开关管的导通/截止由电平开关从输出电压取样进行控制。因此这种电源也称为非周期性开关电源。

图 5-22 所示为某一小家电的电源电路，采用的就是 RCC 开关电源，该 RCC 型开关电源采用 MOSFET 作为开关管。MOSFET 开关管的开关特性好，开启损耗和关断损耗较小，可靠性也优于功率三极管。

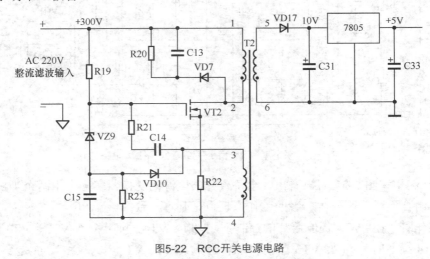

图5-22 RCC开关电源电路

开关变压器 T2 和开关管 VT2 组成自激间歇振荡器。T2 的 1—2 绕组为 VT2 漏极提供工作电压，T2 的 3—4 为正反馈绕组。开机后，电网电压经整流、滤波，产生+300V 电压，经 R19 加到 VT2 的栅极（G），产生相应的漏-源极电流，T2 的 3—4 反馈绕组输出脉冲电压，加到 VT2 的栅极，产生正反馈的栅极电压，VT2 快速饱和，栅极电压失去对漏-源极电流的控制作用。在 VT2 漏-源极电流减小的过程中，T2 的 3—4 绕组输出的负脉冲电压经 C14 加到 VT2 的栅极，VT2 快速截止。T2 的 5—6 绕组输出的脉冲电压，经 VD17 整流、C31 滤波，产生约 10V 的直流电压，经 7805 稳压后输出+5V 电压向负载供电。

　　VZ9 的导通/截止直接受电网电压和负载的影响。电网电压越低或负载电流越大，VZ9 的导通时间越短，VT2 的导通时间越长；反之，电网电压越高或负载电流越小，VZ9 的导通时间越长，VT2 的导通时间越短。

5.3.2　准谐振式开关电源电路

　　开关电源脉冲调制电路中，加入 LC 谐振电路，使得流过开关管的电流及其两端的压降为准正弦波。这种开关电源称为谐振式开关电源。利用一定的控制技术，可以实现开关管在电流或电压波形过零时的切换，这样对缩小电源体积、增大电源控制能力、提高开关速度、改善纹波都有极大好处，所以谐振开关电源是当前开关电源发展的主流技术。准谐振开关主要分为两种：一种是 ZCS，即零电流开关，开关管在零电流时关断；另一种是 ZVS，即零电压开关，开关管在零电压时关断。

　　图 5-23 是半桥谐振开关电源电路简图，IC801 为谐振型开关电源专用厚膜电路，T862 为开关电源变压器，其二次侧采用由 VD883、VD884、C884 组成的全波整流电路。Z801 为误差取样放大器，VT862 为光电耦合器。下面简要说明电路的工作原理。

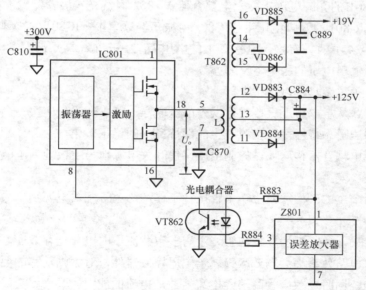

图5-23　半桥谐振开关电源电路简图

　　开关变压器 T862 的 5～7 绕组 L 与电容 C870 构成 LC 串联谐振电路，其谐振频率 f_0 比开关电源实际工作频率 f_1 略低。串联谐振电路的谐振频率 f_0 为

$$f_0 = \frac{1}{2\pi\sqrt{LC}}$$

IC801 的⑱脚输出的矩形脉冲电压 U_o 加在 LC 串联谐振电路的两端。当矩形脉冲频率 f_1 等

于 LC 串联电路的谐振频率 f_0 时，电路就会发生串联谐振。串联谐振时 LC 串联电路的阻抗最低，如图 5-24（a）所示，同时，L 两端的电压 U_L 与电容 C870 两端的电压 U_C 绝对值相等，且均为输入脉冲电压 U_0 的 Q 倍，因此 LC 串联谐振称为电压谐振，U_L、U_C 与频率 f 的关系如图 5-24（b）、（c）所示。

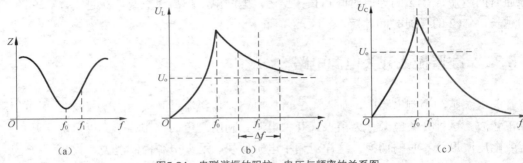

图5-24　串联谐振的阻抗、电压与频率的关系图

当 IC801 的⑱脚输出矩形脉冲频率远低于或远高于 f_0 时，LC 串联电路不谐振，流过电感 L 的电流很小，L 中储存的磁能很小，变压器 T862 二次绕组输出电压很低，开关电源不能正常工作。

当 IC801 的⑱脚输出矩形脉冲频率位于 f_0 附近时，LC 串联电路谐振，在 L 中流过的电流很大，T862 二次绕组有电压输出，开关电源正常工作。

开关电源的稳压过程为：当电网电压上升或电源负载减轻时，+ 125V 电压↑→Z801 的①脚电压↑→Z801 的③脚电压↓→光电耦合器 VT862 内发光二极管发光↑→VT862 内光敏三极管内阻↓→IC801 的⑧脚电压↓→IC801 内振荡器频率↑→IC801 的⑱脚输出的矩形脉冲频率 f_1 ↑→图 5-24 中的 f_1 右移→电感 L 上的电压 U_L ↓→T862 二次绕组输出+125V 电压↓，保持了开关电源输出电压的稳定。反之亦然。

该谐振型开关电源具有以下特点。

（1）稳压环路从主电压上直接进行误差电压取样，稳压环路反应快。当电网电压或负载快速变化时，稳压瞬态特性好，空载时也能保持良好的稳压效果。

（2）采用光电耦合器传送误差控制电压，使开关电源地与主板地的电隔离良好，主板不带电，检修方便、安全。

（3）采用两个 MOS 型场效应功率管推挽工作，比单管开关电源功率大，特别适用于大功率用电设备。

（4）开关管采用 MOS 型场效应管，没有多数载流子的电荷储存效应，开关管开启损耗和关断损耗小，电路效率高。场效应管属于电压控制器件，对激励功率的要求较小，减轻了驱动电路的负担，同时场效应管耐浪涌电流、冲击电流的能力较强，不会发生热击穿。

（5）LC 谐振电路选频后，T862 输出正弦波电压，因此采用全波整流电路，大大减小了纹波电压，浪涌电流和尖峰电压也很小，减小了对其他电路的干扰。

5.3.3　绿色开关电源电路

所谓绿色电源就是环保电源，即低谐波含量、高功率因数、高效率、无污染（电磁辐射）

的电源。任何一个非正弦周期信号都是由不同频率的正弦波组成的，这些不同频率的正弦成分被称为谐波含量。由桥式整流、电容滤波电路处理后的电源输入端电流不再呈正弦波形状，而是辐射值很高的不连续的尖峰脉冲，它的基波成分很少，而高次谐波非常丰富，谐波总含量很大。如果开关电源的谐波含量很高，千家万户密集使用，所产生的谐波电流将对供电系统造成严重的污染，影响整个电力系统的电气环境。过量的电流谐波会使发电机和电动机发热，功率损耗加大，使变压器烧毁，干扰计算机造成误动作，使计量检测仪器数据产生大的误差，影响正常工作等。所以必须严格限制电流谐波含量。

功率因数是影响发电设备的主要因素。第一，电力供电设备得不到充分利用。第二，功率因数低，将使电力输送线路的电流增加，在线路上引起较大的电压降和功率损耗，这不仅造成巨大浪费，还会影响用电设备的正常运行。第三，功率因数低的开关电源会产生很大的环流，这不仅对输出功率没有贡献，还会使用电设备过热，加速开关电源绝缘层的损坏，易引起火灾事故。第四，开关电源的功率因数低会增加用电设备的负荷，浪费用电量。

综上所述，不论是从保证电力系统的安全经济运行，还是从保护用电设备以及人身安全来看，都必须使用低谐波含量、高功率因数的开关电源，这对市场、用户来说都是十分必要的。

目前绿色电源正在蓬勃兴起，一大批低谐波含量、高功率因数、高效率的开关电源集成电路陆续问世，走向市场。下面以采用 TDA16888 构成的开关电源为例进行介绍，有关电路如图 5-25 所示。

1. TDA16888 介绍

TDA16888 是英飞凌（Infineon）公司推出的具有 PFC 功能的电源控制芯片，其内置的 PFC 控制器和 PWM 控制器可以同步工作。由于 PFC 和 PWM 集成在同一芯片内，所以具有电路简单、成本低、损耗小和工作可靠性高等优点。TDA16888 内部的 PFC 部分主要有电压误差放大器、模拟乘法器、电流放大器、3 组电压比较器、3 组运算放大器、R-S 触发器和图腾柱式驱动级，PWM 部分主要有精密基准电压源、DSC 振荡器、电压比较器、R-S 触发器和图腾柱式驱动级。此外，TDA16888 内部还设置有过电压、欠电压、峰值电流限制、过电流、断线掉电等完善的保护功能。图 5-26 为 TDA16888 内部电路框图，其引脚功能如表 5-5 所示。

2. 整流滤波电路

电路中，220V 左右的交流电压先经延迟保险管 FU1，然后进入由 CY1、CY2、THR1、R8A、R9A、ZNR1、CX1、LF1、CX2、LF4 组成的交流抗干扰电路，滤除市电中的高频干扰信号，同时保证开关电源产生的高频信号不流入电网。THR1 是热敏电阻，主要是防止浪涌电流对电路的冲击。ZNR1 为压敏电阻，即在电源电压高于 250V 时，压敏电阻 ZNR1 击穿短路，保险管 FU1 熔断，这样可避免电网电压波动造成开关电源损坏，从而保护后级电路。

经交流抗干扰电路滤波后的交流电压送到由 BD1、CX3、L7、CX4 组成的整流滤波电路。BD1 整流滤波后，形成直流电压。由于滤波电路电容 CX3 储能较小，所以在负载较轻时，经整流滤波后的电压为 310V 左右，在负载较重时，经整流滤波后的电压为 230V 左右。

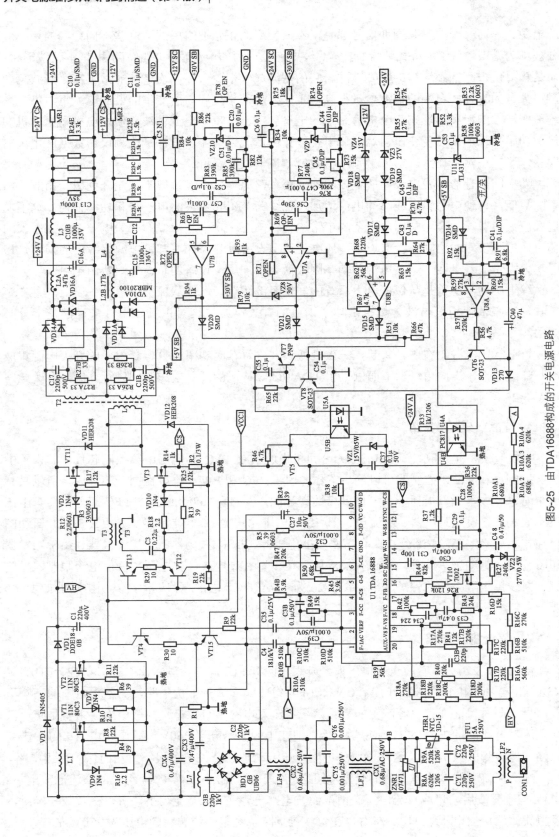

图5-25 由TDA16888构成的开关电源电路

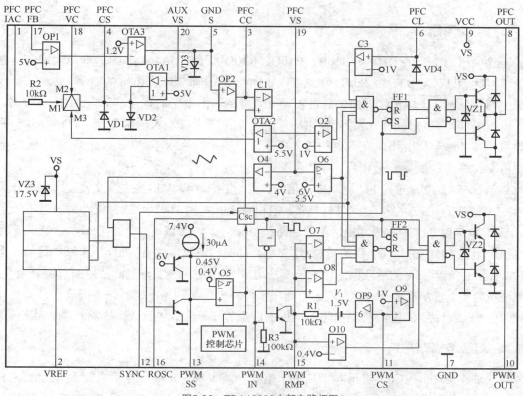

图5-26 TDA16888内部电路框图

表 5-5   TDA16888 引脚功能

引脚号	符号	功能
①	PFC IAC	AC 输入电压检测
②	VREF	7.5V 参考电压
③	PFC CC	PFC 电流补偿
④	PFC CS	PFC 电流检测
⑤	GND S	Ground 检测输入
⑥	PFC CL	PFC 电流限制检测输入
⑦	GND	地
⑧	PFC OUT	PFC 驱动输出
⑨	VCC	电源
⑩	PWM OUT	PWM 驱动输出
⑪	PWM CS	PWM 电流检测
⑫	SYNC	同步输入
⑬	PWM SS	PWM 软启动
⑭	PWM IN	PWM 输出电压检测
⑮	PWM RMP	PWM 电压斜线上升
⑯	ROSC	晶振频率设置
⑰	PFC FB	PFC 电压环路反馈
⑱	PFC VC	PFC 电压环补偿
⑲	PFC VS	PFC 输出电压检测
⑳	AUX VS	自备供电检测

3. PFC 电路

输入电压的变化经 R10A、R10B、R10C、R10D 加到 TDA16888 的①脚，输出电压的变化经 R17D、R17C、R17B、R17A 加到 TDA16888 的⑲脚，TDA16888 内部根据这些参数进行对比与运算，确定输出端⑧脚的脉冲占空比，维持输出电压的稳定。在一定的输出功率下，输入电压降低，TDA16888 的⑧脚输出的脉冲占空比变大，输入电压升高，TDA16888 的⑧脚输出的脉冲占空比变小。在一定的输入电压下，输出功率变小，TDA16888 的⑧脚输出的脉冲占空比变小。反之结果相反。

TDA16888 的⑧脚的 PFC 驱动脉冲信号，经过由 VT4、VT15 推挽放大后，驱动开关管 VT1、VT2 处于开关状态。当 VT1、VT2 饱和导通时，由 BD1、CX3 整流后的电压经电感 L1、VT1 和 VT2 的 D、S 极到地，形成回路；当 VT1、VT2 截止时，由 BD1、CX3 整流滤波的电压经电感 L1、VD1、C1 到地，对 C1 充电，同时，流过电感 L1 的电流呈减小趋势，电感两端必然产生左负右正的感应电压，这一感应电压与 BD1、CX3 整流滤波后的直流分量叠加，在滤波电容 C1 正端形成 400V 左右的直流电压，不但电源利用电网的效率提高了，而且使得流过 L1（PFC 电感）的电流波形和输入电压的波形趋于一致，从而达到提高功率因数的目的。

4. 启动与振荡电路

当接通电源时，VCC1 电压（来自另一电源）经 VT5、R46 稳压后，加到 TDA16888 的⑨脚，TDA16888 得到启动电压后，内部电路开始工作，并从⑩脚输出 PWM 驱动信号，经过由 VT12、VT13 推挽放大后，分成两路，分别驱动 VT3 和 VT11 处于开关状态。

当 TDA16888 的⑩脚输出的 PWM 驱动信号为高电平时，VT13 导通，VT12 截止，VT12、VT13 发射极输出高电平信号，控制开关管 VT3 导通，同时，信号另一路经 C3、T3，控制 VT11 导通，此时，开关变压器 T2 储存能量。

当 TDA16888 的⑩脚输出的 PWM 驱动信号为低电平时，VT13 截止，VT12 导通，VT12、VT13 发射极输出低电平信号，控制开关管 VT3 截止，同时，信号另一路经 C3、T3，控制 VT11 也截止，此时，开关变压器 T2 通过二次绕组释放能量，从而使二次绕组输出工作电压。

5. 稳压控制电路

当二次侧 24V 电压输出端输出电压升高时，经 R54、R53 分压后，误差放大器 U11（TCL431）的控制极电压升高，U11 的阴极（上端）电压下降，流过光电耦合器 U4 中发光二极管的电流增大，其发光强度增强，则光敏三极管导通加强，使 TDA16888 的⑭脚电压下降，经 TDA16888 内部电路检测后，控制开关管 VT3、VT11 提前截止，使开关电源的输出电压下降到正常值。反之，当输出电压降低时，经上述稳压电路的负反馈作用，开关管 VT3、VT11 导通时间变长，使输出电压上升到正常值。

6. 保护电路

（1）过流保护电路

TDA16888 的③脚为过流检测端，当流经开关管 VT3 源极电阻 R2 两端的取样电压增大，加到 TDA16888 的③脚的电压增大，当③脚电压增大到阈值电压时，TDA16888 关断⑩脚输出。

（2）过压保护电路

当 24V 或 12V 输出电压超过一定值时，稳压管 VZ3 或 VZ4 导通，通过 VD19 或 VD18 加在 U8 的⑤脚的电位升高，U8 的⑦脚输出高电平，控制 VT8、VT7 导通，使光电耦合器 U5 内发光二极管的正极被钳位在低电平而不发光，光敏三极管不能导通，进而控制 VT5 截止，这样，由于 VCC1 电压不能加到 TDA16888 的⑨脚，TDA16888 停止工作，从而达到过压保护的目的。

5.3.4　变频开关电源电路

变频开关电源主要有两种形式，一种是采用 PFM（频率调制）控制芯片来实现稳压的开关电源，另一种是仍然采用 PWM（脉宽调制）控制芯片，但开关电源工作在不同的负载下，其频率是可变的，下面分别进行介绍。

1. 采用 PFM 控制芯片的变频开关电源

这里以采用 PFM 控制芯片 UC1864 的变频开关电源为例进行介绍，相关电路如图 5-27 所示。

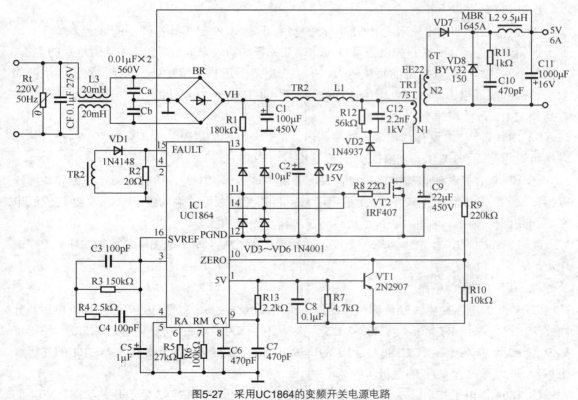

图5-27　采用UC1864的变频开关电源电路

（1）UC1864 介绍

UC1864 是一片 PFM 控制芯片，其内部电路框图及引脚定义见图 5-28。

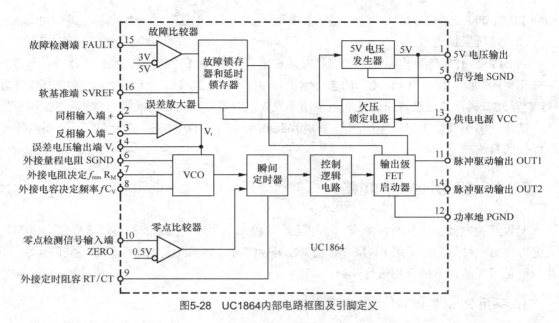

图5-28　UC1864内部电路框图及引脚定义

UC1864 主要由误差放大器、压控振荡器（VCO）、瞬间定时器、控制逻辑电路、欠压锁定电路、5V 电压发生器、故障比较器、故障锁存器、延迟锁存器及零点比较器等组成。

UC1864 具有以下特点。

① 内部设有零点比较器，使外部所接的功率开关 MOS 管工作在理想的通/断状态下，这属于谐振开关电源。谐振开关电源可以将功率开关管的功耗降低到零，开关管所承受的电压、电流最小。这对于提高电源的负载能力、扩展应用范围是非常有效的。同时，对提高电源的效率、抑制浪涌电压和峰值电压也是有益的。用 UC1864 开发设计的开关电源能把开关频率提高到 1MHz，体积缩小。

② UC1864 片内设有宽频带压控振荡器，可以便利地完成 V/F（电压/频率）转换，转换频率可设定范围（10kHz～1MHz），一般选用 50～600kHz。

③ IC 具有完善的保护电路，包含欠压锁定、过压保护电路，内有故障比较器和故障锁存器。发生过压故障时，IC 的两个输出端⑪脚和⑭脚将强行把输出级 FET 启动器拉成低电平，起到保护作用。此外，还具有软启动、重新启动的功能。

④ UC1864 的工作电压为 15～20V，最高电压为 22V。两个输出端均可输出 1A 的峰值电流。

（2）启动与振荡电路

220V 交流电压经电源噪声滤波器滤波、桥式整流滤波后，产生 300V 脉动直流电压，分两路送出：一路经 R1 降压、VD3～VD6 再次整流（称为二次整流）、电容 C2 滤波、稳压管 VZ9 稳压后，作为 IC1（UC1864）稳定的电源电压 V_{CC}；另一路经开关变压器 TR1 的初级绕组 N1，加到开关管 VT2 的漏极。

UC1864 得电工作后，从⑪、⑭脚输出驱动脉冲信号，驱动 VT2 处于开关状态，VT2 的漏极产生高压开关脉冲，经变压器 TR1 耦合到二次侧，再经过二极管 VD7、VD8 整流和滤波电路 L2、C11 滤波后，产生 5V 直流电压输出。

（3）稳压电路

当 5V 输出电压变化时，UC1864 的②脚（内部误差放大器同相输入端）电压亦发生变化，在 UC1864 内部，经误差放大器与 5V 基准电压进行比较，得到差值信号，并以此信号控制调节压控振荡器的振荡频率（V/F），再由瞬间定时器、控制逻辑电路处理后，控制 UC1864 的⑪、⑭脚输出脉冲的频率发生变化，使开关管 VT2 的导通与截止时间发生变化，从而达到变频稳定输出电压的目的。

（4）ZVS 准谐振电路

UC1864 内部设有零点比较器电路，参考电压为 0.5V，零点信号输入电压取自 MOS 功率开关管 VT2 的漏极间电压，经 R9 降压后加到 UC1864 的⑩脚。当⑩脚波形的下降沿通过 0.5V 时，零点比较器就翻转，改变瞬间定时器的状态，进而使输出级关断，实施零电压关断的功能。

2. 在不同负载下工作频率可变的变频开关电源

有些开关电源控制芯片在不同的负载下，可输出不同频率的驱动脉冲，此类开关电源控制芯片组成的开关电源也是一种变频开关电源，下面以应用较多的 TEA1533 为例进行介绍，有关电路如图 5-29 所示。

（1）TEA1533 介绍

TEA1533 属于飞利浦公司研制的"第二代绿色芯片"系列开关电源控制电路。这里所说的"绿色芯片"和前面所说的"绿色电源"含义有所不同，前面介绍的"绿色电源"主要是通过加入 PFC 电路提高功率因数实现的，这里所说的"绿色芯片"主要包含以下几层意思。

一是采用高压直接启动方式，直接使用 300V 整流电压作为 IC 的启动电压，省去了常规开关电源电路中由电阻组成的降压启动电路，减小了启动电路的功耗。

二是采用零电流/峰谷电压开关管工作状态切换技术减小开关管的开关损耗，即只有当开关管电流降到零时，才控制开关管从 ON 状态切换到 OFF 状态，当开关管漏极谐振电压降低到最小值（谷值）时，才控制开关管从 OFF 状态转换到 ON 状态。

三是开关电源电路采用三种模式可变的工作状态，可以进一步减小开关电源的损耗，提高开关电源的效率。当开关电源在大功率输出状态时，工作在准谐振模式；当开关电源在中功率输出状态时，工作在固定频率工作模式；当开关电源在小功率输出状态（待机状态）时，开关电源工作在低频模式，这就是所谓的"变频"。

由 TEA1533 组成的开关电源可以适应的市电交流电压范围是 70～276V，在待机状态时，功耗小于 3W。

TEA1533 内设有完善的保护电路，其中包括去磁保护、过流保护、过压保护、开关变压器绕组短路保护、欠压保护、芯片过热保护以及保护动作后的安全软启动电路（降低输出功率），根据市电整流电压自动确定 IC 的启动电压。TEA1533 也具有"软启动"特性，可在系统启动期间及突发/安全再启动周期减少元件的负荷，它减少了启动期间变压器核心磁致伸缩（变压器震颤）导致的声频噪声。

图 5-30 为 TEA1533 内部电路框图，TEA1533 引脚功能如表 5-6 所示。

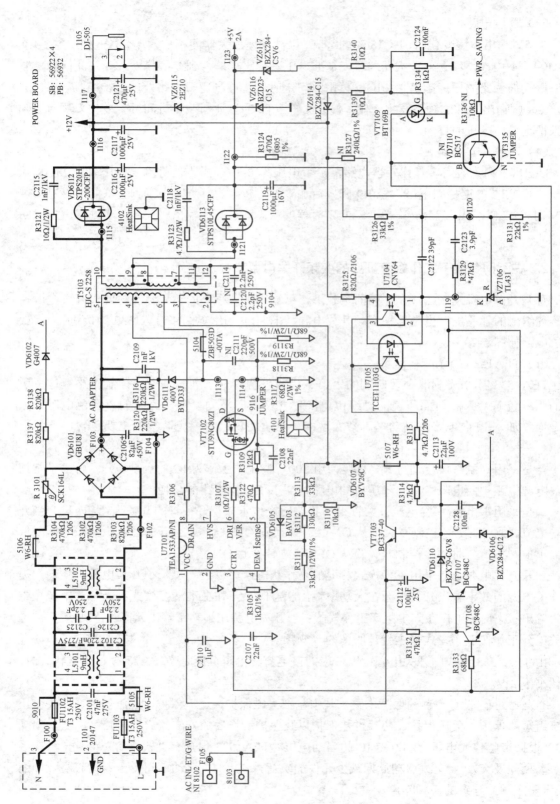

图5-29 由TEA1533组成的开关电源电路

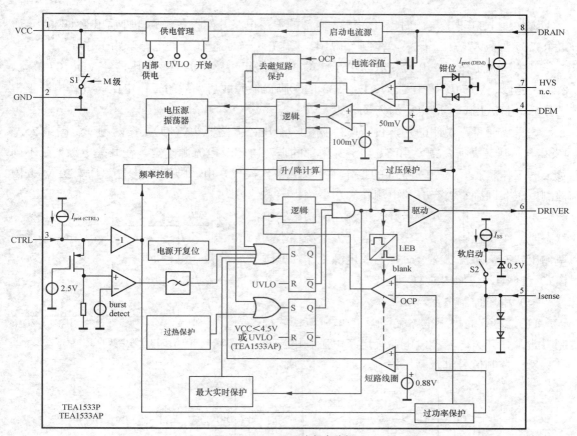

图5-30　TEA1533内部电路框图

表 5-6　　　　　　　　　　　　　　　TEA1533 引脚功能

引脚号	符号	功能
①	VCC	电源
②	GND	地线
③	CTRL	开关管驱动脉冲占空比控制输入（误差信号输入）
④	DEM	去磁控制信号输入，过压/过载保护信号输入
⑤	Isense	开关管电流检测输入
⑥	DRIVER	开关管驱动脉冲输出
⑦	HVS	高压隔离区
⑧	DRAIN	外接开关管漏极，IC 启动电流输入/谷值检测输入端

（2）整流滤波电路

接上市电后，220V 交流电压经保险丝 FU1102 和 FU1103、互感滤波器 L5101、C2102、C2125、C2126、L5102、负温度系数热敏电阻 R3101 的限流，加到桥式整流堆 VD6101，经 VD6101 整流、C2106 滤波，在 C2106 两端产生约 300V 的直流电压。

（3）启动和振荡电路

整流滤波电路产生的约 300V 电压分两路输入开关电源电路：一路经开关变压器 T5103 的 5—6 绕组加到开关管 VT7102 的漏极（D）；另一路经 R3137 和 R3138 降压、VD6102 整流、VT7103 稳压，对电容 C2112 充电。当充电电压达到 11V 以上时，即 U7101（TEA1533）

的①脚加上 11V 以上电压时，TEA1533 内部的振荡电路开始振荡，从⑥脚输出驱动脉冲，通过 R3107 加到 VT7102 栅极，控制 VT7102 工作在开关状态，开关电源开始工作。

开关电源工作后，开关变压器 T5103 的 3—2 绕组将感应出交变电压，经 VD6107 整流、C2113 滤波、VT7103 稳压后为 TEA1533 的①脚提供完成启动后的工作电压。开关电源正常工作后，TEA1533①脚电压约为 11.5V。

这里需要重点说明的是，TEA1533 内置一个压控振荡器（VCO），振荡频率范围是 25～175kHz，其最高振荡频率由 TEA1533 内部的振荡电容及电流源确定，在开关电源处于不同负载的工作状态时，TEA1533 的工作频率（或工作模式）由③脚控制电压及④脚 DEM 去磁控制电压共同确定。当开关电源在大功率输出状态时，工作在准谐振模式；当开关电源在中功率输出状态时，工作在固定频率模式；当开关电源在小功率输出状态（待机状态）时，开关电源工作在低频模式（25kHz），如图 5-31 所示。

（4）稳压控制电路

TEA1533 的稳压电路采用电流/电压双模式控制方式，即开关电源控制电路采用了电压和电流两种负反馈控制信号进行稳压控制，如图 5-32 所示。

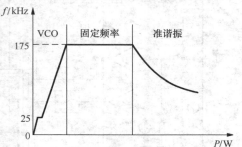

图5-31　TEA1533开关电源的工作模式及频率

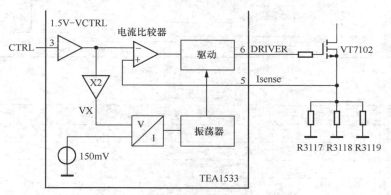

图5-32　TEA1533稳压电路的电流/电压双模式控制方式

电流负反馈信号是在开关管 VT7102 源极接入取样电阻 R3117、R3118、R3119，对开关管源极的电流（也即开关变压器的一次电流）进行取样而得到的，开关管电流取样信号送入 TEA1533 的⑤脚一次电流检测端，既参与稳压控制，又具有过流保护功能。因为电流取样是在开关管的每个开关周期内都要进行的，所以这种控制又称为逐周（期）控制。改变开关管 VT7102 源极电流取样电阻的阻值，可以改变开关管的最大电流，因此，当开关管源极电流取样电阻的阻值因故障而变大时，开关电源的输出电压会降低。

电压负反馈信号（即误差取样信号）由 TEA1533 的③脚输入，具体控制过程如下：当 5V 电源由于某种情况使该输出端电压升高时，通过取样电阻 R3126、R3131 分压，加到三端误差取样集成电路 VT7106（TL431）的 R 端的电压升高，K 端电压下降，光电耦合器 U7104 内发光二极管亮度加强，其光敏三极管电流增大，其 ce 结内阻减小，TEA1533 的③脚电位上升，TEA1533 的⑥脚输出的脉冲宽度变窄，开关管 VT7102 导通时间缩短，其二次绕组感应电压降低，5V 输出端及其他直流电压输出端电压降低，达到稳压的目的。若 5V 输出端电压下降，则稳压过程相反。

（5）待机控制

当 TEA1533 的③脚误差电压输入端大于 3.8V 时，TEA1533 控制开关电源进入待机状态，此时开关电源间歇工作，工作频率处于最低频率 25kHz。

（6）去磁控制

TEA1533 的④脚 DEM 为去磁控制信号输入端。去磁控制是新型开关电源控制电路中使用的一种控制方式。去磁控制是指通过检测开关变压器中储存能量的变化，或者说通过检测开关变压器一次电流和二次电流的变化情况，然后对开关电源进行控制。通过 DEM 信号可以实现很多控制，如开关管零电流 ON/OFF 状态切换、过压保护控制、短路保护控制、市电电压过压保护等。

（7）保护电路

① 尖峰吸收回路。为了防止 VT7102 在截止期间，其 D 极的感应脉冲电压的尖峰击穿 VT7102，该开关电源电路设置了由 R3120、R3116、C2109、VD6111 组成的尖峰吸收回路。VT7102 的 D 极输出的脉冲电压经 VD6111 对 C2109 充电，使 VT7102 的尖峰脉冲电压被有效吸收。

② 电源过流保护电路。开关管 VT7102 源极（S）的电阻 R3117、R3118、R3119 为过流取样电阻。由于某种情况引起 VT7102 源极的电流增大时，过流取样电阻上的电压降增大，TEA1533 的⑤脚（电流检测）电压升高，当⑤脚电压大于 0.52V 时，过流保护电路启动，限制开关管电流继续上升。

③ 欠压保护电路。TEA1533 的①脚既是启动端，同时又是开关电源欠压保护输入端。当①脚电压低于 8.7V 时，欠压保护电路动作，开关电源由⑧脚重新启动。因此，当 TEA1533 启动，开关电源工作后，开关变压器 3—2 绕组必须接替 IC 内的启动电路向①脚供电（对电源滤波电容 C2112 充电），否则，IC 启动后，启动电路不能维持 IC 的供电，①脚电压将降低。当①脚电压低于 8.7V 时，欠压保护电路动作，即开关电源启动后，如果①脚不能得到开关变压器自馈电绕组的供电，TEA1533 不能正常工作。

④ 开关变压器绕组短路保护。开关变压器绕组短路保护（过流保护）通过 TEA1533 的⑤脚开关管电流检测来实现。当开关变压器绕组短路，或开关变压器二次侧整流二极管短路、二次侧负载短路时，开关管电流将异常加大→TEA1533 的⑤脚开关管电流取样电压升高。当 TEA1533 的⑤脚开关管电流取样电压达到 0.88V 时，TEA1533 内部的开关变压器绕组短路，保护电路动作，切断开关管驱动脉冲输出，使开关电源的输出电压下降。当开关电源的输出电压下降到使 TEA1533 的①脚电源电压低于欠压保护动作电平 8.7V 时，启动电路通过⑧脚→①脚向滤波电容 C2112 充电，TEA1533 重新启动。如果短路消失，开关电源进入正常工作状态，如果短路仍然存在，保护电路再次动作，重复以上过程。因此，开关电源发生短路时，可能会听到开关电源反复启动的"打嗝"声。

⑤ 软启动电路。软启动电路的作用是，刚开机时，应使开关变压器和开关管中的电流缓慢上升，避免大的开机冲击电流对开关管的损坏，以及开关变压器产生异常响声。TEA1533 的软启动功能是通过在开关管源极电流取样电阻与 TEA1533 的⑤脚电流取样输入端插入 RC

电路来实现的。开机后，TEA1533 内部的一个电流源通过⑤脚向 C2108 充电，使⑤脚电流取样端的电压快速上升，从而在开机时限制开关管的电流。当⑤脚电压上升到 0.5V 后，软启动充电电流源断开，软启动结束。

⑥ 芯片过热保护。当 TEA1533 芯片过热，芯片温度达到 140℃时，TEA1533 内的过热保护电路动作，切断开关管驱动脉冲输出。

顺便说明一下，TEA1533 有两种型号：TEA1533P 和 TEA1533AP，在过热保护动作后，TEA1533P 和 TEA1533AP 执行的动作有所不同。对于 TEA1533P，只有当①脚电源电压低于 4.5V 时，TEA1533P 才重新启动，即过热保护动作后，应该切断市电电源一段时间，重新开机后，TEA1533 才能启动。而 TEA1533AP 在过热保护动作后，当①脚电源电压低于 8.7V 时，TEA1533AP 就会开始重新启动。

⑦ 误差取样电压输入③脚开路保护。当 TEA1533 的③脚误差取样电压输入端开路时，TEA1533 会判断为取样电路出现故障，TEA1533 内部的保护电路动作，切断开关管驱动脉冲输出，使开关电源停止工作，直到故障状态消除。

⑧ 去磁控制引脚电路保护。当 TEA1533 的④脚去磁控制输入脚外电路开路时，TEA1533 会判断为去磁电路出现故障，TEA1533 内部的保护电路动作，切断开关管驱动脉冲输出，使开关电源停止工作，直到故障状态消除。当 TEA1533 的④脚去磁控制输入脚外电路短路或接地时，TEA1533 会判断为去磁电路出现故障，TEA1533 内部的保护电路动作，切断开关管驱动脉冲输出，使开关电源停止工作，然后开关电源进入安全重启状态。

⑨ 市电电压过压保护。市电电压过压保护控制是在开关管导通期间通过检测 TEA1533 的④脚去磁控制端的电流来实现的。当市电整流电压升高时→④脚电流加大→TEA1533 通过控制电路降低开关管的最大电流，达到保护目的。

由电路可以看出，④脚电流还受到④脚电路中电阻值大小的影响，因此，当④脚电路中电阻值变化时，可能会使开关管电流偏离正常值。

⑩ 过压保护。过压保护是在开关管截止期间（开关变压器二次侧整流电路导通期间）通过检测 TEA1533 的④脚去磁控制端的电流来实现的。当开关电源输出电压升高到保护电路的动作电平时，开关电源控制电路将使开关管截止。

在过压保护电路动作后，TEA1533P 和 TEA1533AP 所执行的动作有所不同。对于 TEA1533P，只有当①脚电源电压低于 4.5V 时，TEA1533P 才重新启动，即过压保护动作后，应该切断市电电源一段时间，重新开机后 TEA1533P 才能启动。而 TEA1533AP 在过压保护动作后，当①脚电源电压低于 8.7V 时，TEA1533AP 就会开始重新启动。改变④脚 DEM 电阻值，可以改变过压保护动作电平。

为了更有效地实施过压保护，该机还另设了一套由光电耦合器 U7105、晶闸管 VT7109（BT169B）等组成的输出电压过压保护电路。电路的工作过程：当开关电源输出的 5V 或 12V 电压由于某种原因升高时，VZ6117 或 VZ6114 击穿，5V 经分压电阻 R3140、R3134 分压（12V 电压经 R3139、R3134 分压）后的电压升高，使加到 VT7109 的 G 端的电压升高，于是晶闸管 VT7109 导通，其 A 端电压下降，光电耦合器 U7105 内发光二极管亮度加强，其光敏三极管电流增大，其 ce 结内阻减小，TEA1533 的③脚电位上升，TEA1533 的⑥脚停止输出脉冲，开关管 VT7102 截止，从而保护了开关电源和负载电路不会因电压过高而损坏。

|5.4　串联型 DC/DC 变换器的识别与识图|

串联型 DC/DC 变换器主要有电感式 DC/DC 变换器和电容式（电荷泵式）DC/DC 变换器。这两种 DC/DC 变换器的工作原理基本相同，都是先储存能量，再以受控的方式释放能量，从而得到所需的输出电压。不同的是，电感式 DC/DC 变换器采用电感储存能量，而电容式 DC/DC 变换器采用电容储存能量。

5.4.1　电感式 DC/DC 变换器

电感式 DC/DC 变换器在手机电源、LCD 背光源、键盘灯、相机闪光灯等电路中应用十分广泛，因此，读者务必掌握其基本工作原理及电路图的识别方法，以便于正确分析电路和判断故障。

1. 电感式 DC/DC 变换器基本工作原理

电感式 DC/DC 变换器主要分为升压式（$V_{IN} < V_{OUT}$）、降压式（$V_{IN} > V_{OUT}$）及电压反转式（$V_{IN} = -V_{OUT}$），下面主要分析常用的升压式和降压式 DC/DC 变换器。

（1）升压式 DC/DC 变换器

升压式 DC/DC 变换器电路原理框图见图 5-33。

图中，V_{IN} 为输入电压；V_{OUT} 为电源输出的电压；L 为储能电感；VD 为整流二极管；C 为滤波电容；R1、R2 为分压电阻，VT 为电源开关管，常采用 N 沟道绝缘栅场效应管（MOSFET），FB 为误差反馈信号，用以稳定工作电压和调整输出电压的高低。

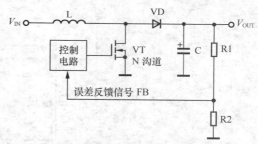

图5-33　升压式DC/DC变换器原理框图

升压式 DC/DC 变换器的基本工作原理是：开关管 VT 在控制电路的控制下工作在开关状态，在开关管 VT 导通期间，储能电感 L 上储存能量，在开关管截止期间，储能电感 L 感应出左负右正的脉冲电压，与 V_{IN} 电压叠加后，经二极管 VD 整流、电容 C 滤波，产生高于输入电压 V_{IN} 的输出电压 V_{OUT}，为负载供电。

实际电路中，电感升压式 DC/DC 变换器型号很多。图 5-34 是电感升压式 DC/DC 变换器 NCP5006 外形图和内部电路框图。

NCP5006 的①脚为电压输出端，②脚为接地端，③脚为误差反馈输入端，④脚为输出使能端（高电平使能，即该脚为高电平时，①脚才有输出），⑤脚为电压输入端。

图 5-35 所示为 NCP5006 的典型应用电路，用以驱动 5 只白光 LED 显示。这个电路十分典型，LCD 背光灯、闪光灯等电源电路都与此类似。

电路的工作过程是：Vbat 电压一方面加到 NCP5006 的输入端⑤脚，另一方面经电感 L1 加到 NCP5006 的①脚（内部开关管的漏极），NCP5006 内的开关管在控制电路的控制下工作在开关状态，在开关管导通期间，储能电感 L1 上储存能量，在开关管截止期间，储能电感 L1 感应出上负下正的脉冲电压，与 Vbat 电压叠加后，经二极管 VD1 整流、电容 C2 滤波，产生 18～20V 的输出电压，为 5 只 LED 供电。电路中，④脚接 Vbat（高电平），因此，电路能持续输出电压。

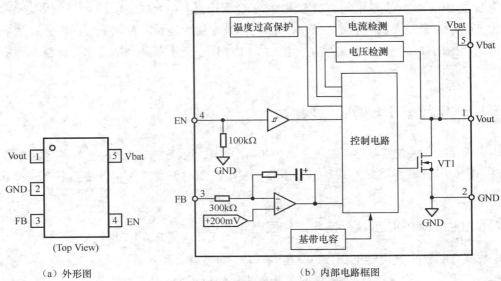

（a）外形图　　　　　　　　　　（b）内部电路框图

图5-34　NCP5006外形图和内部电路框图

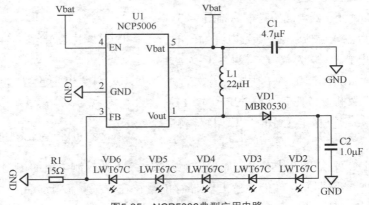

图5-35　NCP5006典型应用电路

（2）降压式 DC/DC 变换器

降压式 DC/DC 变换器电路原理框图见图 5-36。

图 5-36 中，V_{IN} 为输入电压，V_{OUT} 为输出电压，L 为储能电感，VD 为续流二极管，C 为滤波电容。电源开关管 VT 既可采用 N 沟道绝缘栅场效应管（MOSFET），也可采用 P 沟道场效应管，当然也可采用 NPN 或 PNP 晶体三极管，在实际应用中，一般采用 P 沟道场效应管。

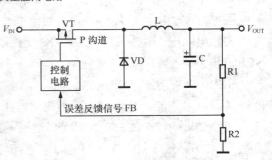

图5-36　降压式DC/DC变换器电路原理框图

降压 DC/DC 变换器的基本工作原理是：开关管 VT 在控制电路的控制下工作在开关状态。开关管导通时，V_{IN} 电压经开关管 S 和 D 极、储能电感 L 和电容 C 构成回路，充电电流不但在 C 两端建立直流电压，而且在储能电感 L 上产生左正右负的电动势。开关管截止期间，由于储能电感 L 中的电流不能突变，所以，L 通过自感产生右正左负的脉冲电压。于是，L 右端正的电压→滤波电容 C→续流二极管 VD→L 左端构成放电回路，放电电流继续在 C 两端建立直流电压，C 两端获得直流电压 V_{OUT}，为负载供电。从以上分析可知，降压式 DC/DC 变换器产生的输出电压不但波纹小，而且开关管的反峰电压低。

实际电路中，电感降压式 DC/DC 变换器型号很多。图 5-37 是电感降压式 DC/DC 变换器 AP1510 外形图和内部电路框图。

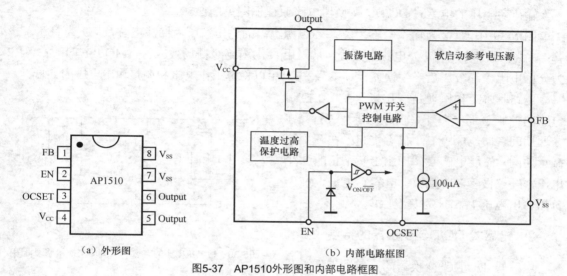

（a）外形图　　　　　　　　　　（b）内部电路框图

图5-37　AP1510外形图和内部电路框图

AP1510 的①脚为误差反馈信号输入端，②脚为输出使能端（高电平使能，即该脚为高电平时，①脚才有输出），③脚为振荡设置端（通过外接电阻来设置最大输出电流），④脚为电压输入端，⑤、⑥脚为电压输出端，⑦、⑧脚接地。

图 5-38 所示为 AP1510 典型应用电路。

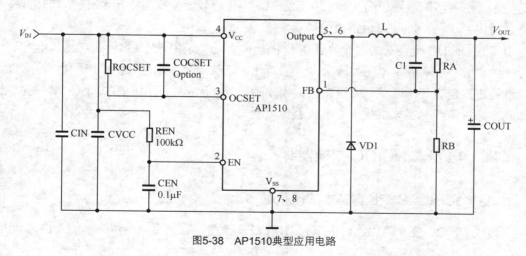

图5-38　AP1510典型应用电路

电路的工作过程是：AP1510 内部的开关管在控制电路的控制下工作在开关状态。开关管导通时，AP1510 的④脚输入电压 V_{IN} 加到内部的开关管 S 极，开关管的 D 极接输出端⑤脚，因此，输入电压 V_{IN} 经内部开关管 S 和 D 极、储能电感 L 和电容 COUT 构成回路，充电电流不但在 COUT 两端建立直流电压，而且在储能电感 L 上产生左正右负的电动势。开关管截止期间，由于储能电感 L 中的电流不能突变，所以 L 通过自感产生右正左负的脉冲电压。于是，L 右端正的电压→滤波电容 COUT→续流二极管 VD1→L 左端构成放电回路，放电电流继续在 COUT 两端建立直流电压，COUT 两端获得直流电压 V_{OUT}，为负载供电。

2. 输出负电压的电感式 DC/DC 变换器

输出负电压的电感式 DC/DC 变换器电路原理框图见图 5-39。

图 5-39 中，V_{IN} 为输入电压；V_{OUT} 为电源输出的电压；L 为储能电感；VD 为整流二极管；C 为滤波电容；VT 为电源开关管，常采用 N 沟道绝缘栅场效应管（MOSFET）；R1、R2 为分压电阻，经分压后产生误差反馈信号 FB，用以稳定工作电压和调整输出电压的高低。

电路基本工作原理是：开关管 VT 在控制电路的控制下工作在开关状态，在开关管 VT 导通期间，储能电感 L 上储存能量，在开关管截止期间，储能电感 L 感应出上负下正的脉冲电压，经二极管 VD 整流、电容 C 滤波，产生负的输出电压 V_{OUT}，为负载供电。

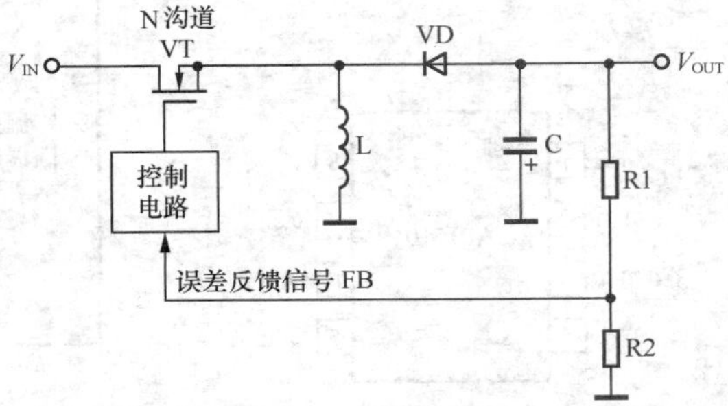

图5-39 输出负电压的电感式DC/DC变换器原理框图

3. 电感式 DC/DC 变换器的特点

电感式 DC/DC 变换器的开关管工作于开关状态，所以开关管上的损耗很小，因此效率就很高，一般可达 80%～93%。

电感式 DC/DC 变换器不仅效率高，并且可以组成降压式、升压式及电压反转式等形式，使用比较灵活，在手机、LCD 电视电源电路中应用较多。另外，开关管和控制器一般集成在集成电路中，这样，集成电路外部仅 3 个元器件：L、VD 和 C（采用同步整流时可省掉 VD），电路简单，所占印制电路板面积小。并且当输入电压有较大变化时不影响开关管的损耗，所以特别适用于 V_{IN} 和 V_{OUT} 差值很大的场合。

电感式 DC/DC 变换器的主要缺点在于电源所占整体面积较大（主要是电感和电容），输出电压的纹波（一种噪声电压）较大，一般有几十毫伏到上百毫伏（低噪声的也有几毫伏），而线性稳压器仅有几十微伏到上百微伏，相差约千倍。因此，采用电感式 DC/DC 变换器进行印制电路板布线时必须格外小心，以避免电磁干扰。

5.4.2 电容式 DC/DC 变换器

1. 电容式 DC/DC 变换器基本工作原理

电容式 DC/DC 变换器也称电荷泵式 DC/DC 变换器，它利用电容作为储能元件，其内部的开关管阵列控制电容的充放电。电容式 DC/DC 变换器可以完成正压输出、负压输出等功能。

（1）输出正压的电容式 DC/DC 变换器

下面以 AAT3110-5 为例进行说明，AAT3110-5 是一种输出 5V 电压的电荷泵 DC/DC 变换器，其外形和内部电路框图见图 5-40。

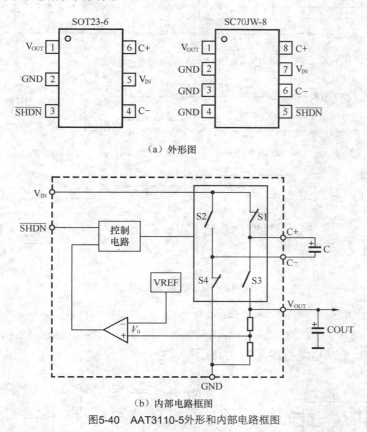

（a）外形图

（b）内部电路框图

图5-40　AAT3110-5外形和内部电路框图

V_{IN} 为电压输入端，V_{OUT} 为电压输出端，$\overline{SHDN}$ 为控制端（低电平有效，即低电平时禁止输出），C+、C−为外接电容端。

电路框图中，S1、S2、S3、S4 是开关管矩阵，相当于几个模拟开关。电路的基本控制原理是：控制电路产生的开关脉冲，控制模拟开关 S1、S4 和 S2、S3 的工作状态，使 S1、S4 闭合时，S2、S3 截止，S1、S4 截止时，S2、S3 闭合。可以看出，当 S1 和 S4 闭合、S2 和 S3 断开时，输入的正电压 V_{IN} 向 C 充电（上正下负）；当 S1 和 S4 断开、S2 和 S3 闭合时，储存在 C 上的电压和 V_{IN} 叠加后向 COUT 放电（上正下负）。因此，可达到升压的目的，并且输出的电压是正电压。电路框图中还有一误差放大器，其作用是将检测到的输出电压 V_{OUT} 与参考电压 V_{REF} 进行比较，然后送到控制电路中，去稳定输出电压，使输出电压保持不变。

AAT3110-5 典型应用电路如图 5-41 所示。这个电路的作用是驱动白光 LED 发光。

与 AAT3110-5 可以直接代换的还有 RT9361APE，图 5-42 所示是 RT9361APE 的应用电路。该电路的作用是驱动 LCD 背光灯发光。

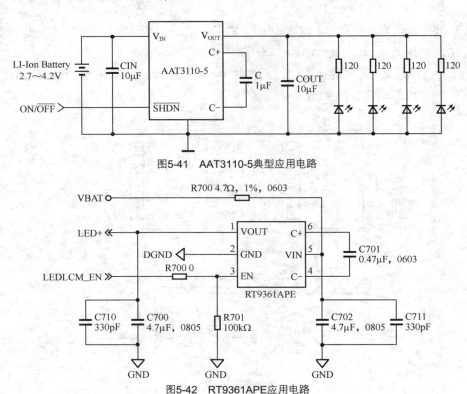

图5-41 AAT3110-5典型应用电路

图5-42 RT9361APE应用电路

（2）输出负压的电容式 DC/DC 变换器

下面以 MAX870 为例进行说明，MAX870 是一种输出与输入反相的负电压电荷泵 DC/DC 变换器，其外形和内部电路框图见图 5-43。

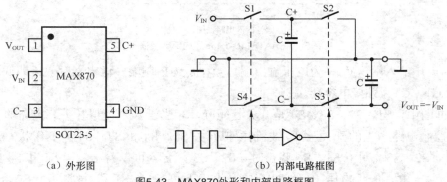

（a）外形图　　　　（b）内部电路框图

图5-43 MAX870外形和内部电路框图

图中，V_{IN} 为电压输入端，V_{OUT} 为电压输出端，C+、C−为外接电容端。

电路中，S1、S2、S3、S4 是开关管矩阵，相当于几个模拟开关。电路的基本控制原理是：振荡器输出 50%占空比的脉冲控制模拟开关 S1 及 S4，经反相器后控制模拟开关 S2 及 S3。可以看出，S1、S4 闭合时，S2、S3 断开；S1、S4 断开时，S2、S3 闭合。当 S1、S4 闭合，S2、S3 断开时，输入的正电压 V_{IN} 向 C 充电（上正下负）；当 S2、S3 闭合，S1、S4 断开时，C 向外部输出电容 COUT 放电（上正下负）。当振荡器以较高的频率控制模拟开关，可使 $V_{OUT} = -V_{IN}$。电路中，S1、S2、S3、S4 和反相器一般集成在集成电路中，C、COUT 需要外接。

图 5-44 所示为 MAX870 典型应用电路，该电路的输出电压与输入电压反相。

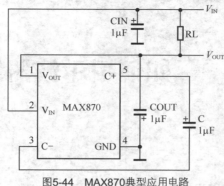

图5-44　MAX870典型应用电路

2. 电容式 DC/DC 变换器的特点

电容式 DC/DC 变换器因有电容上的电荷转移而得名。它的特点是电压转换效率很高，当输出电压与输入电压成一定倍数关系时，如 2 倍或 1.5 倍，最高的效率可达 90%以上，但是效率会随着两者之间的比例关系而变化，有时效率也可低至 70%以下。

电容式 DC/DC 变换器特性介于 LDO（低压差稳压器）和电感式 DC/DC 变换器之间，具有较高的效率和相对简单的外围电路设计。

电容式 DC/DC 变换器的主要缺点是：由于储能电容的限制，输出电压一般不超过输入电压的 3 倍，而输出电流较小，不超过 300mA，输出纹波较大（比电感式要小）。近年来经过不断改进，电容式 DC/DC 变换器工作频率已从 10kHz 提高到几百千赫，有的已高达 2～3MHz。频率增高使泵电容容量减小，输出电流加大，输出电阻减小，纹波电压减小。

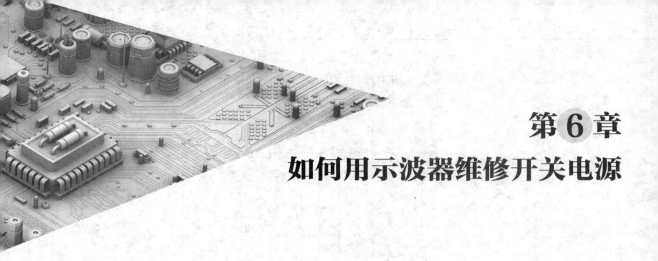

第6章
如何用示波器维修开关电源

在电源维修中,当我们用万用表测试电路中的电压等数据但无法判断电路的工作状态时,可以采用示波器测量电路中的信号波形,从波形中获得更多的数据,分析这些数据,可快速确定故障范围,查找到故障点。因此,使用示波器和万用表维修开关电源,测量快捷、直观、准确。

|6.1 为什么用示波器维修开关电源|

在开关电源维修中,示波器是判断故障部位和分析故障机理的重要仪器,相对于万用表,示波器具有以下 3 个优点,这也是选用示波器维修开关电源的重要依据。

6.1.1 能准确判断万用表难以查清的故障

示波器是反映信号瞬变过程的仪器,把信号波形变化直观显示出来,开关电源中的振荡波形、驱动信号波形、脉冲直流电压等,都能在示波器的显示屏上看到。通过将实测波形与图纸上的标准波形作比较,为维修人员提供判断故障的依据。尽管某些故障不会引起测量点的直流电压变化,但波形的变化却是明显的,这正是示波器的优越性。

6.1.2 能直观看出故障机理

维修人员根据万用表测量电压、电流等,有时很难分析出故障的原因,而用示波器则方便多了。维修人员通过分析波形的幅度、频率的变化,很容易看出故障的机理,找出故障部位和元器件。

6.1.3 检修后工作可靠

故障机更换过某个元器件后,若善后工作没做好,仍会留下隐患,故障很可能再次出现。采用示波器检查,可以提高机器维修后工作的可靠性,"治标不治本"的情况减少。

|6.2　示波器的使用|

6.2.1　检修开关电源需要用什么样的示波器

示波器的种类很多，随着测量领域和要求的不同，有通用示波器和专用示波器之分。从功能上看有模拟示波器（单踪、双踪、多踪）、取样示波器、矢量示波器、数字存储示波器等。检修开关电源选用示波器的标准是什么呢？主要可从 Y 通道带宽、灵敏度、是否具有同步功能、能否比较两个被测信号的相位等方面来考虑，可选用适合的单踪或双踪通用模拟示波器，条件较好的维修人员可选用数字存储示波器。

在开关电源检修中要观察的波形不多，从频带宽度上来看，应选用 Y 轴带宽大于待测信号带宽的示波器，业余条件下选用 Y 轴带宽在 20MHz 的双踪通用示波器可满足一般维修的需要。

灵敏度反映示波器测试弱信号的能力，也叫最小垂直偏转因数。从灵敏度方面考虑，选用较高的灵敏度对测量弱信号有利，在开关电源维修中选用示波器时，灵敏度应优于 10mV/div（此值越小，灵敏度越高）。示波器面板上的垂直偏转因数，最好应有 10V/div 挡或 15V/div 挡，这样，就可以用 100：1 的衰减探头测量高压电路的波形。

6.2.2　双踪模拟示波器各功能按钮/旋钮的作用

示波器的前面板上，一般会设有较多的功能开关、按钮、旋钮，往往令初学者无从下手，下面以岩崎 7802 示波器为例，介绍这些按钮和旋钮的作用及调整方法。

岩崎 7802 是一个功能比较齐全的、适合于模拟信号测试的通用 20M 双踪示波器。该示波器具有多种触发方式和光标测量功能，能测量两光标之间的电压、时间间隔等。下面详细介绍其面板各按钮、旋钮的功能及其调整方法。

（1）"电源开关（POWER）"用于打开和关闭示波器电源，设被测的两路信号为正弦波信号，接于"通道 1（CH1）"和"通道 2（CH2）"输入接口，打开电源开关后，屏幕上将显示两路正弦波信号。

调节"图像亮度（INTEN）"旋钮，可调整图像（波形）的亮度，注意不要太亮，以免烧伤屏幕。

调节"字符亮度（READOUT）"旋钮，可使文字亮度变化，按下按键是关闭符号，再按按键是恢复符号显示。

调节"聚焦（FOCUS）"旋钮，可调节图像的清晰度。

调节"标尺亮度（SCALE）"旋钮，可对标尺进行调整，一般调在关闭处（旋钮逆时针旋到底）。

以上各调整按钮和旋钮的位置如图 6-1 所示。

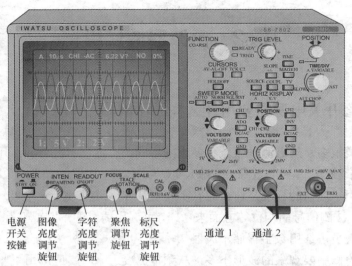

图6-1　电源开关、图像亮度旋钮、字符亮度旋钮、聚焦旋钮和标尺旋钮位置示意图

（2）"垂直位移（POSITION）"旋钮用于调节通道 1 和通道 2 的图像（波形）在垂直方向的位置，如图 6-2 所示。

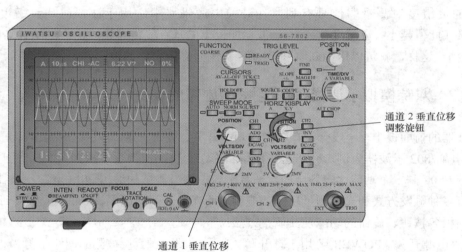

图6-2　垂直位移旋钮

（3）"通道 1（CH1）"按键可显示/关闭通道 1 的被测信号，按通道 1 键，关闭通道 1，再按此键，恢复显示通道 1 信号。

"通道 2（CH2）"按键，与"通道 1"键功能相同，注意不要同时关闭"通道 1"和"通道 2"，若要同时关闭，则强行显示"通道 1"。

"通道 1""通道 2"的"接地（GND）"按键，用于通道接地，并切断输入信号，此时图像为一条水平线，通常把这条线调到与 X 轴重合，作为零电平处，再按此键，地线符号消失，恢复图像显示，测量中不要按下此键。

"通道 1"按键、"通道 2"按键及其接地键位置如图 6-3 所示。

通道 1 按键　通道 2 按键

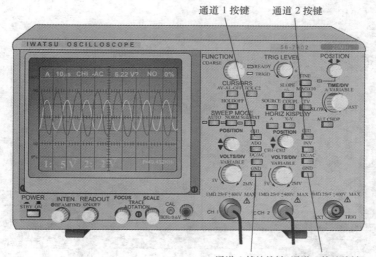

通道 1 接地按键　通道 2 接地按键

图6-3 "通道1"按键、"通道2"按键及其接地键

（4）"Y 轴灵敏度（VOLTS/DIV）"旋钮用于改变 Y 轴的分格值（伏/格，V/div），在屏幕上显示合适的波形，如图 6-4 所示。注意在测量时，若分格值选得太小，会使波形太大，超出了屏幕显示的范围，造成没有波形的假象。

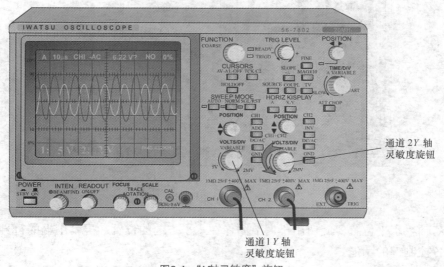

通道 2 Y 轴
灵敏度旋钮

通道1 Y 轴
灵敏度旋钮

图6-4 "Y轴灵敏度"旋钮

（5）"直流/交流"（DC/AC）按键用于选择输入信号的耦合方式是直流输入还是交流输入，注意屏幕下方文字显示电压单位不同，如图 6-5 所示。

DC 耦合方式时，显示输入信号的 DC 和 AC 成分；AC 耦合方式时，去掉波形中的 DC 成分，只显示输入波形的 AC 成分。

（6）"相加（ADD）"按键，按下此键，"通道 1""通道 2"的波形相加，并显示叠加波形，屏幕下方会出现"+"，再按一下此键，"+"消失，取消波形叠加。

"反相（INV）"按键，按下此键，通道 2 的信号反相，相当于"通道 1""通道 2"的信号相减，此时，在屏幕下端出现"2↓"，再按此键，反相消失。"相加"和"反相"键如

图 6-6 所示。

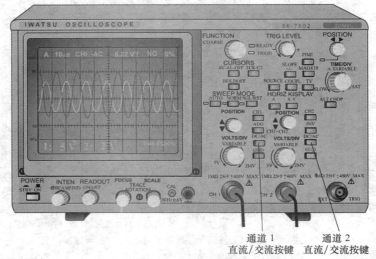

图6-5 "直流/交流"按键

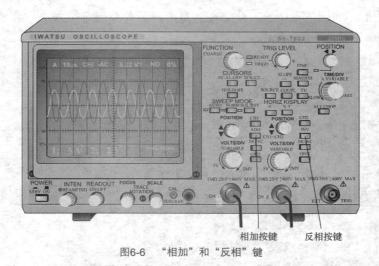

图6-6 "相加"和"反相"键

（7）X 轴"水平位置"旋钮用于调节图像在水平方向的位置。屏幕上端的符号表示与 X 轴相关的各控制键的功能。

"水平微调（FINE）"按键，按下此键小灯亮，此时"水平位置"变成微调，当"水平位置"旋钮左旋或右旋到底时，波形连续滚动。"水平位置"旋钮和"水平微调"按键如图 6-7 所示。

（8）"扫描时间（TIME/DIV）"旋钮用于改变扫描时间的分格值（时间/格，t/div），时间的变化显示在屏幕的左上方。按下"扫描时间"旋钮，屏幕左上方出现">"号，此时调节该旋钮只对波形进行微调，扫描时间不变，再按此旋钮，">"号消失，恢复扫描时间调节。

"扫描放大（MAG×10）"按键，按下此键，扫描时间放大 10 倍，此时，屏幕右下角显示"MAG"，再按此键，关闭放大，恢复正常。"扫描时间"旋钮和"扫描放大"按键如图 6-8 所示。

水平微调按键　水平位置旋钮

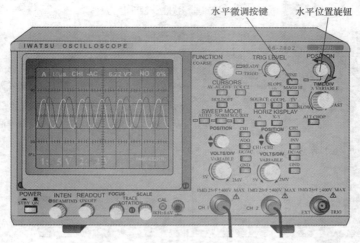

图6-7　"水平位置"旋钮和"水平微调"按键

扫描放大按键

扫描时间旋钮

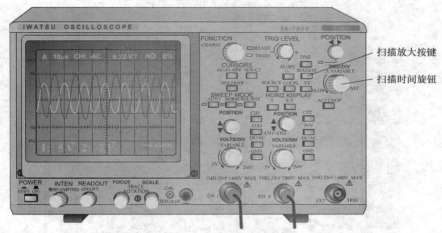

图6-8　"扫描时间"旋钮和"扫描放大"按键

（9）"触发源选择（SOURCE）"按键，连续按此键，可选择不同的触发源。所选择的触发源显示在屏幕的上端，可有 5 种选择，即 CH1（取自通道 1 的信号）、CH2（取自通道 2 的信号），EXT（取自外触发源的信号）、LINE（取自通道电源的信号）、VERT（取自通道 1 和通道 2 的混合信号）。例如，在实际使用中，要观察 CH1 的信号，就选择"CH1"为触发源。

"触发混合（COUPL）"按键，连续按此键，可选择 4 种触发耦合方式，即 AC（交流）、DC（直流）、HF-R（抑制高频）、LF-R（抑制低频）。

"触发源极性（SOLPE）"的选择，"+"表示上升沿触发，"–"表示下降沿触发。

"触发电平（TRIG LEVEL）"旋钮，旋转此旋钮，当旋钮旁的 TRIGD 灯亮时，说明触发电平已调合适，此时，屏幕上的波形一定是稳定的，一旦 TRIGD 灯熄灭，波形则无法稳定，则需调节"触发电平"旋钮，灯亮。与触发有关的按键和旋钮如图 6-9 所示。

（10）按"扫描显示（A）"按键，选择示波器内部的锯齿波扫描信号加到 X 轴。

按"X-Y 显示（X-Y）"按键，断开示波器内部锯齿波信号，而以 CH1 输入的信号为 X 轴的扫描信号，再按"A"键，回到内部扫描。"扫描显示"和"X-Y 显示"按键如图 6-10 所示。

触发源选择按键　触发电平旋钮

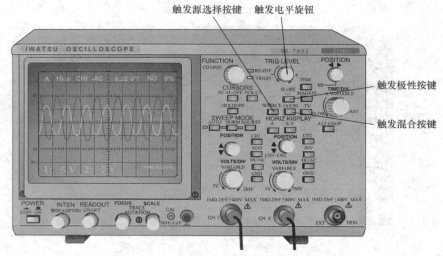

图6-9　与触发有关的按键和旋钮

触发极性按键

触发混合按键

扫描显示按键　*X-Y*显示按键

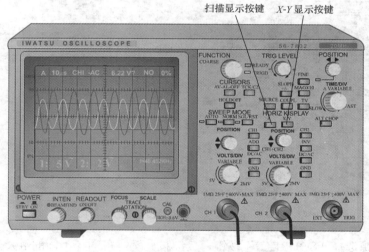

图6-10　"扫描显示"和"*X-Y*显示"按键

（11）按"ΔV-Δt-OFF"按键，可选择测电压差、时间差或关闭此读数系统。

按"图像冻结（HOLD OFF）"按键可将显示的波形冻结，以便于观察，再按此键，冻结解除。"ΔV-Δt-OFF"按键和"图像冻结"按键如图 6-11 所示。

（12）按"光标跟踪（TCK/C2）"按键，用来选择让哪条光标移动。

"光标调节（FUNCTION）"旋钮用于对光标进行调整，可让光标对准要测量的信号。"光标跟踪"按键和"光标调节"旋钮如图 6-12 所示。

当按下"ΔV-Δt-OFF"键时，示波器处于电压测量或时间测量状态，屏幕上会出现两条垂直或水平的测量光标。使用"TCK/C2"键可以选择要移动的测量光标，然后使用"FUNCTION"旋钮确定光标位置。当"FUNCTION"被按下或连续按下时，可对位置方向进行粗调。

（13）扫描模式（SWEEP MODE）按键共 3 个，分别是"自动（AUTO）""正常（NORM）"和"单次（SGL/RST）"。按"自动"键，AUTO 灯亮；按"正常"键，NORM 灯亮；按"单次"键，SGL/BST 灯亮。通常选用"自动"模式，如图 6-13 所示。

图像冻结按键　　ΔV-Δt-OFF 按键

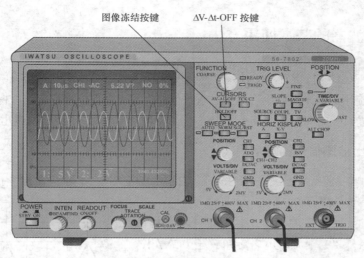

图6-11　"ΔV-Δt-OFF"按键和"图像冻结"按键

光标调节旋钮　　光标跟踪按键

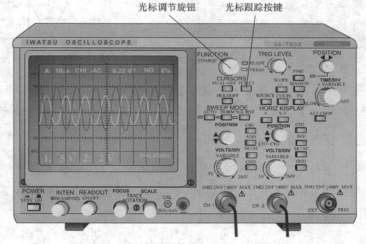

图6-12　"光标跟踪"按键和"光标调节"旋钮

自动按键　　正常按键　　单次按键

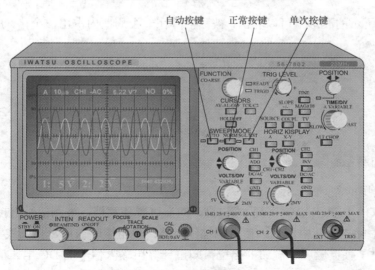

图6-13　扫描模式按键

6.2.3 示波器的基本使用方法

使用前，"DC/AC"按键置 AC 位置。"亮度"旋钮适当，打开电源开关，指示灯亮。调整"亮度""聚焦"旋钮，使光点最小，调整"水平位移"和"垂直位移"旋钮，将光点调到屏幕中央，注意不要让光点长时间停留在某一固定位置，以免灼伤屏幕，示波器预热几分钟就可使用了。

1. 如何读出被测信号的幅度值

被测信号的幅度值等于被测信号在垂直方向所占格数与"Y 轴灵敏度"挡位（垂直幅度）的乘积，用如下公式表示：

幅度值 = "Y 轴灵敏度"的挡位 × 被测信号所占格数

图 6-14 所示是"Y 轴灵敏度"旋钮置于 0.5V/div，"扫描时间"旋钮置于 0.5μs/div，测试探头置于 1:1 时，测得的某锯齿波信号波形，从图中可以看出，该波形的峰峰值在垂直方向上占 4 格，根据以上公式，可知该信号的幅度值为：

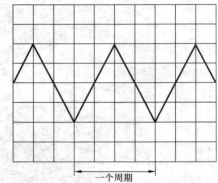

图6-14　锯齿波波形图

$$0.5V/div \times 4 = 2V$$

若测试探头置于 10:1，则被测信号的幅度值应乘以 10，即 $2V \times 10 = 20V$。

2. 如何读出被测信号的周期和频率

示波器上显示的波形的周期和频率，用其在 X 轴上所占的格数来表示。被测信号一个完整的波形所占的格数与"扫描时间"旋钮挡位的乘积，就是该波形的周期 T。周期的倒数就是频率 f。用如下公式表示：

周期（T）= "扫描时间"旋钮挡位 × 被测信号一个周期在水平方向上所占的格数

$$频率 f = 1/T$$

从图 6-14 所示的波形中可以看出，被测信号在一个周期内占用 4 个格，所以被测信号的周期为：

$$0.5μs \times 4 = 2μs$$

频率为：

$$f = 1/T = \frac{1}{2μs} = \frac{1}{0.000002s} = 500kHz$$

3. 电压的测量

（1）DC 电压的测量

置"DC/AC"按键于 DC 位置，"扫描时间"可置任意挡，被测信号直接从 Y 轴输入，若扫描线原在中间，则正电压输入后，扫描线上移，负电压输入后，扫描线下移，扫描线偏移的格数乘以"Y 轴灵敏度"旋钮的挡位，即可计算出输入信号的 DC 电压值。

图 6-14 所示的是"DC/AC"输入耦合开关置于 AC 位置所测得的信号，若将"DC/AC"

置于 DC 后，被测信号波形向上平移了 3 个格。根据以上分析可知，被测点的 DC 电压为：$3 \times 0.5V/div = 1.5V$。

若使用的是 10:1 探头，则被测信号的波形幅度为：$3 \times 0.5V/div \times 10 = 15V$。

（2）AC 电压的测量

置"DC/AC"输入耦合开关于 AC 位置，将 AC 信号从 Y 轴输入，就能测量信号波形峰峰间或某两点间的电压幅值。从屏幕上读出波形峰峰间所占的格数，将它乘以"Y 轴灵敏度"旋钮的挡位，即可计算出被测信号的交流电压值。

4. 两个波形的同步观察

（1）当 CH1 和 CH2 通道的两个信号具有相同频率、整数倍频率或时间差时，"触发源选择（SOURCE）"键可以任意选 CH1 或 CH2 作为触发源。

（2）当 CH1 和 CH2 通道的两个信号频率不同且不成整数倍时，"触发源选择（SOURCE）"键应置于 VERT（取自通道 1 和通道 2 的混合信号）组合方式，这样同步触发信号交替选择，使每个通道都能稳定触发。

6.2.4　示波器探头的选用与调整

示波器探头是把被测电路的信号耦合到示波器内部前置放大器的连接器件，根据测量电压范围和测试内容的不同，有 1:1、10:1 和 100:1 等规格的探头。一般测量时用 1:1 或 10:1 探头即可，测高压板电路波形、电源开关管漏极波形时，因该处电压峰值达几百伏甚至上千伏，因而要选用 100:1 的探头。

示波器探头是一个范围很宽的电压衰减器，应有良好的相位补偿，否则，显示出来的波形会因探头的性能而畸变，产生测量误差。在使用之前，应对探头进行适当的补偿调节。方法是：把探头接到通道 CH1 或 CH2 的输入端，并把探头的衰减开关置"× 10"位置。把示波器的"Y 轴灵敏度"调到 10mV/div 挡，再将探头针触到示波器 CAL 校准电压输出端子（岩崎 7802 示波器可输出 1kHz/0.6V 方波信号），用示波器附带的无感起子调节探头上的补偿器，使之获得理想的波形，如图 6-15 所示。

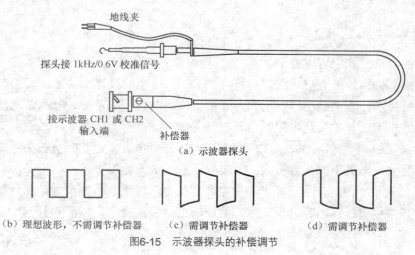

（a）示波器探头

（b）理想波形，不需调节补偿器　　（c）需调节补偿器　　　（d）需调节补偿器

图6-15　示波器探头的补偿调节

|6.3 开关电源信号波形的产生与变化|

6.3.1 开关电源波形的产生

开关电源中波形有两类：一类是由外电源提供的波形，如 AC 220V 正弦波波形；另一类是由机内电路产生的波形，这些波形主要包括 PWM 芯片驱动脉冲、开关管集电极（漏极）波形、振荡波形等。当开关电源通电后正常工作时，开关电源中所有电路的波形均可测到。当开关电源处于待机状态时，不同类型的开关电源各电路的工作状态是不同的，有些开关电源待机时电源处于弱振状态，有些开关电源待机时部分电源不工作。因此，维修前应对待修开关电源的工作原理有一定了解。

6.3.2 波形在电路中的变化

开关电源电路中的信号波形，会随着电路结构的不同而有不同的变化，如波形幅度、频率、波形形状、相位等变化，以及有些电压信号被处理后变成了不同的直流电压信号等。总之，经过不同的电路，波形会发生相应的变化，以适应电路的需要。

1. 波形经过电容后的变化

电容是在电路中被用得最多的元器件之一，在开关电源电路中，电容主要起耦合、分压、滤波作用，还有一些可用作积分、微分、定时、电路中。

（1）波形经过耦合电容的变化

耦合电容的作用是将信号从前级输送到后级，耦合电容能通过交流信号，不能通过直流信号，当交流信号（设频率为 f）经过电容（设容量为 C）时，电容对交流信号有阻碍作用（设电容的容抗为 X_C）。电容的容抗大小 X_C 由下列公式决定：

$$X_C = \frac{1}{2\pi fC}$$

从上面的容抗公式中可以看出，容抗 X_C 与频率 f 成反比，即当电容器容量一定时，频率越高容抗越小，频率越低容抗越大。容抗 X_C 与容量 C 也成反比的关系，即当频率一定时，容量越大容抗越小，容量越小容抗越大，容抗单位为欧姆。牢记 C、f 与 X_C 之间的关系对分析耦合电容的作用十分重要，可用图 6-16 来帮助理解。

从图 6-16（a）中可以看出，当频率 f 一定时，耦合电容大，其容抗就小，通过耦合电容后的信号幅度大，电容小时，容抗大，通过电容后的信号幅度小。

当电容 C 大小一定时，信号频率高，电容容抗小，输出信号幅度大，信号频率低时，电容容抗大，其信号通过该电容时衰减大，所以输出信号幅度小，如图 6-16（b）所示。

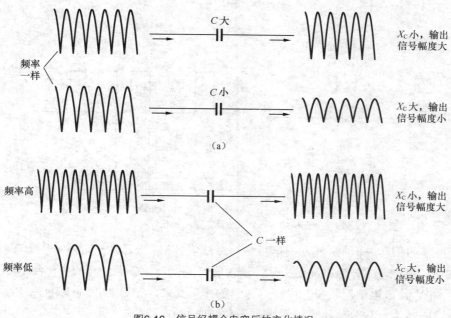

图6-16　信号经耦合电容后的变化情况

（2）波形经过分压电容后的变化

电容在电路中的作用为交流分压，如图 6-17 所示。

设输入信号幅度为 V，输出信号 V_2 从串联电容 C_1、C_2 的中点输出，根据容抗公式可知如下。

电容 C_1 的容抗为：

$$X_{C_1} = \frac{1}{2\pi f C_1}$$

电容 C_2 的容抗为：

$$X_{C_2} = \frac{1}{2\pi f C_2}$$

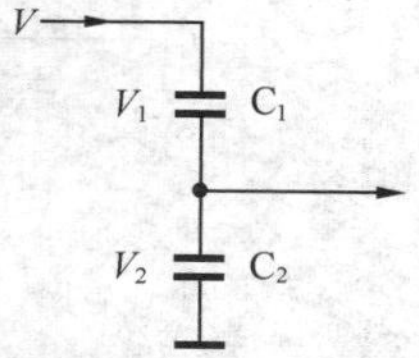

图6-17　波形经分压电容后的变化

对于电容串联电路，有以下结论。

① 由于电容的隔直流作用，所以该串联电路不能通过直流电流，但交流信号可以通过。

② C_1、C_2 上的信号幅度之和等于输入信号幅度，即 $V_1 + V_2 = V$，这一点与电阻串联电路一样。

③ 大容量电容上的电压降较小，小容量电容上的电压降较大。这是因为容量大的电容容抗小，相当于电阻小，而在电阻串联电路中阻值小的电阻上的电压降小。

④ 在电容串联电路中，当某一个电容的容量远大于其他电容时，该电容相当于通路，此时电路中起决定性作用的是容量小的电容。

（3）波形经过积分电容后的变化

积分电路一般由 R、C 组成，其电路及输入/输出波形如图 6-18 所示。

在积分电路中，要求积分电路的时间常数 τ 远大于输入信号的脉冲宽度 t，积分电路的时

间常数 τ 由下式确定：

$$\tau = RC$$

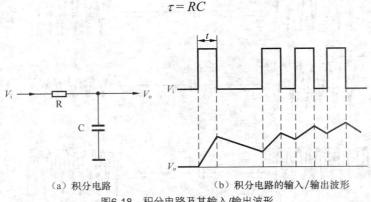

（a）积分电路　　　　　　　　（b）积分电路的输入/输出波形

图6-18　积分电路及其输入/输出波形

积分电路的工作过程是：输入的信号为矩形波信号 V_i，当脉冲出现时，通过 R 对 C 充电，使 C 上的电压逐渐增大，当脉冲过去后，输入信号 V_i 为零，C 上已充的电压经 R 放电。由于时间常数 τ 很大，放电速度较慢，很快第二个脉冲又到来，对 C 再次充电使 V_o 电压增大。脉冲越密集，V_o 越大，积分电路可以看作是一种低通滤波电路。

（4）波形经过微分电容后的变化

微分电路一般由 R、C 电路组成，电路及其输入/输出波形如图 6-19 所示。

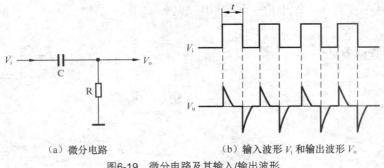

（a）微分电路　　　　　　　　（b）输入波形 V_i 和输出波形 V_o

图6-19　微分电路及其输入/输出波形

在微分电路中，要求电路的时间常数远小于输入信号的脉冲宽度 t，微分电路的时间常数 τ 由下式确定：

$$\tau = RC$$

微分电路的工作过程是，输入信号 V_i 脉冲出现的瞬间，由于 C 两端的电压不能突变，所以 C 呈短路状态，这样脉冲加到 R 上，在 R 上的电压 V_o 为最大。由于 R、C 时间常数很小，在输入脉冲 V_i 未消失时 C 很快便充满了电荷，呈开路状态，无充电电流流过 R，所以 V_o 为零，形成了输出波形 V_o 的正尖顶脉冲。这一过程给 C 充上左正右负的电压，电压大小为 V_i 脉冲的幅值。

当输入信号 V_i 脉冲消失的一瞬间，V_i 为零，即相当于输入端接地。由于电容两端的电压不能突变，在这一瞬间 R 上的电压 V_o 为负的最大电压（C 上充到的电压），即 C 上充到左正右负电压。由于 C 左端接地，故 V_o 为负电压。因为时间常数很小，C 很快通过 R 放电完毕，

V_o 又为零，这样得到输出波形 V_o 的负尖顶脉冲。

当第二个脉冲到来时，在 R 上又获得正尖顶脉冲；当 V_i 脉冲消失时，在 R 上又获得负尖顶脉冲。这样，通过微分电路将 V_i 的矩形脉冲转换成了正、负尖顶脉冲。

微分电路主要用于将矩形脉冲变换为尖顶脉冲并作为触发信号，去触发相关电路工作。在开关电源中，微分电路应用并不多见。

（5）波形经过滤波电容后的变化

在开关电源输入电路中，设有 300V 滤波电容，将整流后的正弦波交流电变换为脉冲波动很小的直流电，在开关电源的输出电路中，一般也设有多个滤波电容，将开关变压器输出的脉冲电压经整流后，滤波成直流电压，供负载使用。可见，滤波电容可将交流信号变换为脉冲波动很小的直流信号。

2. 波形经过电阻后的变化

电阻也是在电路中用得最多的元件，一般多用于隔离、限流、分压、积分和微分等电路中。

分压电阻在电路中主要用来得到合适的波形幅度，分压点的波形一般与未分压时的波形相同，只是分压点的波形幅度会变小。需要说明的是，波形经过分压电阻后，阻值大的分压电阻上的波形幅度大，阻值小的分压电阻上的波形幅度小，这一点和分压电容是不同的。

3. 波形经过电感后的变化

在开关电源电路中，电感（也称作电感器或电感线圈）是一个十分重要的元器件，应用也十分广泛，开关电源中的电感主要有以下几种类型。

一是滤波电感，用以滤除输出电压的交流成分。

二是储能电感，主要用于开关电源电感升压式 DC/DC 变换器中。

不同的波形经过不同类型的电感变化比较复杂，分析波形变化可从电感的特性入手。归纳起来，电感在电路中主要有以下几个重要特性。

（1）感抗特性

电感对流过它的交流电流存在着阻碍作用，即存在感抗。感抗同容抗、电阻类似。电感的感抗大小与电感量大小和频率高低有关，感抗 X_L 可以用下列公式计算：

$$X_L = 2\pi f L$$

式中，f 为经过电感的交流信号的频率，L 为电感的电感量。

从上面的公式可以看出，当交流信号通过电感时，交流信号的频率越高，电感的电感量越大，感抗越大。对于直流信号，只存在线圈本身很小的直流电阻阻碍作用，可以忽略不计。

（2）电励磁特性

无论是直流电还是交流电，流过电感线圈时，在线圈内部和外部周围要产生磁场，其磁场的大小和方向与电流的特性有关。当直流电流通过线圈时，产生一个方向不变和大小不变的磁场。当直流电流的大小改变时，磁场强度也随之改变，但磁场方向始终不变（方向可用安培定则判断）。当线圈中流过交流电流时，由于交流电流本身的方向在不断地改变，所以磁场的方向也在不断地改变。由于交流电的大小在不断地变化，所以磁场的大小也在不断地改变。

（3）磁励电特性

线圈不仅能将电能转换成磁能，还能将磁能转换成电能。当通过线圈的磁通量改变时，线圈在磁场的作用下要产生感生电动势，这是线圈由磁生电的过程。磁通量的变化率越大，其感生电动势越大。感应电流的方向可用楞次定律进行判定，即感应电流的磁通总是阻碍引起感应电流的磁通量的变化。当磁通量增加时，感应电流的磁场方向与原磁场方向相反；当磁通量减小时，感应电流的磁场方向与原磁场的方向相同；当线圈在一个恒定磁场（大小和方向均不变）中时，线圈中无磁通量的变化，线圈不能产生感生电动势。

4. 波形经过放大器后的变化

放大器主要分为共射放大器、共基放大器和共集电极放大器（射极跟随器），这些放大器在开关电源电路中均得到了较多的应用，这里以共射放大器为例进行简要说明。

图 6-20 所示为典型的共射放大器，用于对矩形脉冲信号进行放大，电平转换电路一般采用这些电路形式。

由三极管基极输入的信号是脉冲信号，在输入信号的高电平期间，三极管饱和导通，集电极电压接近于零，在输入信号的低电平期间，三极管由饱和状态变为截止状态，集电极输出高电平，因此，由集电极输出的信号与基极输入的信号反相，输出幅度最大值可达到供电电压 V_{CC}。

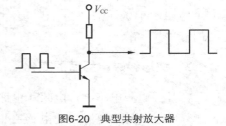

图6-20　典型共射放大器

5. 波形经过二极管电路后的变化

在开关电源中，二极管主要用作整流、限幅、钳位、隔离等用途，当波形经过具有不同作用的二极管时，会发生不同的变化，下面简要介绍波形经过整流二极管和限幅二极管后的变化情况。

（1）波形经过整流二极管的变化

整流电路的作用是将交流电转换成直流电，整流电路主要有半波整流、全波整流、桥式整流、倍压整流等电路。

图 6-21 是半波整流电路及其输入/输出波形图。

电路中，u_1 是输入的交流电压，T 是变压器，L1 是变压器的一次绕组，L2 和 L3 是它的 2 个二次绕组，VD1 和 VD2 是 2 只整流二极管。RL1 和 RL2 分别是两个整流电路的负载。由于 VD1 的正极接 L2，VD2 的负极接 L3，所以这是能够输出不同极性直流电压的半波整流电路。需要说明的是，如果将图中的 RL1 和 RL2 改为 2 个大容量的滤波电容，则 u_{o2}、u_{o3} 将会变为脉冲直流电压。

图 6-22 是全波整流电路及其输入/输出波形图。

图 6-23 是桥式整流电路及其输入/输出波形图。

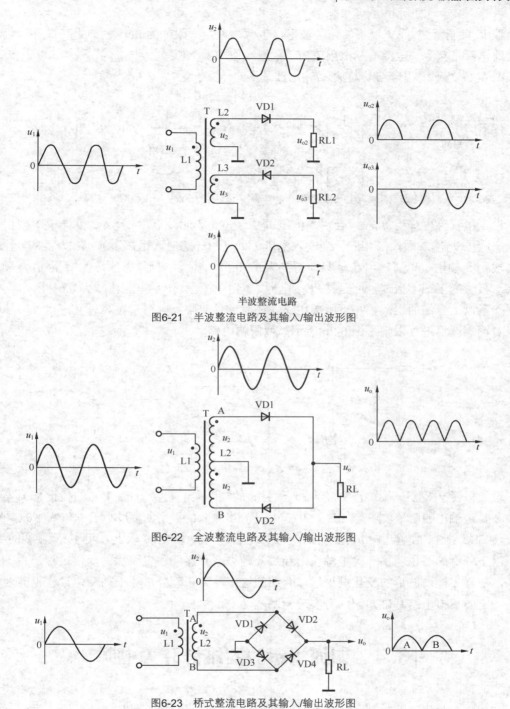

半波整流电路

图6-21　半波整流电路及其输入/输出波形图

图6-22　全波整流电路及其输入/输出波形图

图6-23　桥式整流电路及其输入/输出波形图

（2）波形经过限幅二极管的变化

开关电源采用的限幅电路主要有上限幅、下限幅和双限幅电路。图 6-24 是上限幅电路及其输入/输出波形图。

设二极管管压降为 0.6V。当输入电压 u_i 小于 0.6V 时，二极管 VD 截止，此时输出端 u_o 与输入端波形相同；当输入电压 u_i 大于 0.6V 时，二极管 VD 导通，输出端 u_o 无输出。可见，

输出端 u_o 只能得到 0.6V 以下的信号波形，也就是说，上限值为 0.6V。如果二极管的负端不是接地，而是接 V_{CC} 电源，则上限值为 V_{CC} 电源值加上 0.6V。

图 6-25 是下限幅电路及其输入/输出波形图。

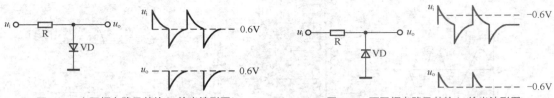

图6-24　上限幅电路及其输入/输出波形图　　　　图6-25　下限幅电路及其输入/输出波形图

设二极管管压降为 0.6V。当输入电压 u_i 大于 -0.6V 时（靠近零），二极管 VD 截止，此时输出端 u_o 与输入端波形相同；当输入电压 u_i 小于 -0.6V 时（远离零），二极管 VD 导通，输出端 u_o 无输出。可见，输出端 u_o 只能得到大于 -0.6V 的信号波形，也就是说，下限值为 -0.6V。如果二极管的正端不接地，而是接 $-V_{CC}$ 电源，则下限值为 $-V_{CC}$ 电源值减去 0.6V。

除了以上介绍的上限幅与下限幅电路，还有一种双限幅电路，顾名思义，这种限幅电路可以对输入波形进行限幅。图 6-26 所示为双限幅电路。

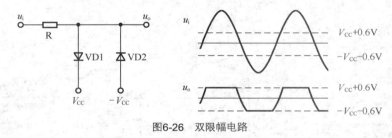

图6-26　双限幅电路

设二极管 VD 管压降为 0.6V。当输入信号 u_i 的幅度大于 $V_{CC}+0.6V$ 时，二极管 VD1 导通，使输出端 u_o 输出的信号被限定在 $V_{CC}+0.6V$ 以下；当输入信号 u_i 的幅度小于 $-(V_{cc}+0.6V)$ 时，二极管 VD2 导通，使输出端 u_o 输出的信号被限定在 $-(V_{CC}+0.6V)$ 以上，达到了双限幅的目的。

以上分析简要说明了开关电源波形经过几种类型元器件和电路后的变化过程，由于电路复杂，信号多样，波形的变化过程远非介绍的这些，要正确分析波形的变化过程，需要读者具备一定的模拟电路基础知识，夯实理论基本功。

|6.4　如何用示波器维修开关电源|

开关电源故障率非常高，作为维修者，要想用示波器快速准确地排除故障，做到手动心明，除了掌握必要的基本理论和示波器操作技能，还需具备一定的检修方法和故障处理技巧。

6.4.1　用示波器维修开关电源的方法

用示波器维修开关电源时，主要有以下几种常见方法。

1. 信号寻迹法

信号寻迹法是在检修开关电源的过程中，根据故障现象，沿着信号的走向，测量某些关键点或延伸测量点的电压波形的方法。操作者只需掌握开关电源的电路结构，掌握各关键点信号的特点及正常波形，通过对测试点进行测试，就可以很快查找到故障部位。这是维修中最为常用的一种方法。

2. 监视测量法

对于不定期出现的故障，或是在较长的运行过程中才有可能出现的故障，就要采用监视测量法，方法是将示波器探头固定挂在被怀疑有故障的测量点上，进行较长时间的测量。如果被测量点的引脚或焊点过小，不便于悬挂探头，可在此焊点上另外焊上长度不超过 1cm 的细硬导线，但注意该导线不要和附近其他焊点短路，在导线上轻挂示波器探头，切勿将电路板上的铜箔扳起来。

3. 串联探头测量法

双踪示波器一般配有 2 个 10:1 衰减探头，测量有较宽幅度开关电源和高压板电路的电压波形时，如果没有 100:1 的探头，也可将此 2 个 10:1 的探头串联，组成 100:1 探头使用。使用时，2 个探头衰减开关均置 × 10 挡位，首尾相接，使用起来非常方便，如图 6-27 所示。

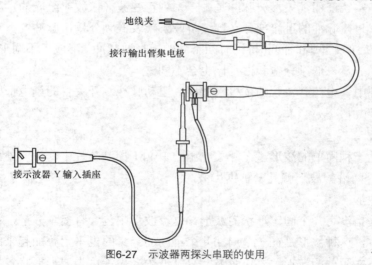

地线夹

接行输出管集电极

接示波器 Y 输入插座

图6-27　示波器两探头串联的使用

6.4.2　用示波器检修开关电源的技巧

1. 认识常见波形

在维修过程中，我们会遇到各种各样的波形，但归纳起来，主要有以下几种。

（1）正弦波

理论分析和实践证明，无论是周期性的还是非周期性的信号，不管是什么样的波形，都是由不同频率、不同幅值、不同相位的正弦波组合而成，所以，正弦波是一切信号的基础。用来描述正弦波的基本参数有频率（周期）、幅值、相位等。

在开关电源中，正弦波主要有市电正弦波（可在开关电源输入电路中测到）、逆变电源的电压输出信号等。

（2）矩形波（方波）

矩形波也称方波，也是一种十分常见的波形。描述矩形波时，仅仅用幅值、周期、相位还不够，还需要用脉冲上升时间、下降时间、持续时间、占空比等参数。

理想的矩形波形如图 6-28（a）所示，实际的矩形波存在着上升时间和下降时间，如图 6-28（b）所示。

电压从低电平瞬间上升至高电平，这个过程叫作上升过程，虽然这个过程时间很短，但总是需要一定的时间，通常把这个时间叫作上升时间，用 t_{on} 表示。电压上升至高电平后，将会维持一定时间，这一时间叫作高电

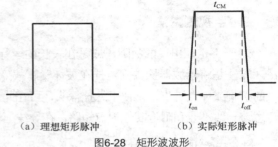

（a）理想矩形脉冲　　　（b）实际矩形脉冲

图6-28　矩形波波形

平持续时间，用 t_{CM} 表示。随后这个高电平突然降低至原来的低电平，这个过程叫作下降过程，下降过程需要的时间叫作下降时间，用 t_{off} 表示。高电平持续时间与矩形波的周期之比称为高电平脉冲占空比。

理论分析和实践证明，矩形波脉冲是由一系列正弦波（谐波）组成的，脉冲的快速变化部分代表高频分量，脉冲的过渡部分（持续阶段）代表低频分量，脉冲的占空比影响电路的输出能量。上升时间、下降时间和持续时间不同的矩形波脉冲，形成了不同形状的脉冲波形，脉冲包含的高频分量、低频分量和占空比也会不同。

在开关电源中，电源开关管的基极（栅极）驱动脉冲、开关管的集电极脉冲等都是矩形波信号。

（3）锯齿波

锯齿波也是一种简单的波形，在开关电源的 PWM 控制芯片中，一般外接有 RC 定时元件，定时电容 C 两端的波形就是一种锯齿波。

（4）复合波形

复合波形是指没有一个固定形状的波形，这类波形中包含有多个分量，不同的信号形状区别很大。其实，这种波形是在一个周期几个不同的分量的电平上叠加起来的波形，这些分量实际上就是那些简单的波形，有正弦波、有脉冲等。由于这类波形形状各异，会给分析波形带来一定的困难。

2. 熟悉和积累关键点波形

（1）熟知图纸标注的波形

有些开关电源电路图上，标明了重要的测试点和正常波形，这些波形是维修开关电源的重要依据。维修人员要熟知和理解这些波形的形状和含义，维修时，只要找到测出的波形与标准波形在频率、幅度、形状上差异，就能据此查到故障所在。

（2）熟知电路中关键测试点的波形

电路图上标注的波形数目是有限的，不可能将所有测试点的波形都绘出，检修时要分析

电路原理，顺着电路分支或信号流程，扩大检测范围。在以耦合信号为主的电路中，信号波形仅有幅度变化。当信号通过积分、微分、限幅等电路处理后，波形会有形状变化。

（3）积累波形资料

遇到从正常开关电源上实测图纸中没有标注的波形，描出波形的图形，标出频率、幅值，注明测取机型、测试点，将其记录下来可作为日后检修的参考资料。

3. 根据波形的故障特征确定故障范围

在有故障的开关电源中，波形的变化是千差万别的，但仍有一些规律可循，主要有以下几种情况。

（1）无波形

这种情况反映信号没有被送到检测点，电路可能开路，开关电源没有起振，也可能是检测点与地之间短路。

（2）波形幅度偏差过大

波形幅度偏差过大，反映电路工作不正常。例如耦合电容值变化或馈送信号支路电阻阻值增大，一般会使波形幅度衰减很多。交流输入电压的变化，也会引起波形幅度变化。

（3）波形形状发生畸变

引起波形畸变的原因常见的有电容、电阻元件值变化等，也有些是由开关管工作失常。

（4）波形中有附带杂波

示波器上的波形不清晰，显示为许多线条的平移叠加或杂乱分布，其中一条波形线较亮，其他的则较暗，通常把这叫作波形"不干净"，杂波波形如图 6-29 所示。造成这种故障的原因是滤波电容失效，某些元器件或电路板漏电等。当然，如果示波器旁边放有功率较大的工作中的变压器或示波器接地不良，也会造成杂波干扰。

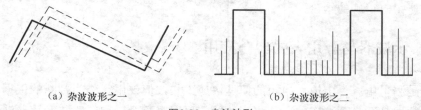

（a）杂波波形之一　　　　　　　　（b）杂波波形之二

图6-29　杂波波形

（5）波形倒转

波形倒转是指测试波形与正常波形相位相反，正向脉冲变成了反向脉冲，或反向脉冲变成了正向脉冲，多由放大器工作失常或门电路工作不正常引起。

（6）波形上叠加有振荡波

波形上叠加有振荡波，这表明电路中存在寄生阻尼振荡，这种情况在开关电源或高压板电路中较为常见。

（7）开关管驱动脉冲上升时间和下降时间过长

开关管驱动脉冲上升时间过长会使开关管在规定的时间内不能由放大状态进入饱和状态，引起开启损耗增大。下降时间过长会使开关管在规定的时间内不能由放大状态进入截止状态，引起关断损耗增大。无论是开启损耗增大还是关断损耗增大，均会屡次损坏开关管。

维修时，如果发现开关管驱动脉冲上升时间和下降时间过长，应重点检查开关管基极有关电路和元器件。

4. 灵活变换示波器扫描速度挡位观察波形

就像使用万用表一样，用示波器维修开关电源时也要注意变换相关旋钮的挡位，才能正确地显示被测波形。

5. 灵活变换示波器的交直流耦合方式观察波形

有一些电路测试点的波形还含有直流分量，这些直流分量可能作为下一级电路的偏置电压，其值正常与否也反映了本电路工作状态是否正常，因此，在测试这类波形时，要想测试到波形的直流分量，须将示波器置于 DC 耦合方式，这样才能同时观察到波形中的交流分量（波形）和直流分量。当然，在大多数情况下，将示波形置于 AC 位置，以方便测试和观察。

6. 在对开关电源的控制操作中观察波形

开关电源中有些测量点的波形，并不是一直存在的，会因开关电源处在不同的工作状态而出现或消失。例如，当开关电源在待机状态下时，大部分电路是不工作的，或者处于弱振状态时，电路无法产生波形。因此，用示波器测量波形时，应在工作状态下进行。

7. 在冷热态波形比较中发现问题

开关电源的故障是形形色色的，有些刚开机时是正常的，工作一段时间后会逐渐不正常或突然不正常，而另一些则正好相反，刚开机时不正常，经过一段时间后会逐渐正常或突然正常。对这种故障现象，单凭某一时刻的波形来作判断是不够的，必须监测冷热态的波形以作比较，才能得出正确的结论。

6.4.3　示波器与万用表的配合使用

万用表是测量电压、电流、电阻的便携快捷工具，但仅用它作为判断的依据往往是不可靠的，有些数据甚至是不真实的，若将示波器与万用表配合使用，既能发挥示波器直观准确的长处，又利用了万用表方便易测的优点，即可较快地查出故障部位。

1. 直流供电电路中示波器与万用表的配合使用

在直流供电电路中，正常情况下示波器显示的是一条水平线，可称作无波形，或者波形的幅度很小。若示波器显示的波形幅度很大，就可以用万用表检测直流电压，看看其值与正常值的区别，如果直流电压值与正常值差别很大，则往往是直流滤波电路有问题或者是该电路以后的负载端某处有局部短路造成过流。这时可用万用表电阻挡检查滤波电容的充放电和漏电情况，与正常元器件比较，如果该元器件正常，再检查负载部分是否过流，具体方法是：找到限流电阻，测量该电阻上的压降，结合该电阻值估算电流，判断负载是否过重或局部电路是否短路。

2. 信号通路中示波器与万用表的配合使用

万用表的直流电压挡都具有一定的灵敏度，一般取万用表最小的直流电流挡的满偏电流的倒数来表示。如 500 型万用表的最小直流电流挡为 50μA，那么其直流电压灵敏度为：

$$直流电压灵敏度 = 1/I = \frac{1}{50 \times 10^{-6} \mu A} = 20k\Omega/V$$

当量程为 10V 时，该挡的总内阻 = 10V × 20kΩ/V = 200kΩ

当量程为 50V 时，该挡的总内阻 = 50V × 20kΩ/V = 1MΩ

当量程为 250V 时，该挡的总内阻 = 250V × 20kΩ/V = 5MΩ

从以上的分析可以看出，万用表在不同直流电压挡，其内阻是不同的，量程越大，内阻越大，对测量结果的影响越小。

在开关电源电路中，存在着很多高内阻电路，当用万用表测量高内阻电路部分的电压时，不但会造成测量不准确，而且可能会影响被测电路的正常工作。例如，测量图 6-30 中 A 点电压时，一般选用直流 10V 挡。当万用表的红表笔接至 A 点时，相当于万用表的内阻和 R2 并联后再和 R1 分压。由于万用表的直流 10V 挡内阻仅为 200kΩ，和图中的 R1、R2 阻值相当，因此，用万用表测量的 A 点电压是不准确的。若选用万用表的直流 50V 或 250V 挡，虽然这两挡内阻较大，但会给用户读数带来困难。而示波器的输入阻抗比起万用表要高得多，可作为高内阻的电压表使用，测量时，使用示波器直流耦合方式，先将示波器输入接地，确定好示波器的零基线，就能方便地测量被测电路的直流电压。

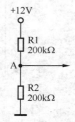

图6-30　有关电路图

以上分析可知，对于开关电源中的大部分关键点的电压，可用万用表进行直接测量，但对于高内阻电路的电压，还需配合示波器进行测量，以便得到正确的测量值。

3. 示波器与万用表配合使用快速查寻故障

在检修开关电源时，一般情况下应先用万用表测量整流滤波后的电压是否正常，若测得的电压正常而开关电源无输出，可借助示波器检查开关电源有关电路的波形，根据有无波形，再用万用表检查相关元器件。

6.4.4　开关电源常见波形的测试

开关电源属于大电流、高电压电路，也是故障率最高的电路，对于诸如无电压输出、输出电压过高等常见故障，可以直接用万用表进行维修，如果在维修时遇到一些疑难故障，如开关管屡次损坏及其他一些软故障等，借助示波器会大大提高检修的速度和质量。用示波器检修开关电源时，主要测试的波形有以下几个。

一是整流滤波以后的波形。测试时，示波器应采用直流耦合输入方式，扫描速度开关置 10ms/div 挡，该直流电压约为 300V（对于有 PFC 电路的开关电源，此电压为 400V 左右），且纹波较小，如图 6-31（a）所示，若纹波较大，则说明滤波不良。

二是电源控制芯片输出的驱动脉冲波形。该波形一般为矩形波，幅度在几伏至十几伏不等，如图 6-31（b）所示。

三是电源开关管的漏极（D）波形。该波形一般为矩形波，相位与电源控制芯片输出的驱动脉冲相反，且波形幅值比较高，为几百伏，如图 6-31（c）所示。测试时应采用 10:1 或 100:1 衰减探头。

另外，对于含有振荡电路的电源控制芯片，还要测量振荡脚是否有锯齿波振荡波形，如电源控制芯片 UC3842 的④脚，其正常状态下应输出锯齿波，如图 6-31（d）所示，若无，说明电源控制芯片未工作。

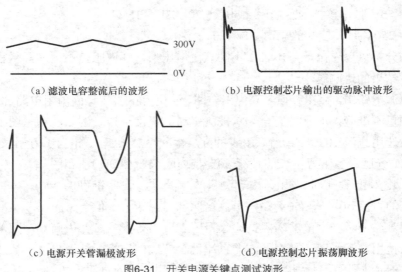

（a）滤波电容整流后的波形　　　　　（b）电源控制芯片输出的驱动脉冲波形

（c）电源开关管漏极波形　　　　　　（d）电源控制芯片振荡脚波形

图6-31　开关电源关键点测试波形

6.4.5　隔离变压器在开关电源维修中的应用

1. 关于开关电源的"热地"和"冷地"

开关电源采用并联式开关电源，其"地"有两个，分别为"热地"和"冷地"。一般而言，热地用"▽"或"⊥"标识，这个地是开关电源初级地，和市电地相连，与"热地"相连的底板也称为"热底板"。冷地一般用"⊥"标识，这个地是开关电源的次级地，和负载相连，与"冷地"相连的底板也称为"冷底板"。关于"热地"和"冷地"的标识符号，不同厂家并不统一，读者在读图时，以实际的电路为准。

"热地"与"冷地"的根本区别在于机器底板零电位参考点与市电电网有没有"直接的电的联系"。有直接联系的地是"热地"，机内的"热地"对大地存在 100 多伏的电压，如果误触了机内的"热地"以及与"热地"相连的元器件，极有可能遭受电击，甚至发生生命危险。相反，"冷地"与市电电网没有"直接的电的联系"，用手触摸"冷地"以及与"冷地"相连的元器件，一般不会触电。

2. 隔离变压器的作用

从以上分析中我们知道，开关电源的初级"热地"是带电的，因此，在用示波器维修开关电源时，为确保人员和仪器的安全，建议采用隔离变压器。

隔离变压器是一个一次绕组与二次绕组匝数比为 1:1 的变压器。实际上为克服变压器自身的损耗（铜损与铁损），须把二次侧的匝数多绕 5%左右，即空载时二次电压较一次电压约高 5%。这可以作为我们区分一次绕组与二次绕组的方法之一。在维修工作中使用隔离变压器，一是为了使二次电压与一次电网电压隔离，实现浮动（悬浮）电位，以保证测试时的人身安全，二是隔离变压器还有防雷击和滤除电源中杂波的功能。

在目前采用的"三相四线制"供电网中，用电器（负载）必有一根线接相线（火线），一根线接地线（严格地说应是中线）。当负载漏电或我们触及带电体的某点时，电流就会通过人体流入地下而发生触电事故，当电流较大时还会有生命危险。若把负载接入隔离变压器的二次侧，虽然电压仍为 220V，但它们与地之间已无相关电位，实现了电位浮动。使用隔离变压器后，我们单独触及负载上任一点均不会发生触电事故。当然若同时触及电位差较大的两点时也会发生触电，但这种情况是很少发生的，这样我们就会比较安全。

3. 采用隔离变压器时，示波器与开关电源的连接

要用示波器来观测开关电源开关变压器一次侧的电压波形时，必须使用隔离变压器进行隔离。其正确连接方法如图 6-32 所示，因为这部分的地线为"热地"，"热地"线上存在很高的电压。若不采用隔离变压器进行隔离，当示波器地线与开关变压器"热地"相连，将会使示波器外壳带电，对维修人员构成很大威胁。如果用示波器测量开关电源次级波形或主板电路波形，由于其地为"冷地"，可以不采用隔离变压器。

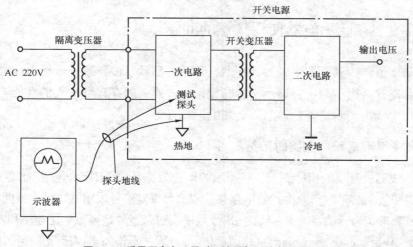

图6-32　采用隔离变压器时示波器与开关电源的连接

|6.5　数字存储示波器和虚拟示波器简介|

6.5.1　数字存储示波器介绍

示波器的种类、型号繁多，前面我们介绍了常用模拟示波器的使用方法，以及其在开关电源维修中的应用，随着电子技术的进步，数字存储示波器的性能得到了迅速的发展，与模拟示波器相比，数字存储示波器可以捕捉瞬态波形，可以存储图像，可以自动测量数值，还具有对波形进行数学分析等一系列功能。目前，数字存储示波器价格较早期下降很多，越来越多的维修人员开始采用数字存储示波器，图 6-33 是北京普源精电 RIGOL 生产的 DS1102C 双通道 100M 数字存储示波器外观实物图。

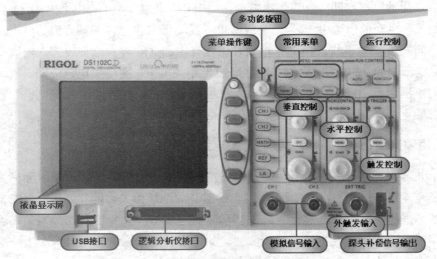

图6-33　DS1102C双通道100M数字存储示波器外观实物图

6.5.2　数字存储示波器使用注意的问题

数字存储示波器因具有波形触发、存储、显示、测量、波形数据分析处理等独特优点，其使用率日益提升。由于数字存储示波器与模拟示波器之间存在着较大的性能差异，如果使用不当，会产生较大的测量误差，从而会影响测试任务。

1. 区分模拟带宽和数字实时带宽

带宽是示波器最重要的指标之一。模拟示波器的带宽是一个固定的值，而数字示波器的带宽有模拟带宽和数字实时带宽两种。数字存储示波器对重复信号采用顺序采样或随机采样技术，所能达到的最高带宽为示波器的数字实时带宽，数字实时带宽与最高数字化速率和波形重建技术因子 K 相关（数字实时带宽=最高数字化速率/K），一般并不作为一项指标直接给出。从两种带宽的定义可以看出，重复周期信号适合测量模拟带宽，而重复信号和单次信号的同时出现则适合测量数字实时带宽。厂家声称示波器的带宽能达到多少兆，实际上指的是模拟带宽，数字实时带宽是要低于这个值的。例如，TEK 公司的 TES520B 的带宽为 500MHz，实际上是指其模拟带宽为 500MHz，而最高数字实时带宽只能达到 400MHz，远低于模拟带宽。所以在测量单次信号时，一定要参考数字存储示波器的数字实时带宽，否则会给测量结果带来意想不到的误差。

2. 有关采样速率

采样速率也称为数字化速率，是指在单位时间内，对模拟输入信号的采样次数，常以

MS/s 表示，采样速率是数字存储示波器的一项重要指标。

（1）如果采样速率过低，容易出现混叠现象

如果示波器的输入信号为一个 100kHz 的正弦信号，示波器显示的信号频率却是 50kHz，这是怎么回事呢？这是因为示波器的采样速率过低，产生了混叠现象。混叠就是指屏幕上显示的波形频率低于信号的实际频率，或者即使示波器上的触发指示灯已经亮了，而显示的波形仍不稳定。那么，对于一个频率未知的波形，如何判断显示的波形是否已经产生混叠呢？可以通过慢慢改变扫速 t/div 到较快的时基挡，看波形的频率参数是否急剧改变，如果是，说明波形混叠已经发生。或者晃动的波形在某个较快的时基挡稳定下来，也说明波形混叠已经发生。采用以下几种方法可以简单地防止混叠发生：

① 调整扫速；

② 采用自动设置（Auto set）；

③ 试着将收集方式切换到包络方式或峰值检测方式，因为包络方式是在多个收集记录中寻找极值，而峰值检测方式则是在单个收集记录中寻找最大值、最小值，这两种方法都能检测到较快的信号变化。

（2）采样速率与 t/div 的关系

每台数字存储示波器的最大采样速率是一个定值，但是，在任意一个扫描时间 t/div，采样速率 f_s 由下式给出：

$$f_s = N/(t/\text{div})$$

N 为每格采样点数，当采样点数 N 为一定值时，f_s 与 t/div 成反比，扫描速度越大，采样速率越低。

综上所述，使用数字示波器时，为了避免混叠现象，扫速挡最好置于扫速较快的位置。如果想要捕捉到瞬息即逝的毛刺，扫速挡则最好置于扫速较慢的位置。

有关数字存储示波器的详细使用方法，请读者参考相关使用手册。

6.5.3　虚拟示波器

随着计算机的普及，在测量领域掀起了一个虚拟仪器的旋风，在美国 NI 公司提出"软件就是仪器"的口号后，各种虚拟仪器应运而生，加之虚拟仪器价格便宜，功能齐全，因此，虚拟仪器很快得到了广大电子爱好者的认可。

图 6-34 所示的是基于 USB 接口的汉泰虚拟示波器。

虚拟示波器通过 USB 接口与 PC 连接，工作在计算机操作系统下，具有丰富的信号分析方法和友好的交互界面，可用来测量各种类型的电信号，如视频信号、音频信号、计算机数字信号、单片机时序等，可以应用于家电维修及各种工业测量场合。

图6-34　汉泰虚拟示波器

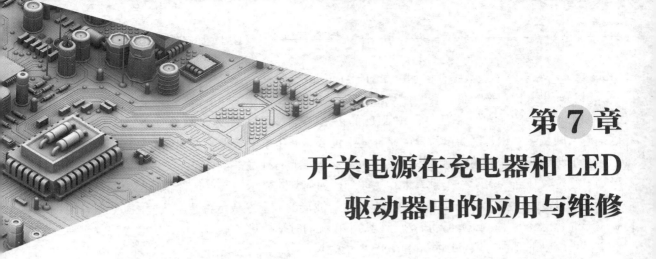

第 **7** 章
开关电源在充电器和 LED 驱动器中的应用与维修

在电动自行车和各种电器中，充电器是最易损坏的部件之一，因为它处于高电压、大电流状态，而大多数电动自行车维修人员对电子产品了解不多，于是他们在检修有故障的充电器时，或是换新，或是委托专业家电维修人员处理。而实际上充电器的大部分故障维修都比较简单，只要对充电器电路有初步的认识和理解，就能快速排除充电器中的常见故障。另外，本章还简要介绍了家用 LED、汽车 LED 等 LED 驱动器的原理及故障维修。

|7.1   电动自行车充电器原理与维修|

7.1.1   充电器的作用

充电器主要的作用是为蓄电池补充电能。其性能的好坏不仅决定了充电时间的长短，还决定了蓄电池的使用寿命。因此，它被认为是电动自行车电气系统的主要部件之一，典型的电动自行车充电器外形如图 7-1 所示。

图7-1   典型的电动自行车充电器外形

7.1.2   充电器的分类

1. 按输出电压分类

充电器按输出电压高低可分为 24V、36V 和 48V 共 3 种。早期生产的电动自行车多采用

24V 或 36V 充电器，而目前生产的电动自行车多采用 48V 充电器。

2. 按构成分类

充电器按构成可分为变压器式、晶闸管式和开关电源式 3 种类型。

（1）变压器式充电器

变压器式充电器存在效率低、体积大、成本高、适应市电输入范围窄、笨重等缺点，但它具有电流大（最大电流可达 30A 以上）、安全可靠等优点，所以大部分货运电动三轮车采用此类充电器。

（2）晶闸管式充电器

晶闸管式充电器具有电流大（最大电流可达到 30A）、成本低、效率高、体积小、重量轻等优点，但部分晶闸管式充电器直接对市电电压整流，导致蓄电池的接线端子因与 220V 市电电压相通而带电，降低了充电期间的安全性能，所以仅部分货运电动三轮车采用此类充电器。

（3）开关电源式充电器

开关电源式充电器存在维修难度大、功率小等缺点，但它具有体积小、重量轻、效率高、适应市电输入范围宽、安全可靠等优点，所以目前的电动自行车几乎采用此类充电器。

3. 按功能分类

充电器按功能可分为普通充电器和脉冲式充电器两类。由于普通充电器具有成本低、调整简单、故障率低等优点。

脉冲式充电器具有成本高、调整困难、故障率高等缺点，但由于它能提高充电接受能力，降低充电时蓄电池的温度，减小蓄电池失水现象，并且还可以消除铅酸蓄电池的硫化现象，延长蓄电池的使用寿命。

7.1.3　充电器的充电模式

电动自行车充电器常用的充电模式一般分二阶段充电模式与三阶段充电模式两种。

1. 二阶段充电模式

二阶段充电模式采用恒电流和恒电压相结合的快速充电方法，首先，充电器以恒定电流充电达到预定的电压值，然后改为恒电压完成剩余的充电。一般两阶段之间的转换电压就是第二阶段的恒电压。

2. 三阶段充电模式

三阶段充电的第一个阶段为恒流充电阶段，第二个阶段为恒压充电阶段，第三个阶段为涓流充电阶段。充电阶段的转换是由充电电流决定的。这个电流叫转换电流，也叫转折电流。对于电动自行车充电器而言，转折电流通常为 300mA 左右。蓄电池初始充电期间因能量消耗过大，充电器先以 1.7A 左右的恒流对蓄电池快速充电；随着蓄电池存储能量的升高（两端电压升高），充电电流减小，充电控制电路控制充电器自动转为恒压充电，继续为蓄电池补充能量，电压上升的幅度较小并且速度放慢，直到电压稳定；当充电电流小于 300mA 后进入涓流充电阶段，以补偿蓄电池的自放电电流，并起到保养蓄电池的作用。

目前，大部分三阶段式充电器在限流和恒压充电阶段其表面上的红色发光管发光，在涓流充电期间绿色发光管发光。

7.1.4　三段式充电器的主要参数

下面以 36V/10Ah 蓄电池所用的三段式充电器为例，说明三段式充电器的主要参数。

1. 涓流充电阶段的参考电压值

在北方涓流充电阶段的参考电压值为 42.5V 左右，在南方要低于 41.5V；胶体蓄电池的涓流充电阶段在北方要低于 41.5V，在南方还要更低一些。这个参数是相当严格的，不能大于或小于该参考值。该值高容易导致蓄电池失水，会引起蓄电池发热变形；该值低不仅导致充电速度慢，而且不利于蓄电池充足电。因此，这个参数极为重要，只有满足这个参数要求才能延长蓄电池的使用寿命。

2. 恒压充电阶段的参考电压值

恒压充电阶段的参考电压值为 44.5V 左右。若此值高，有利于蓄电池快速充足电，但容易造成其失水，充电后期不能使电流降下来，容易导致蓄电池发热变形；若此值低，则蓄电池快速充电的时间短，延长了蓄电池充足电的时间，但有利于向涓流充电阶段转换。因此，这也是一个重要参数，不能偏离过多。

目前，部分充电器的充电恒压值超过正常值很多，这样虽然通过蓄电池过充电的方法提升了蓄电池容量，增加了电动自行车续航里程，但过充电会引起铅酸蓄电池失水、产生硫化等异常现象，导致蓄电池提前报废。因此在检修蓄电池寿命短故障时，必须检查充电器的恒压值是否正常，若不正常，则需要调整到正常值，如 36V 蓄电池组可调到 44V 左右。

3. 转换电流

转换电流的参考值为 300mA 左右，通常该参考值范围是 250～350mA，不能小于 200mA。若此值高，虽有利于延长蓄电池的使用寿命，但增加了充电时间；若此值低，虽有利于充足电并缩短充电时间，但会导致恒压充电时间过长，容易引起蓄电池失水，降低蓄电池的使用寿命。当个别蓄电池出现问题，充电电流不能降为转换电流时，会损坏同组其他蓄电池。

另外，48V 充电器在恒压充电阶段的参考电压值为 59.5V 左右，涓流充电阶段的参考电压值为 56.5V 左右。如果蓄电池的容量大于 10Ah（如 17Ah），则转换电流参考值应适当增大，通常可增大到 500mA 左右。

36V/10Ah 三段式充电器波形如图 7-2（a）所示，48V/20Ah 三段式充电器波形如图 7-2（b）所示。

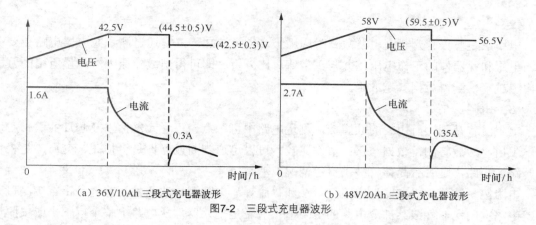

（a）36V/10Ah 三段式充电器波形　　　　（b）48V/20Ah 三段式充电器波形

图7-2　三段式充电器波形

7.1.5　充电器的使用

要按正确的方法给蓄电池充电。充电时，先将充电器输出插头插入蓄电池箱，再将充电器的输入插头插入市电电源插座，充电结束后，要将充电器的插头从市电电源的插座上取下来。一般充电器的红色发光管发光时，表明蓄电池处于大电流的充电状态；绿色发光管发光时，表明蓄电池电量基本充满，进入小电流（涓流）的"浮充"状态，浮充的时间最好能达到 2h 以上，确保蓄电池充足电。

充电时要注意以下几点：（1）在通风良好的环境下进行，以免温度过高给充电器和蓄电池带来危害；（2）充电过程中如果闻到异味或充电器外壳温度过高，应立即停止充电，对充电器进行检修或更换；（3）不要让金属、水等导电物质进入充电器内部，以免充电器内部的电子元器件被短路损坏。

7.1.6　充电器的检测

检测充电器是否损坏可以采用以下几种方式。

1.　指示灯法

为充电器输入市电电压后，若电源指示灯不亮，说明它没有工作。若电源指示灯亮，需进一步在空载状态下用万用表直流电压挡测其输出电压是否正常，如果不正常，说明充电器也不正常。如果空载电压正常，拔下市电插头并接好蓄电池组后再输入市电电压，若发现指示灯发光变暗，说明充电器带载能力差。

2.　万用表测试法

万用表测试法就是利用万用表测量电路中的电压、电流或电阻，通过测量结果来分析故障，这是一种适用范围很广的检查方法。

（1）电流法

电流法一般用来检查电源电路负载电流。测量电源负载电流的目的是区分故障是出在充电器还是负载电路上。

（2）电压法

电压法是检查、判断充电器故障时应用最多的方法之一，它通过测量充电器电路主要端点的电压和元器件的工作电压，并与正常值对比分析，即可得出故障原因。测量所用的万用表内阻越高，测得数据就越准确。

（3）电阻法

电阻法就是利用万用表的欧姆挡，测量电路中可疑点、可疑元器件以及芯片各引脚对地的电阻值，然后将测得数据与正常值作比较，可以迅速判断元器件是否损坏、变质，是否存在开路、短路，是否有晶体管被击穿等情况。

电阻测量法分为"在路"电阻测量法和"脱焊"电阻测量法两种。前者是指直接测量充电器电路中的元器件或某部分电路的电阻值；后者是把元器件从电路上整个拆下来或仅脱焊相关的引脚，使测量数值不受电路的影响。

很明显，用"在路"电阻法测量时，由于被测元器件大部分要受到与其并联的元器件或电路的影响，万用表显示的数值并不是被测元器件的实际阻值，使测量的准确性受到影响。与被测元器件并联的等效阻值越小于被测元器件的自身阻值，测量误差就越大。因此，采用"在路"电阻测量法时，必须充分考虑这种并联电阻对测量结果的影响，然后进行分析和判断。然而要做到这点并不容易，需非常熟悉有关电路及掌握大量经验数据才行，而且即使这样，当并联阻值远小于被测阻值时，仍不能测出准确的阻值，所以"在路"电阻测量法局限性较大，通常仅对检查短路性故障和某些开路性故障较为有效。但对维修经验丰富的人来说，"在路"电阻测量法仍是一种较好的方法。

"脱焊"电阻测量法应用广泛，因为充电器中大部分元器件，如晶体管、电阻、电容、电感及二极管等，均可用测量电阻的方法予以定性检查，最终确定某个元件是否失效往往都用"脱焊"电阻测量法。

3. 代换法

所谓代换法，是指采用同规格功能良好的元器件来替换怀疑有故障的元器件，若替换后，故障现象消除，则表明被替换的元器件已损坏。代换的元器件可以采用新的，也可以从一个能正常工作的充电器上面拆下来进行代换。

7.1.7 以 UC3842 为核心构成的充电器电路

1. 电路的工作过程

这种类型的充电器中，UC3842 为驱动控制芯片，配合 LM358 双运算放大器，可实现三阶段充电方式。以 UC3842 为核心构成的充电器电路如图 7-3 所示。

220V 交流电经 T0 双向滤波抑制干扰，桥式整流块 VD1 整流为脉动直流，再经 C11 滤波形成稳定的 300V 左右的直流电。U1 为 UC3842 脉宽调制集成电路。其⑤脚为电源负极；⑦脚为电源正极；⑥脚为脉冲输出，直接驱动场效应管 VT1（K1358）；③脚为电流限制端，调整 R25（2.5Ω）的阻值可以调整充电器的最大电流；②脚为电压反馈，调整 W2 的大小，可以调节充电器输出电压的大小；④脚外接振荡电阻 R1 和振荡电容 C1。T1 为高频脉冲变压器，其作用有 3 个：第一是把高压脉冲降压为低压脉冲；第二是起到隔离高压的作用，以防触电；第三是为 UC3842 提供工作电源。VD4 为高频整流管（16A/60V），C10 为低压滤波电容，VD5 为 12V 稳压二极管，U3（TL431）为精密基准电压源，配合 U2（光耦合器 4N35）起到自动调节充电器电压的作用。VD10 是电源指示灯。VD6 为充电指示灯。R27 是电流取样电阻（0.1Ω，5W），改变 W1 的阻值可以调整充电器转浮充的拐点电流（200～300 mA）。

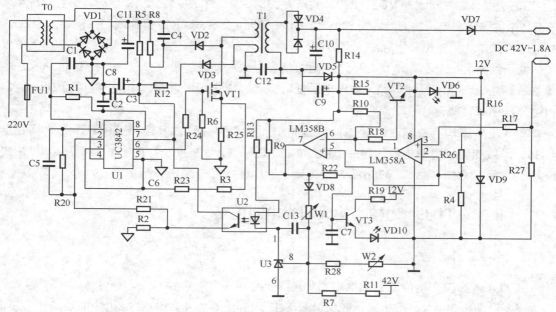

图7-3　以UC3842为核心构成的充电器电路

通电开始时，C11 上有 300V 左右电压，一路经 T1 加载到 VT1。第二路经 R5 加到 U1 的⑦脚，使 U1 启动工作。U1 的⑥脚输出方波脉冲，VT1 工作，电流经 R25 到地。同时 T1 副绕组线圈产生感应电压，经 VD3、R12 给 U1 提供可靠电源。T1 输出线圈的电压经 VD4、C10 整流滤波得到稳定的电压。此电压一路经 VD7（VD7 起到防止电池的电流倒灌给充电器的作用）给电池充电；第二路经 R14、VD5、C9，为 LM358（双运算放大器，①脚为电源地，⑧脚为电源正极）及其外围电路提供 12V 工作电源。VD9 为 LM358 提供基准电压，经 R26、R4 分压达到 LM358 的②脚和⑤脚。正常充电时，R27 上端有 0.15～0.18V 电压，此电压经 R17 加到 LM358③脚，从①脚送出高电压。然后此高电压一路经 R18，强迫 VT2 导通，VD6（红灯）点亮，第二路注入 LM358 的⑥脚，⑦脚输出低电压，迫使 VT3 关断，VD10（绿灯）熄灭，充电器进入恒流充电阶段。当电池电压上升到 44.2V 左右时，充电器进入恒压充电阶段，输出电压维持在 44.2V 左右，在恒压充电阶段，电流逐渐减小。当充电电流减小到 200～300mA 时，R27 上端的电压下降，LM358 的③脚电压低于②脚，①脚输出低电压，VT2 关断，VD6 熄灭。同时，⑦脚输出高电压。此电压一路使 VT3 导通，VD10 点亮；另一路经 VD8、W1 到达反馈电路，使电压降低。充电器进入涓流充电阶段。1～2h 后充电结束。

2. 常见故障检修

充电器常见的故障有 3 大类。一是高压故障，二是低压故障，三是高压、低压均有故障。

高压故障的主要现象是指示灯不亮，其特征有保险丝熔断、整流二极管 VD1 击穿、电容 C11 鼓包或炸裂、VT1 击穿、R25 开路、U1 的⑦脚对地短路、R5 开路、U1 无启动电压。出现以上现象时，更换相应元器件即可修复。若 U1 的⑦脚有 11V 以上的电压，⑧脚有 5V 电压，说明 U1 基本正常。应重点检测 VT1 和 T1 的引脚是否有虚焊。若连续击穿 VT1，且 VT1 不发烫，一般是 VD2、C4 失效。高压故障的其他现象有指示灯闪烁，输出电压偏低且不稳定，一般是 T1 的引脚有虚焊，或者 VD3、R12 开路，UC3842 及其外围电路无工作电源。另有一种罕见的高压故障是输出电压偏高，达到 120V 以上，一般是 U2 失效、R13 开路或 U3 击穿使 U1 的②脚电压拉低，⑥脚送出超宽脉冲。此时充电器不能长时间通电，否则将严重烧毁低压电路。

低压故障大部分是充电器与电池正负极接反导致的，会造成 R27 烧断，LM358 击穿。其现象是红灯一直亮，绿灯不亮，输出电压低，或者输出电压接近零，出现以上现象时，更换相应元器件即可修复。

高低压电路均有故障时，通电前应首先全面检测所有的二极管、三极管、光电耦合器 4N35、场效应管、电解电容、集成电路、R25、R5、R12、R27，尤其是 VD4（16A60V，快恢复二极管）、C10（63V，470μF），避免盲目通电使故障范围进一步扩大。

7.1.8　以 TL494 为核心构成的充电器电路

1. 电路工作过程

以 TL494 为核心构成的充电器电路如图 7-4 所示。

按下启动按键 AN，市电电压经保险管 FU1 送到由 C1、L1 和 C2 等组成的线路滤波器，滤除市电电网中的高频干扰脉冲，再通过 VD1～VD4 组成的整流堆桥式整流，由 C3 滤波，在 C3 两端建立 300V 左右的直流电压。

300V 电压不仅加到 VT1 的 c 极，而且通过启动电阻 R2 和限流电阻 R3 限流后加到 VT1 的 b 极，为 VT1 的 be 结提供启动电流使它导通。随后 VT1 和 VT2 工作在自激振荡状态。VT1 和 VT2 工作在自激振荡状态后，T1 的次级绕组输出的脉冲电压经 VD9 和 VD10 全波整流，经 C9 滤波产生 24V 直流电压。

C9 两端的 24V 电压不仅通过 R19 为驱动电路供电，而且加到电源控制芯片 IC1（TL494）的供电端⑫脚。IC1 的⑫脚获得供电后，它内部的基准电源形成 5V 电压，该电压不仅从⑭脚输出，而且为 IC1 内部的振荡器、触发器、比较器、误差放大器等电路供电。振荡器获得供电后，与 IC1 的⑤脚、⑥脚外接的定时元件 C14、R26 通过振荡产生锯齿波脉冲电压。该锯齿波脉冲作为触发信号控制 PWM 比较器产生矩形激励脉冲，再经 RS 触发器产生两个极性相反、对称的激励信号，通过驱动电路放大后从 IC1 的⑧脚和⑪脚输出。从 IC1 的⑧脚和⑪脚输出的激励脉冲通过 VT4 和 VT3 放大后，再经 T2 耦合，驱动开关管 VT1 和 VT2 交替导通，从而使开关管进入他激式工作状态。开关电源进入稳定的他激式工作状态后，T2 次级绕组输出的脉冲电压经整流滤波后为它的负载供电，其中，4—5 和 4—6 绕组输出的脉冲电压通过 VD10 和 VD9 全波整流，在 C9 两端产生稳定的 24V 的直流电压。该电压第一路为 TL494 供电；第二路为自动断电控制电路供电；第三路为继电器 K 供电；第四路通过 R12 使电源指示

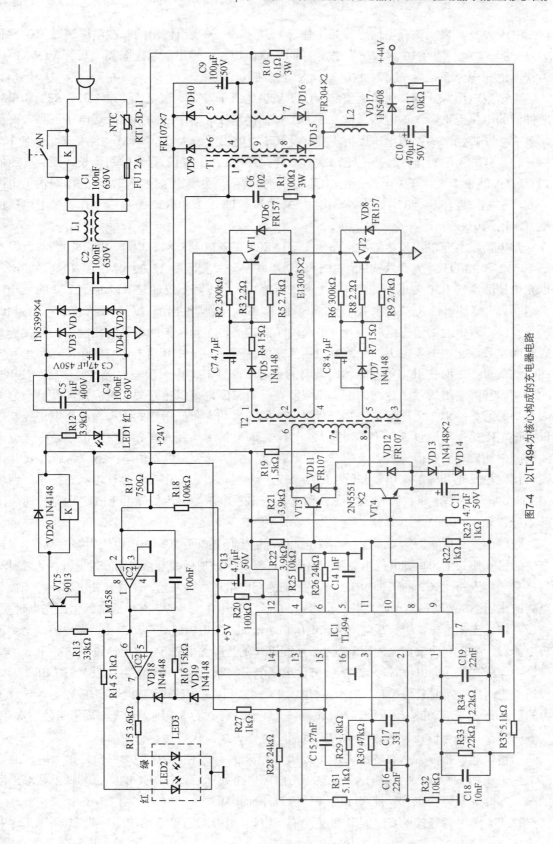

图7-4 以TL494为核心构成的充电器电路

灯 LED1 发光，表明该充电器已开始工作。9—7 和 9—8 绕组输出的脉冲电压通过 VD15 和 VD16 全波整流，在 C10 两端产生稳定的 44V 直流电压，该电压通过隔离二极管 VD17 不仅为蓄电池充电，而且为 TL494 的误差放大器提供取样电压。

当市电电压降低或负载较重引起 VD17 负极电压下降时，该电压通过 R35、R33 和 R34 取样后的电压也下降，该电压通过 IC1 的①脚使误差放大器 1 的同相输入端电压下降，而反相输入端②脚输入的参考电压保持不变，经 IC1 内的误差放大器、PWM 电路处理后，使 IC1 的⑧脚、⑪脚输出的激励脉冲占空比增大，开关管 VT1 和 VT2 导通时间延长，开关变压器 T1 存储的能量增大，开关电源输出电压升高到正常值，实现稳压控制。若开关电源输出电压升高，控制过程相反。IC1 的⑭脚输出的 5V 电压通过 R31 和 R32 分压后，作为参考电压加到 IC1 的②脚。

充电器设有充电、显示控制电路，主要由 IC1/IC2（LM358）、取样电阻 R10、双色发光管 LED2 和 LED3 等元器件构成。由于 R10 串联在开关变压器 T1 的次级绕组和地之间，所以充电期间会在 R10 两端产生下正、上负的压降。这个压降不仅通过 R17 加到 IC2 的反相输入端②脚，而且通过 R27 加到 IC1 的⑮脚，同时 IC1 的⑭脚输出的 5V 电压经 R28 也加到 ICl 的⑮脚。当蓄电池需要充电时，开关电源的负载较大，在稳压控制电路的控制下，开关管导通时间较长，充电电流较大，为蓄电池快速充电。同时，在 R10 两端建立的压降（负压）较高。该负压一方面使 IC1 的⑮脚输入微弱的负电压，经 IC1 内部误差放大器处理后，使 IC1 的⑧脚和⑪脚输出的激励脉冲的占空比限制在一定范围内，以免开关管过流损坏；另一方面因 IC2 的③脚接地，电压恒定为零，所以 IC2 的②脚输入负压后它的①脚输出高电平控制电压。该电压第一路通过 R13 使 VT5 导通，继电器 K 的驱动线圈有导通电流流过，于是驱动线圈产生的磁场使它内部的触点吸合，取代按键开关 AN 为充电器供电；第二路通过 R14 限流，使双色发光管内的红色发光管 LED2 发光，表明充电器工作在恒流充电状态；第三路使 IC2 的⑥脚输入高电平，致使 IC2 的⑦脚输出低电平电压，绿色发光管 LED3 因无导通电压而不能发光。

随着恒流充电状态的不断进行，蓄电池两端的电压逐渐升高，充电电流大幅度减小，R10 产生的压降使 IC1 的⑮脚电位由负压升高到零，经 IC1 处理后，不再影响激励脉冲的占空比，但仍有一定压降使 IC2 的①脚输出高电平，红色充电指示灯仍发光，此时开关电源在稳压控制电路的作用下，使输出电压升高并保持稳定，C15 两端电压为 44V，充电器进入恒压充电阶段。

在恒压充电阶段，随着蓄电池所充电压不断增加，充电电流进一步减小。当电流减小到转折电流后，在 R10 两端产生的压降减小，于是 IC1 的⑭脚输出的 5V 电压通过 R18 使 IC2 的②脚输入电压高于③脚电位时，IC2 的①脚输出低电平控制电压，不仅使红色发光管 LED2 因无导通电压而熄灭，而且使 VT5 截止，继电器 K 的线圈因无导通电流而不能形成磁场，导致 K 内的触点释放，切断市电输入回路，充电器停止工作，避免了蓄电池因过充电而影响使用寿命。

另外，该充电器还设有过流保护、软启动电路、欠压保护等电路。

当蓄电池或整流管 VD15、VD16、C10 等元器件异常使 R10 两端的负压过大时，通过 R27 使 IC1 的⑮脚输入的负压过大，被 ICl 内部电路处理后，使 IC1 的⑧、⑪脚不能输出激励脉冲，开关管停止工作，避免了开关管因过流而损坏。

TL494 的④脚外接的 C13 是软启动控制电容。开机瞬间因 C13 两端电压为零，所以 TL494

的⑭脚输出的 5V 基准电压通过 C13 和 R25 构成充电回路，在 R25 两端建立一个由高到低的电压。该电压通过 TL494 的④脚输入，通过比较器处理后使⑧脚和⑪脚输出的激励脉冲占空比由小逐渐增大到正常，避免了开关管在开机瞬间过激励而损坏，实现软启动控制。

TL494 供电端⑫脚为电源供电端，当输入的电压低于 7V 时，它内部的欠压保护电路动作，使 TL494 停止工作，实现了欠压保护。

2. 常见故障检修

（1）充电器不工作

充电器不工作，是指充电器无任何反应，主要检查市电输入电路、IC1 供电电路、开关管、开关变压器、保护电路等是否正常，检修中发现，开关管 VT3、VT4 击穿损坏较为常见。

（2）充电器输出电压低

检修时，首先充电器处于空载状态，检查充电电压是否正常。若正常，说明蓄电池有故障；若不正常，检查 TL494 及其外围元器件是否正常，另外，开关变压器 T1 负载元件漏电、接触不良也会引起充电器输出电压低的故障。检修时，若发现有不正常，则更换相应元器件。

7.1.9　电动自行车充电器维修实例

（1）故障现象：一款由 UC3842 组成的充电器，不能充电，且指示灯不亮。

分析与检修：通过故障现象分析，说明充电器没有市电电压输入或充电器未工作。经检查，发现保险管 FU1 熔断，说明有过流现象。将万用表置于二极管挡，在路测市电输入电路正常，检测开关管 VT1 时，发现其已击穿，接着检查，发现 R6、R25 开路，更换 FU1、VT1、R6、R25 后，再测充电器输出电压正常，说明充电器故障排除。

（2）故障现象：一款由 UC3842 组成的充电器，不能充电，指示灯不亮。

分析与检修：检查保险管 FU1 熔断且变色，判断开关电源有过流现象。将数字万用表置于二极管挡，在路测整流堆 VD1 正常，测滤波电容 C11 两端阻值也正常，测开关管 VT1 时，发现它的 3 个引脚之间的阻值几乎为零，说明 VT1 击穿短路，检查其他元件未见异常，通过试机，充电器仍不工作，怀疑 U1 也已损坏。更换 U1 后，充电器输出电压正常，故障排除。

（3）故障现象：一款由 UC3842 组成的充电器，不能充电，且指示灯不亮。

分析与检修：检查保险管 FU1 熔断且变色，说明开关电源有过流现象，在路检测时，开关管 VT1 击穿短路，接着检查发现限流电阻 R6、R25 开路。检查尖峰脉冲吸收回路元件正常。更换损坏的故障元器件，为充电器供电后，检查 C10 两端电压若高于正常值，说明稳压控制电路异常。检查稳压控制电路时，发现可调电阻 W2 接触不良，更换并调整后，故障排除。

（4）故障现象：一款由 TL494 组成的充电器，不能充电，且指示灯不亮。

分析与检修：经查保险管 FU1 熔断，怀疑整流滤波电路有元器件或开关管击穿。将万用表置于二极管挡，在路测市电变换电路的整流管和滤波电容正常，而在路测开关管 VT1、VT2 时，发现它们击穿。由于开关管击穿多因过压、过流或功耗大，所以应检查稳压控制电路、尖峰脉冲吸收回路、开关管激励电路。

检查尖峰脉冲吸收回路的元器件正常，并且开关电源次级部分的滤波电容正常，怀疑开关管击穿是由功耗大引起的。由于该电源采用的是他激式开关电源，所以电源控制芯片 TL494 在得到供电后就可为开关管提供驱动脉冲，于是将直流稳压电源输出的 12～15V 直流电压加到 TL494 的⑫脚和⑦脚上，为它内部的基准电压发生器供电，使它产生的 5V 电压不仅从⑭脚输出，而且为它内部的振荡器、锯齿波脉冲发生器等电路供电，它们获得供电后就会产生一个正、负对称的开关管激励脉冲，再经驱动电路放大，从⑧脚和⑪脚输出。用示波器测⑧脚、⑪脚输出的脉冲不但不对称，而且不是矩形脉冲，说明 TL494 或其振荡电路异常，检查振荡器外接 RC 定时元件正常，怀疑 TL494 异常。更换 TL494 后，测它的⑧脚和⑪脚输出的矩形脉冲恢复正常，更换开关管、保险管和保险电阻后，故障排除。

（5）故障现象：一款由 UC3842 组成的充电器，有高频叫声，并且指示灯发光暗。

分析与检修：通过故障现象分析，说明开关电源工作在自激式振荡状态，未进入他激工作方式。首先测交流输入电路正常，用万用表测电压时，发现开关管 VT1 的 b 极无电压，怀疑它的启动电路异常，检查发现上拉电阻 R22 开路，更换后，开关电源输出电压正常，故障排除。

由于 R22 开路，开关管 VT1 不能工作，VT1、VT2 工作不平衡，输出电压较低，不能满足 TL494 工作的需要，导致开关电源不能进入他激工作方式，从而产生该故障。另外，R21 开路使开关管 VT2 不工作，也会产生该故障。

|7.2　小型充电器开关电源原理与维修|

小型充电器广泛应用在人们的日常生活中，下面以某小型充电器为例，分析其电路工作原理与维修，某开关电源电路如图 7-5 所示。

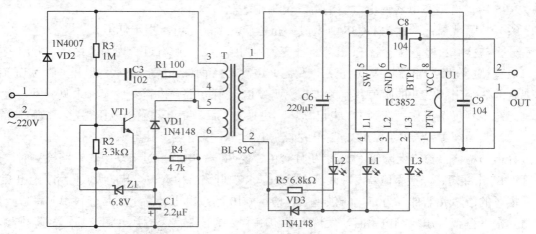

图7-5　某小型充电器开关电源电路

7.2.1　小型充电器电路分析

1. 自激振荡电路

该电路主要由开关三极管 VT1 及开关变压器 T 等组成。接通电源后，交流 220V 经二极管 VD2 半波整流，形成 100V 左右的直流电压。该电压经开关变压器 T 的 T3-4 一次绕组加到了三极管 VT1 的集电极，同时该电压经启动电阻 R3，为 VT1 的基极提供一个正向偏置电压，使 VT1 导通。此时，三极管 VT1 和开关变压器 T1 组成的间歇振荡电路开始工作，开关变压器 T3-4 绕组中有电流通过。由于正反馈作用，在变压器 T5-6 绕组感应的电压通过反馈电阻 R1 和电容 C3 加到 VT1 的基极，使三极管 VT1 的基极导通电流加大，迅速进入饱和区。随着电容 C3 两端电压不断升高，VT1 的基极电压逐渐降低，使三极管 VT1 逐渐退出饱和区，其集电极电流开始减少，在开关变压器 T5-6 绕组感应负反馈电压，使 VT1 迅速截止，完成一个振荡周期。在 VT1 进入截止期间，开关变压器 T1-2 绕组就感应出交流电压，作为后级的充电电压。

2．充电电路

该电路主要由一块软塑封集成块 IC3852 和外围电路等组成。从开关变压器 T1-2 绕组感应出的约 5.5V 的交流电压，经二极管 VD3 整流、电容 C6 滤波后，输出一个直流 8.5V 左右电压（空载时），加到 IC 3852 的 8 脚，为其提供工作电源，1 脚和 7 脚接充电电池。集成电路 IC3582 具有自动识别电池正负极功能。它采用恒流限压方式充电，一般充电两个小时左右即可到达 4.1V 恒压，对电池性能和寿命起到一定的保护作用。IC 3852 的 2 脚、3 脚、4 脚接指示灯。

3．保护电路

电路中，Z1 起过压保护作用，当输出电压升高时，开关变压器 T5～6 绕组上的感应电动势就要升高，C1 两端充电电压升高，当 C1 两端电压超过 Z1 稳压值时，Z1 击穿导通，三极管 VT1 基极电位拉低，使其导通时间缩短而截止时间延长，经变压器耦合后，使输出电压降低。

7.2.2　小型充电器故障维修实例

例 1　故障现象：接上待充电池及电源后，无电压输出，不能给电池充电。

分析与检修：这种故障多是充电器开关振荡电路没有工作所致。在实际检修过程中，开关管 VT1 和电阻 R3 损坏最多。一般情况下，充电电路由于工作电压较低，其元器件损坏的概率不是很大。

例 2　故障现象：接上待充电池及电源后，充不进电或充电时间长。

分析与检修：这种故障多是集电电路 IC3852 损坏，用换上正常 IC 后，即可排除故障。如果更换 IC 后仍然不正常，再用万用表测电容 C6 两端电压，正常在直流 8.5V 左右。若电压正常，可逐个检查 IC 外围元器件。

|7.3　LED 驱动器原理与维修|

LED 驱动器是指可以让 LED 正常发光的一个电子器件，驱动器内部电路称为 LED 驱动器电路或 LED 驱动电路，下面主要介绍常用 LED、汽车 LED 和射灯 LED 驱动电路的原理与维修。

7.3.1 LED 基本知识

1. 什么是 LED

所谓 LED，就是发光二极管，发光二极管是一种可以将电能转化为光能的电子器件，具有二极管的特性。LED 的基本结构为一个电致发光的半导体模块，封装在环氧树脂中，针脚作为正负电极并起到支撑作用。

在 LED 的两端加上正向电压，电流从 LED 阳极流向阴极时，半导体晶体就发出从波长从紫外到红外的光线。调节电流，便可以调节光的强度。

LED 体积极小，并且很脆弱，不方便直接使用。于是设计者就为它添加了一个保护外壳，将 LED 封存在外壳内，这样就构成了易于使用的灯珠。将许多 LED 拼连在一起后，就可以构成各种各样的 LED，如图 7-6 所示。

图7-6 某种LED

2. LED 主要性能指标

LED 主要性能指标如下。

（1）LED 的颜色

LED 的颜色是很重要的一项指标，目前 LED 的颜色主要有红色、绿色、蓝色、青色、黄色、白色、暖白、琥珀色等，颜色不同，相关的参数会有很大的变化。

（2）LED 的电流

LED 的正向极限（I_F）电流多在 20mA，LED 的发光强度仅在一定范围内与 I_F 成正比，当 I_F>20mA 时，亮度的增强已经无法用肉眼分辨出来，因此 LED 的工作电流一般选在 17～19mA 比较合理，当然，这些主要是针对普通小功率（0.04～0.08W）的 LED，一些大功率 LED 的电流会较大，如 0.5W 的 LED，其 I_F=150mA；1W 的 LED，其 I_F=350mA；3W 的 LED，其 I_F=750mA，还有其他更多的规格。

（3）LED 的正向电压

LED 的正向电压是指 LED 正向导通时加在其两端的电压（V_F），LED 正向电压与 LED 发光颜色有关，如红、黄、绿 LED 的正向电压是 1.8～2.4V；白、蓝、绿 LED 的正向电压为 3.0～3.6V，另外，即使同一批的 LED，其电压也会有一些差异，在外界温度升高时，V_F 将下降。

（4）LED 的最大反向电压

LED 反向工作的电压（LED 负极电压比正极电压高），不应超过其最大反向电压，超过此值，LED 可能被击穿损坏。

（5）发光强度

光源在给定方向的单位立体角中发射的光通量定义为光源在该方向的发光强度，单位是坎德拉，即 cd。发光强度是针对点光源而言的，适用于发光体的大小与照射距离相比比较小的场合。可以说，发光强度就是描述光源到底有多亮。

（6）光通量

光通量描述人眼视觉系统所感受到的光辐射功率大小的一个量度，单位为流明，即 1m。

与力学的单位比较，光通量相当于压力，而发光强度相当于压强。要想被照射点看起来更亮，我们不仅要提高光通量，而且要增强光源的汇聚，实际上就是减少发光面积，这样才能得到更大的发光强度。

（7）LED 的使用寿命

LED 使用寿命一般在 50 000 小时以上，LED 会随着时间的流逝而逐渐退化，有预测表明，高质量 LED 在经过 50 000 小时的持续运作后，还能维持初始灯光亮度的 60% 以上。假定 LED 已达到其额定的使用寿命，实际上它可能还在发光，只不过光强非常微弱。要想延长 LED 的使用寿命，就有必要降低或完全驱散 LED 芯片产生的热能。

（8）LED 发光角度

LED 发光角度也就是其光线散射角度，主要通过二极管生产时加散射剂来控制，LED 根据发光角度不同，有三大类。

一是高指向性 LED，一般为尖头环氧封装，或是带金属反射腔封装，且不加散射剂。发光角度 5°～20° 或更小，具有很高的指向性，可作局部照明光源用，或与光检测器一起使用以组成自动检测系统。

二是标准型 LED，通常作指示灯用，其发光角度为 20°～45°。

三是散射型 LED，这是视角较大的指示灯，发光角度为 45°～90° 或更大，其生产时添加散射剂的量较大。

3. LED 的分类

（1）根据发光管发光颜色分类

根据发光管发光颜色的不同，LED 可分成红光 LED、橙光 LED、绿光（又细分黄绿、标准绿和纯绿）LED、蓝光 LED 等。另外，有的发光二极管中包含 2 种或 3 种颜色的芯片。根据发光二极管出光处掺杂或不掺杂散射剂、有色还是无色，上述各种颜色的发光二极管还可分成有色透明、无色透明、有色散射和无色散射 4 种类型。

（2）根据发光管出光面特征分类

根据发光管出光面特征的不同，LED 可分为圆形灯、方形灯、矩形管、面发光管、侧向管、表面安装用微型管等。其中圆形灯按直径又分为 $\phi 2mm$、$\phi 4.4mm$、$\phi 5mm$、$\phi 8mm$、$\phi 10mm$ 及 $\phi 20mm$ 等。

（3）根据发光二极管的结构分类

根据发光二极管的结构的不同，LED 可分为全环氧包封 LED、金属底座环氧封装 LED、陶瓷底座环氧封装 LED 及玻璃封装 LED 等。

（4）根据发光强度分类

根据发光强度和工作电流的不同，LED 可分为普通亮度 LED（发光强度<10mcd）、高亮度 LED（10～100mcd）和超高亮度 LED（发光强度>100mcd）。

（5）按功率分类

按功率大小不同，分为小功率 LED（0.04～0.08W）、中功率 LED（0.1～0.5W）、大功率 LED（1～500W）。随着技术的不断发展，LED 的功率越来越大。

4. LED 应用范围

LED 的应用很广，下面简要进行说明。

（1）汽车部分：汽车内装使用（包括仪表板、音箱等指示灯）及汽车外部（第三刹车灯、左右尾灯、方向灯等）。

（2）背光源部分：LED 背光在手机、数码相机、MP4 等小尺寸液晶面板背光市场中，已经获得了广泛的应用。

（3）电子设备与照明：LED 以其功耗低、体积小、寿命长的特点，已成为各种电子设备指示灯的首选，目前几乎所有的电子设备都有 LED 的身影。

（4）特殊工作照明和军事运用：由于 LED 光源具有抗震性、耐候性、密封性好，以及热辐射低、体积小、便于携带等特点，可广泛应用于防爆、野外作业、矿山、军事行动等特殊工作场所或恶劣工作环境之中。

5. LED 使用注意事项

LED 有着独特的优势，但 LED 是一种脆弱性的半导产品，所以我们在用 LED 产品的时候要格外小心。

（1）应使用直流电源供电

有些生产厂家为了降低产品成本采用"阻容降压"方式给 LED 产品供电，这样会直接影响 LED 产品的寿命。采用专用开关电源（最好是恒流源）给 LED 产品供电就不会影响产品的使用寿命，但产品成本相对较高。

（2）需做好防静电措施

LED 产品在加工生产的过程中要采用一定的防静电措施，如工作台要接地，带防静电环，以及带防静电手套等。

（3）LED 的温度

要注意温度的升高会使 LED 内阻变小，当外界环境温度升高后，LED 光源内阻会减小，若使用稳压电源供电会造成 LED 工作电流升高，当超过其额定工作电流后，会影响 LED 产品的使用寿命，严重的将使 LED 光源"烧坏"，因此最好选用恒流源供电，以保证 LED 的工作电流不受外界温度的影响。

（4）LED 产品的密封

不管是什么 LED 产品，只要应用于室外，都有防水、防潮的需求，如果处理不好就会直接影响 LED 产品的使用寿命。

（5）LED 的电流

LED 的电流不能超过 LED 的最大工作电流，处于过流的工作状态会使 LED 寿命很快下降，如果超出过多，LED 就会马上烧坏。

7.3.2　LED 驱动方式

LED 驱动简单地讲就是给 LED 提供正常工作条件（包括电压、电流等条件）的一种电路，也是 LED 能工作必不可少的条件，好的驱动电路还能随时保护 LED。LED 驱动方式通常有以下 3 种。

1.　电阻限流驱动

电阻限流驱动就是在 LED 的回路中串接电阻，通过调节电阻的阻值改变 LED 的驱动电流。电阻的阻值计算公式为：

$$R =（电源电压 – LED 电压）/ 要设定的 LED 电流$$

2.　恒流驱动

顾名思义，恒流驱动就是保持 LED 的电流一直不变，让 LED 在恒定电流的条件下工作，要想提高 LED 的发光的效率和稳定度，减少 LED 的光衰度，恒流驱动是最好的选择，大功率 LED 都是采用恒流驱动方式。

3.　恒压驱动

恒压驱动就是保持 LED 两端的电压不变，因为每一种颜色的 LED 的电压都不一样，所以很少用恒压的方式来驱动 LED，大家有一定的了解就行。本书不再进行详细的解说。

7.3.3　普通 LED 驱动电路分析

普通 LED 应用广泛，外形结构多式多样，其驱动电路一般封闭在一起，如图 7-7 所示，拆开封装盒，会发现一个小的驱动电路板，如图 7-8 所示。

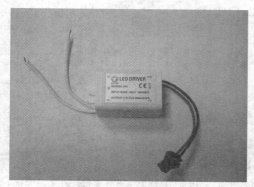

图7-7　LED驱动电路板外形

图7-8　LED驱动电路板

一般家用 LED 珠有两串，白色的灯珠对应的是冷色光，黄色的对应的是暖色光。通过开关，可以控制包括冷色、暖色和冷暖色灯珠同时亮的光。

LED 驱动电路一般由恒流控制芯片和相关外围元件组成，图 7-9 是一种常见的 LED 驱动电路原理图。

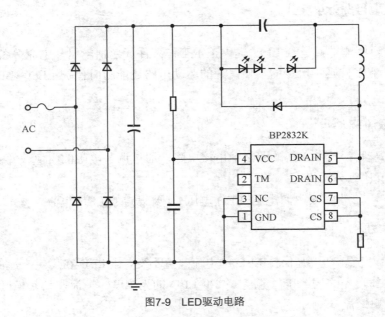

图7-9　LED驱动电路

电路中，BP2832K 是一款高精度降压型 LED 恒流驱动芯片，工作在电感电流临界连续模式，支持 85～265Vac 输入电压。

BP2832K 芯片内部集成 500V 功率开关，采用专门的驱动和电流检测方式，芯片的工作电流极低，无须辅助绕组检测和供电，只需要很少的外围元件，即可实现优异的恒流特性，极大地节约了系统成本和体积。

BP2832K 内部电路如图 7-10 所示。芯片内带有高精度的电流采样电路，同时采用了恒流控制技术，实现高精度的 LED 恒流输出和优异的线电压调整率。芯片工作在电感电流临界模式，输出电流不随电感量和 LED 工作电压的变化而变化，实现优异的负载调整率。BP2832A 具有多重保护功能，包括 LED 开路/短路保护、CS 电阻短路保护、欠压保护、芯片温度过热调节等。

BP2832K 芯片引脚功能如下。

①脚 GND：芯片地。

②脚 TM：测试脚，可悬空或接芯片地。

③脚 NC：无连接，建议连接到芯片地。

④脚 VCC：芯片电源。

⑤、⑥脚 DRAIN：内部高压功率管漏极。

⑦、⑧脚 CS：电流采样端，采样电阻接在 CS 和 GND 端之间。

输入的 220V 交流电压，经整流滤波和启动电阻后，加到 BP2832K 的 4 脚 VCC。当启动电阻对启动电容充电，达到启动电压 14V 后，芯片开始工作，内部场效应功率管 MOSFET 开启，外围电感开始充电，流过的电流驱动 LED 工作。

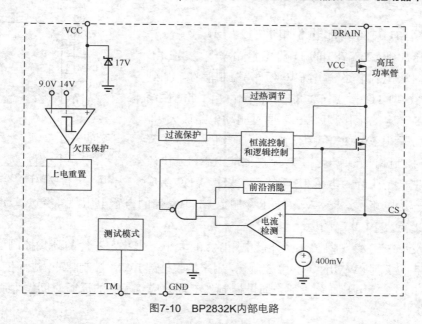

图7-10　BP2832K内部电路

芯片 CS 脚为电流采样端，当电压达到 400mV 时，流过的电流增大，内部功率管 MOSFET 关断。

芯片 VCC 脚内部有一个钳位电压 17V，正常工作时 VCC 电压被钳位。

芯片内部设有 9V 欠压保护电路，当低于 9V 电压时，芯片停止工作。

7.3.4　汽车 LED 驱动电路分析

汽车灯作为夜间行车的照明灯具，可谓是不可缺少的。随着 LED 的发展，越来越多的汽车厂商将 LED 车灯作为汽车灯的首选。

图 7-11 是一种常用的 LED 前照灯驱动主电路电路图，主要是由控制芯片 LTC3783，MOSFET 管 M1、M2，电感 L1 续流二极管 VD9，检测电阻 R9，滤波电容 C4 及大功率 LED 串组成的升压型电感式电流控制模式驱动电路。

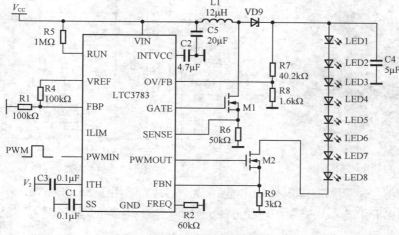

图7-11　LED前照灯驱动主电路

控制芯片 LTC3783 内部电路如图 7-12 所示。

电源电压加到 LTC3783 的 11 脚供电端 VIN。当 LED 需要点亮时，从控制电路输出高电平开关控制信号，加到 LTC3783 的 16 脚 RUN，LTC3783 开始工作，内部的振荡器以 13 脚 SS 设定的工作频率振荡，通过驱动电路放大后，从 9 脚 GATE 输出 PWM 开关驱动信号，送到驱动开关管 M1 的栅极，控制 M1 的通断，引起流过储能电感 L1 电流的变化，产生一个压降。电感 L1、整流二极管 VD9 组成

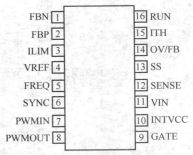

图7-12　控制芯片LTC3783内部电路

一个典型的升压电路，这样，VIN 电压叠加上 L1 中存储的自感电压，再经过 VD9 整流、C4 滤波后，输出点亮 LED 串的驱动电压。

通过改变 LTC3783 5 脚 FREQ 外接电阻 R2 的大小，来决定芯片的高频控制信号频率 f。

LTC3783 的 7 脚 PWMIN 为亮度控制端，用来接收外部 PWM 控制脉冲，进而控制 LTC3783 的 8 脚 PWMOUT 输出脉冲占空比，通过控制外部场效应管 M2 的通断时间，达到控制 LED 亮度的目的。

LTC3783 的 1 脚 FBN 接收检测电阻 R9 反馈的电压信号，当输出电流因输入电压发生变化时，调整电路占空比，保持输出电流恒定。

7.3.5　LED 射灯驱动电路分析

射灯常被用于商业门面的灯光照明，图 7-13 所示是某型号射灯外形结构。

LED 射灯一般由安装底座盒（盒内有控制电路板）、LED 及反光罩、散热器等组成。射灯使用 AC220V 的市电供电。额定功率有 15W、20W 和 30W 等多种。射灯的 LED 珠为多珠串联结构，有 24 珠、32 珠串联等样式。

图 7-14 是某射灯电路原理图，控制芯片采用 BP9833D。

图7-13　射灯外形结构

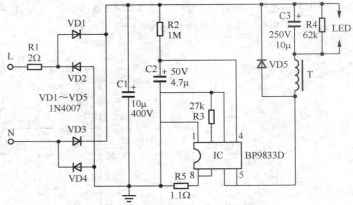

图7-14　某射灯电路原理图

BP9833D 是一款高精度降压型 LED 恒流驱动芯片，适用于 85～265Vac 全电压输入，芯片内置高压功率开关管，只需要少量的外围元件即可实现优异的恒流特性，能极大地节约系统成本和产品体积。

该主控芯片 BP9833D 内部带有高精度的电流采样电路，具有高精度的恒流输出和优异的线性调整率。芯片本身具有多重保护功能，包括 LED 开路、短路保护，CS 电流取样电阻短路保护、欠压保护、温度过热调节等。

BP9833D 有 SOP-8 和 DIP-8 等封装形式，引脚功能如图 7-15 所示。从 BP9833D 引脚功能图可以看出，BP9833D 与前面介绍的 BP2832K 基本一致。

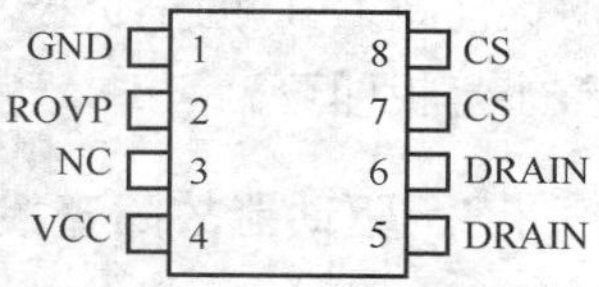

图7-15　BP9833D引脚功能图

图 7-14 中，二极管 VD1～VD4 是整流桥，交流 220V 电压经整流桥整流、电容器 C1 滤波后的直流电压约为 300V。启动电阻 R2 与电容器 C2 降压滤波后的直流电压加到 BP9833D 的 4 脚给芯片供电，4 脚内部有一只稳压二极管，可以稳定芯片的工作电压。当该电压达到 16V，芯片开始工作，内部场效应功率管 MOSFET 开启，外围电感开始充电，流过的电流驱动 LED 工作。

LED 工作电流流过取样电阻 R5 时，在其两端产生一个电压降，该电压在芯片内部与一个 400mV 的恒压源进行比较放大，从而调节 LED 的工作电流大小。

使用 BP9833D 集成电路生产的 LED 灯具很多，各种灯具的电路元件会略有不同。实际使用时，可以设计不同功率的灯具，而 LED 的工作电流基本稳定在 280mA 左右。功率较大的 LED，串联的 LED 珠较多，反之，串联的 LED 珠较少。通过调整 CS 电阻值 R5 的大小，可以在恒流输出的情况下，调整 LED 串两端电压的大小，从而达到调整功率的目的。

7.3.6　LED 维修方法

LED 不像白炽灯，灯泡坏了只能换新的，它是可以进行维修的。维修也并不复杂，甚至我们自己动手都可以修复。只要准确找到出现问题的部位，进行相应零件的更换，简单几步就可以将 LED 修复，不需要将整个灯更换。

LED 的核心部件为灯板和驱动器两个部件，最容易出问题的也是这两个部件。

1. 区分灯板故障还是驱动器故障

首先我们分析是灯板故障还是驱动器故障，方法如下。

将万用表调到电压挡，测量驱动器输出端的电压，也就是接灯板那两条线之间的电压，如果电压正常，则驱动器没有问题，确认就是灯板的问题。如果电压不正常，那么自然是驱动器的问题。这个时候还应附带测一下灯板，防止灯板和驱动器一起损坏。

2. LED 板故障查找

当确定了是灯板出现故障后，就可以查找具体故障的位置。LED 板一般是由多个 LED 珠串联组成的，其中某一个灯珠损坏，所有的灯珠都不会发光，所以我们就是要找到其中损坏了的灯珠。

查找哪个灯珠故障，首先可以目测观察，一些发黑的灯珠就是烧坏的，可能是一个，也可能是多个。其次可以使用万用表去一个个地测量，注意这些灯珠其实就是发光二极管，分为正负极。

维修时，如果只是个别灯珠损坏，直接找旧的 LED 板取几个灯珠更换就可以了。更换的时候注意 LED 的正负极。如果是大部分灯珠损坏，那这种情况就没有必要维修了，直接更换整个灯板即可。

3. 驱动器故障查找

对 LED 驱动器来说，易损元件有以下几点。

一是滤波电容失效。若该滤波电容失效会导致电压不稳，直流电压偏低，从而使 LED 变暗。用万用表的电容挡测量该滤波电容的容量，若误差较大，误差大于 30% 说明该电容已变质，找一个耐压值以及容量都大于等于该电容参数的电容换上即可。

二是启动电阻损坏，可用万用表进行测量，若损坏，换上新启动电阻即可。

三是线虚焊或断路。查看内部输入输出接线处是否有虚焊或断路的情况，若有，使用电烙铁将其焊接固定即可。

四是整流二极管故障。整流二极管有开路、短路等故障，可能是过压过流引起的，也有可能是长期使用失效引起的。若损坏，更换相应的二极管即可。

现在，市面上有多种 LED 驱动器套件出售，购买十分方便，维修时，也可以采用直接更换驱动器的方法，更换时，相应接口对插就可以了，要注意的是，驱动器的输出接口和输出功率应和原驱动器一致。

7.3.7　LED 维修实例

例 1　故障现象：一个欧普 LED 吸顶灯，打开开关后不亮。

分析与检修：打开灯罩，先检测保险电阻，发现保险电阻已经有点烧黑了。用万用表测量保险电阻的两端，发现断路，所以故障点找到。找一个类似的保险电阻换上。打开开关，灯亮，恢复正常。

例 2　故障现象：某品牌 LED，打开开关后不亮。

分析与检修：通过故障现象分析，怀疑 LED 条或其驱动电路异常。拆开外壳后，驱动电路与 LED 条如图 7-16 所示。

该灯条由 32 只 0.5W 贴片 LED 构成，贴片元件的字符标识清晰，如图 7-17 所示。

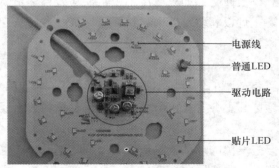

图7-16　驱动电路与LED条

图7-17　LED内部电路板

　　先测量市电电压供电端有 220V 交流电压，接着测 C2 两端有 300V 直流电压，说明 300V 供电电路正常。此时，测量电源输出端有输出电压，推断故障发生在灯条上。断电后，用万用表电阻挡逐个在路测量灯条的 32 只贴片 LED 的正、反向阻值，在测量至 LED 20 时发现它的正、反向阻值均为无穷大，判断此贴片开路。更换后通电，灯亮，故障排除。

　　例 3　故障现象：某型号射灯，通电后 LED 珠一直闪烁。

　　分析与检修：电路参考图 7-14。

　　打开灯具安装电路板的塑料盒，通电测量电容器 C1 两端电压为 312V，基本正常，怀疑其容量减小，找一只相同规格的电容器更换，故障依旧。检查电容器 C2 和 C3 时，发现焊点处开裂，将板上所有焊点补焊一遍，故障排除。

　　例 4　故障现象：某型号射灯，通电后 LED 珠不亮。

　　分析与检修：电路参考图 7-14。

　　通电测量整流滤波后电容器 C1 两端的电压为 310V，正常。测量控制芯片 BP9833D4 脚电压为 15.9V，正常。测量 LED 串两端没有电压，推测电路中有开路点。对电路元件逐一检查，发现电阻 R5 开路，更换相同规格的电阻 R5 后故障排除。

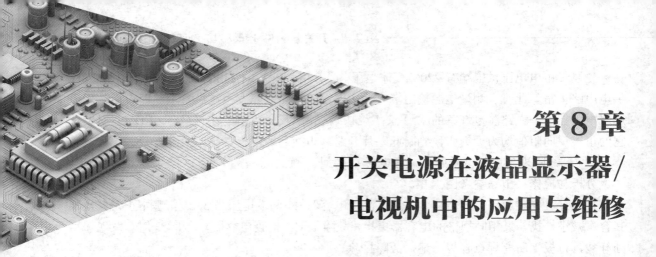

第 **8** 章
开关电源在液晶显示器/
电视机中的应用与维修

电源电路是液晶显示器/电视机十分重要的电路组成部分，其主要作用是为负载电路提供稳定的直流电压。电源电路比较容易出现故障，可以说是液晶显示器故障率最高的电路之一。因此，掌握电源电路的基本原理与维修方法，对于日常维修工作具有重要的指导意义。

|8.1 液晶显示器/电视机电源电路的组成|

液晶显示器/电视机电源电路主要由开关电源、DC/DC变换器和LED背光板电路三部分组成，其中开关电源主要产生直流电压（一般为24V、33V、42V等），DC/DC变换器则将开关电源产生的主电压进行变换，产生整机所需的各种直流电压，如+5V、+3.3V、+2.5V、+1.8V等。图8-1是液晶显示器电源电路框图。

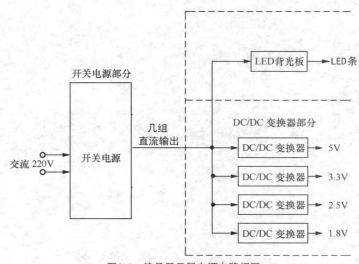

图8-1 液晶显示器电源电路框图

需要说明的是，对于不同的液晶显示器/电视机，开关电源的安装形式有所不同，主要有两种：第一种是外部电源适配器，如图8-2所示。这样，输入显示器的电压就是电源适配器输出的直流电压；第二种是在显示器内部专设一块电源板，在这种方式下，输入显示器的就是市电交流 220V 电压。

图8-2　电源适配器实物图

|8.2　液晶显示器开关电源电路分析与维修|

8.2.1　液晶显示器开关电源电路分析

不同的液晶显示器，采用的开关电源控制芯片不尽相同，下面根据开关电源控制芯片的不同，介绍和分析几种常见液晶显示器开关电源电路。

1. AOC（冠捷）LM729 17 英寸液晶显示器开关电源电路分析

AOC（冠捷）LM729 17 英寸液晶显示器开关电源电路以控制芯片 IC901（SG6841）为核心构成，有关电路如图 8-3 所示。

（1）SG6841 介绍

SG6841 是由 System General 公司开发的一款高性能固定频率电流式控制器，专为离线式和 DC/DC 变换器应用而设计。它属于电流型单端 PWM 调制器，具有引脚数量少、外围电路简单、安装调试简便、性能优良、价格低廉等优点，可精确地控制占空比，实现稳压输出，还拥有待机功耗低和众多保护功能，所以，该芯片在液晶显示器开关电源电路中得到了广泛的应用。其内部电路如图 8-4 所示，各引脚功能和典型工作电压值如表 8-1 所示。

（2）整流滤波电路

220V 交流电压经 FU901、L901、L902、C901、C902、C903、C904、R901、R902 组成的线性滤波器滤波、限流，滤除交流电压中的杂波和干扰，再经 VD901、C905 整流滤波后，在 C905 两端获得 300V 左右的直流电压。

（3）启动与振荡电路

C905 两端产生的 300V 左右的直流电压，一方面经开关变压器 T901 的一次绕组 1—3 加到开关管 VT903 的漏极，另一方面，经 R906、R907 降压，加到电源控制电路 IC901（SG6841）的③脚（VIN），为③脚提供启动电流，使 SG6841 启动，并使振荡电路进入工作状态。

SG6841 启动后，其⑧脚（GATE 端）输出 PWM 控制脉冲，驱动开关管 VT903 工作，开关变压器 T901 的 5—4 绕组输出的感应电动势，经二极管 VD902、C907 滤波后产生直流工作电压，为 SG6841 的⑦脚提供持续的供电，维持着 SG6841 的正常工作状态。

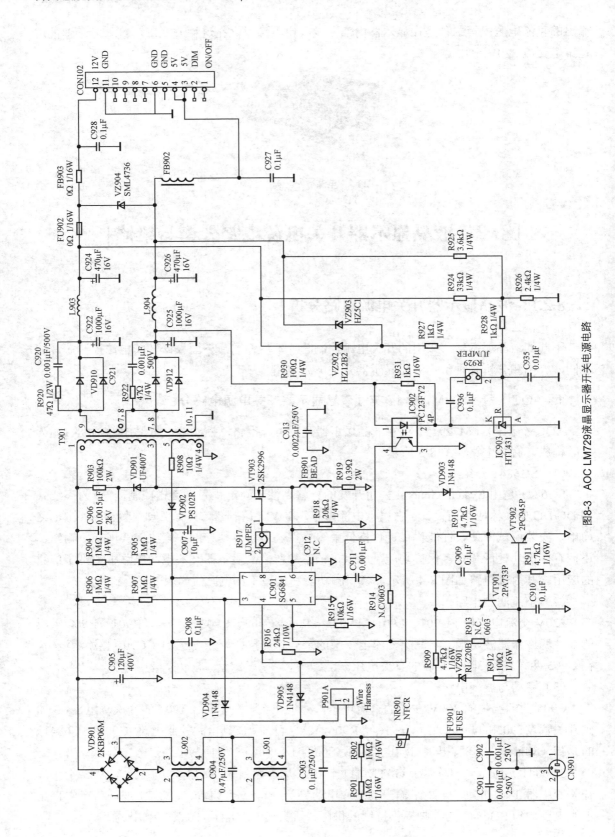

图8-3 AOC LM729液晶显示器开关电源电路

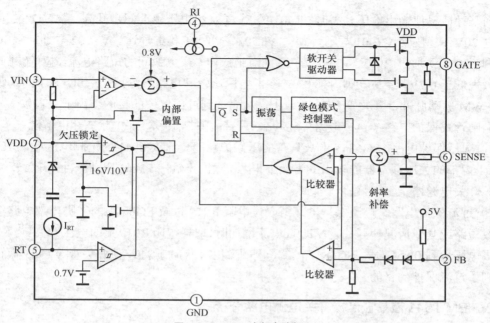

图8-4　SG6841内部电路框图

表 8-1　　　　　　　　　　　　SG6841 引脚功能和典型工作电压值

引脚号	符号	功能	典型工作电压值/V
①	GND	地	0
②	FB	反馈端	1.8
③	VIN	启动电压输入端	20
④	RI	PWM 频率设定	1.3
⑤	RT	温度和过压保护端	4.7
⑥	SENSE	过流保护端	0
⑦	VDD	电源端	17.5
⑧	GATE	PWM 驱动脉冲输出	1.5

（4）稳压控制电路

稳压控制电路由取样电阻 R924 和 R926、误差取样放大器 IC903（HTL431）以及光电耦合器 IC902 等元器件和 SG6841 的②脚内部电路组成。当输出电压为 12V 时，IC903 的 R 极电压正好为 2.5V。当某种原因使输出电压（C924 两端）超过 12V 时，经 R924、R926 分压后，IC903 的 R 极电压会大于 2.5V，根据 IC903 的特点，此时其 K 极电压会降低，因而会使得流过光电耦合器 IC902 内部发光二极管的电流增大，二极管发光亮度增加，使 IC902 内部的光敏三极管导通程度增强，其④脚电压降低，这导致 SG6841 的②脚 FB 端电压降低，于是 SG6841⑧脚的输出脉冲占空比变小，输出端电压下降。当电压低于 12V 时，控制过程相反，使输出电压升高。

（5）保护电路

① 过压保护电路。SG6841 的⑤脚是过热保护端，通常还同时用作过压保护。该开关电源的过压保护电路由稳压二极管 VZ901、三极管 VT901 和 VT902 以及 SG6841 的⑤脚内部电路组成。

当某种情况使输出电压升高时，T901 的 5—4 绕组电压也会同步升高，若 VD902 负极电压超过 20V，稳压管 VZ901 导通，使得 VT902、VT901 相继导通。VT902 导通后，SG6841 的⑤脚（RT 端）通过 R913、VT902 的 ce 结对地放电，产生瞬间的短路电流，拉低⑤脚电位，使之大大低于 0.7V，经与⑤脚内部 0.7V 参考电压比较和电路检测后，使 SG6841 的⑧脚停止输出 PWM 驱动脉冲，开关管 VT903 截止，从而达到过压保护的目的。由于 VT902、VT901 构成晶闸管式保护电路（自锁电路），因此，只有故障排除后，保护状态才能解除。

② 欠压保护电路。SG6841 本身具有欠压保护功能。当 SG6841 的⑦脚电压低于 10V 时，SG6841 内部的欠压锁定器的输出变为低电平，⑧脚停止输出 PWM 驱动脉冲，开关管 VT903 截止，开关电源停止工作。

③ 过流保护电路。过流保护电路由取样电阻 R919 以及 SG6841 的⑥脚内部电路组成。当负载短路或其他情况使开关管 VT903 电流增加时，取样电阻 R919 上的电压升高。当 SG6841 的⑥脚电压达到 0.85V 时，SG6841 的⑧脚停止输出 PWM 脉冲，使开关管 VT903 截止，从而达到了过流保护的目的。

2. IBM T541 液晶显示器开关电源电路分析

IBM T541 液晶显示器开关电源电路以控制芯片（厚膜电路）TOP247 为核心构成，有关电路如图 8-5 所示。

（1）TOP247 介绍

TOP247 是 Power Integration 公司推出的 TOP 系列电源厚膜电路，内含振荡器、PWM 比较器、逻辑电路、高反压 MOSFET 功率开关管及保护电路。保护电路具有过压、欠压、限流、过热、短路保护等功能，TOP247 内的开关管采用性能优良的场效应功率晶体管。由 IC 内部的振荡电路实现启动、振荡功能，由 TOP247 组成的开关电源去除了传统正反馈振荡电路（包括振荡绕组），减小了市电电压浮动对开关管工作状态的影响，其外部电路十分简单。TOP247 内部电路框图见图 8-6，引脚功能如表 8-2 所示。

（2）整流滤波电路

接上市电电压后，220V 交流电压经保险丝 FU901 和 C901、C902、C903、R901、TH901（负温度系数热敏电阻）、LF901 等滤波、限流，送到整流滤波电路，经桥式整流器 VD901 整流、C905 滤波，在 C905 两端产生约 300V 的直流电压。

（3）启动和振荡电路

在 C905 两端产生的 300V 左右直流电压，经由开关变压器 T901 的 1—5 绕组加到厚膜电路 IC901（TOP247F）的⑦脚，为内部开关管和控制电路供电。当 TOP247 内部的控制电路得到供电后开始工作，产生一个开关脉冲信号，驱动开关管处于开关状态。开关电源工作后，通过 T901 的两个二次绕组感应出电压，经整流、滤波后，输出 12V 和 5V 电压。

（4）稳压控制电路

当因某种原因使 12V（或 5V）电源电压升高时，经取样电阻 R913（或 R920）与 R921 分压后，取样电压升高，即加到误差取样放大电路 IC904（KIA431）的 R 端的取样电压上升，经 IC905 比较放大后，使 K 端电压降低，光电耦合器 PC901 内发光二极管发光增强，PC901 内光敏三极管的 ce 结内阻就会减小，使 IC901 的①脚控制极电压升高，经 IC901 内部的控制

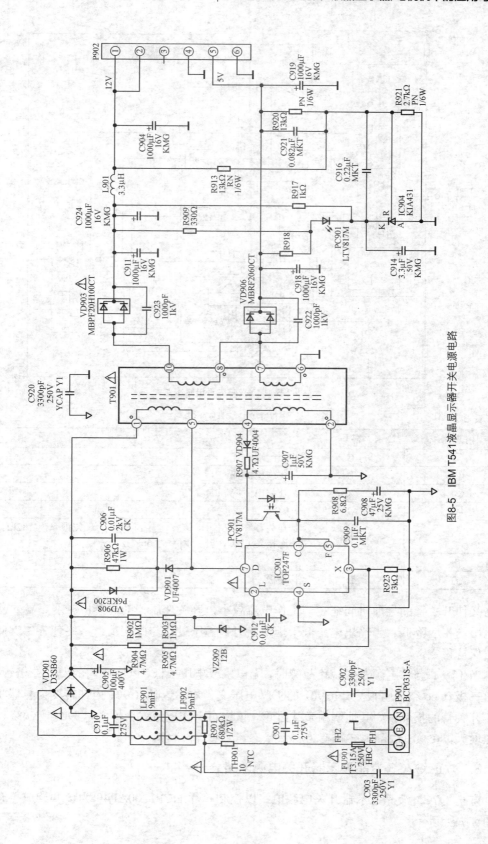

图8-5 IBM T541液晶显示器开关电源电路

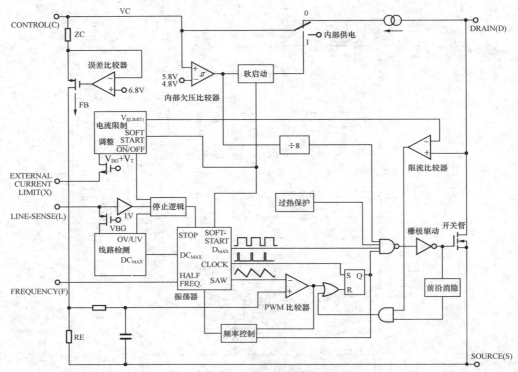

图8-6　TOP247内部电路框图

表 8-2　　　　　　　　　　　　　　　TOP247 引脚功能

引脚号	符号	功能
①	C	控制端
②	L	线路检测端
③	X	外部电流限制端
④	S	源极
⑤	F	开关频率控制端，该脚连接到 S 脚，开关频率为 132kHz；该脚连接到 C 脚，开关频率为 66kHz
⑥		空
⑦	D	漏极

电路又使开关管的导通时间缩短，工作电流减小，开关变压器的磁感应减弱，各二次绕组输出电压均相应降低。当输出电压低于规定值时，稳压过程与此相反，最终使各二次侧的输出电压保持稳定。

当 12V 或 5V 电源发生短路故障时，无电压或电压很低，PC901 内的发光二极管不发光，光敏三极管 ce 结内阻很大，IC901 的①脚电压变为零，这时 IC901 内部转变为自保状态，避免了开关管的损坏，如其他绕组负载过重，该绕组工作电流就会增大，T901 一次绕组电流也相应增大，IC901 内部也会转变为自保状态。

3. 方正 Q7C3 液晶显示器开关电源电路分析

方正 Q7C3 液晶显示器开关电源电路以控制芯片 NCP1200AP40 为核心构成，有关电路如图 8-7 所示。

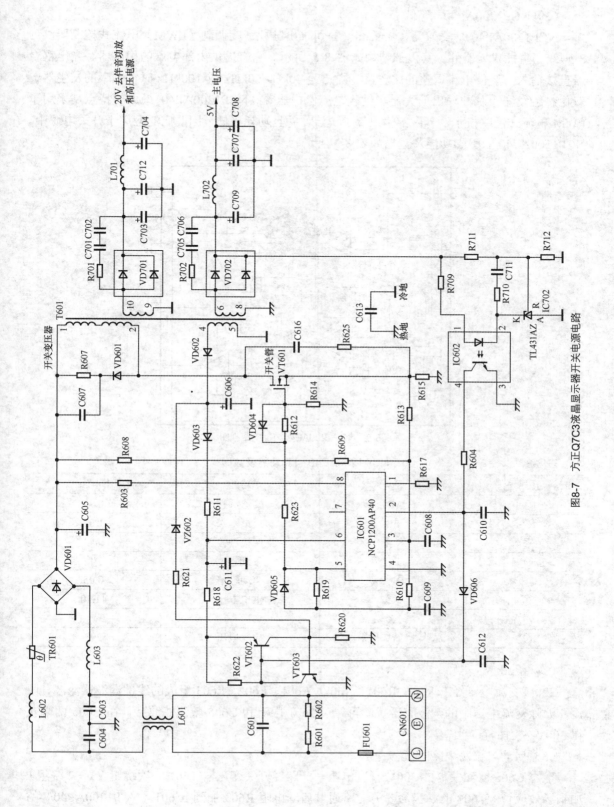

图8-7　方正Q7C3液晶显示器开关电源电路

（1）NCP1200AP40 介绍

NCP1200AP40 是安森美（Onsemi）公司推出脉冲宽度调制（PWM）电流式控制器，为 8 脚双立直插式元器件，其内部结构如图 8-8 所示。它有提供内部电压的稳压器、光电耦合器直接输入与峰值电流调整的比较器、固定为 40kHz/60kHz 或 100kHz 时钟频率的发生器、双稳态触发器、脉冲输出放大器、过载电流保护器等。NCP1200AP40 最大的特点是采用了 PWM 电流式控制技术，有内部输出保护电流，并且功耗极低，因此广泛应用于开关电源中。NCP1200AP40 的引脚功能及数据如表 8-3 所示。

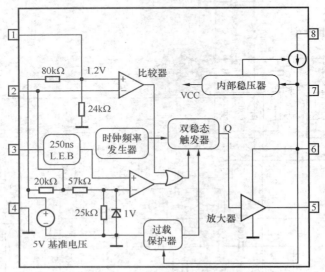

图8-8　NCP1200AP40内部电路框图

表 8-3　　　　　　　　　　　　　NCP1200AP40 引脚功能及数据

引脚号	符号	功能	工作电压/V
①	ADJ	峰值调整	0.91
②	FB	反馈输入	1.02
③	CS	电流检测输入	0.43
④	GND	地	0
⑤	DRV	驱动输出	0.05
⑥	VCC	供电电压	11.10
⑦	NC	空	
⑧	HV	启动电压	298

（2）整流滤波电路

220V 交流电压经 FU601、R601、R602、L601、L602、L603 组成的线性滤波器滤波、限流，滤除交流电压中的杂波和干扰，再经 VD601 限流和 C605 整流滤波后，在 C605 两端获得 300V 左右的直流电压。

（3）启动与振荡电路

电容 C605 滤波获得的 300V 直流电压，一路经开关变压器 T601 一次绕组（1—2 绕组）加到场效应管 VT601 的漏极 D，另一路通过启动电阻 R603 加到 IC601（NCP1200AP40）的

⑧脚，通过启动控制电路由⑥脚对外接电容 C611 充电，当 C611 两端充电达到 11V 时，内部振荡电路起振，从⑤脚输出驱动脉冲，经 R612 加到场效应管 VT601 的栅极 G，使 VT601 工作在开关状态。此时 T601 的 4—5 绕组输出的感应电压经 VD602、VD603 整流，C611 滤波，形成的直流电压为 IC601 的⑥脚提供反馈电压，并为内部电路供电，关断启动控制电路⑧脚的电流输入，使 IC601 处于稳定的振荡状态。

（4）稳压控制电路

稳压控制电路由取样电阻 R712 和 R711、误差取样放大器 IC702（TL431AZ）以及光电耦合器 IC602 等元器件和 IC601 的②脚内部电路组成。当某种原因使 5V 输出端电压升高时，经 R712、R711 分压后，IC702 的 R 极电压会大于 2.5V。根据 IC702（TL431AZ）的特点，此时其 K 极电压会降低，因而会使得流过光电耦合器 IC602 内部发光二极管的电流增大，二极管发光亮度增加，使 IC602 内部的光敏三极管导通程度增强，导致 IC601 的②脚 FB 端电压降低，于是 IC601 的⑤脚输出脉冲占空比变小，输出端电压下降。当电压降低时，控制过程相反，使输出电压升高。

（5）保护电路

① 尖峰脉冲吸收电路。为了防止开关管 VT601 在截止期间，开关管漏极的感应脉冲电压的尖峰击穿 VT601，该机主电源电路设置了由 R607、VD601、C607 组成的尖峰脉冲吸收回路，以保护开关管不会由于尖峰脉冲电压过高而损坏。

② 过压保护电路。当输入电压过高时，输入到 IC601 的⑧脚电压升高，当超过一定值时，经 IC601 内部检测后，IC601 控制⑤脚停止输出驱动脉冲，开关管 VT601 截止，从而达到过压保护的目的。

③ 过流保护电路。过流保护电路由取样电阻 R609 以及 IC601 的③脚内部电路组成。当负载短路或其他情况使开关管 VT601 电流增加时，取样电阻 R609 上的电压升高。当 IC601 的③脚电压达到阈值电压时，IC601 的⑤脚停止输出 PWM 脉冲，使开关管 VT601 截止，从而达到过流保护的目的。

4. 典型电源适配器电路分析

很多液晶显示器采用了外置式电源适配器，不同的电源适配器，其内部电路不尽相同，图 8-9 所示是一种比较典型的电源适配器电路。

（1）开关电源控制芯片 UC3842 介绍

UC3842 是最为常用的 PWM 控制芯片，其内部电路框图和引脚功能在本书第 5 章已作了介绍，这里不再重复。

需要说明的是，UC3842 是 UC384 系列中的一种，它是一种电流式开关电源控制电路。此类开关电源控制电路采用了电压和电流两种负反馈控制信号进行稳压控制。电压控制信号，即我们通常所说的误差（电压）取样信号；电流控制信号是在开关管源极（或发射极）接入取样电阻，对开关管源极（或发射极）的电流进行取样而得到的。开关管电流取样信号送入 UC3842，既参与稳压控制又具有过流保护功能。因为电流取样是在开关管的每个开关周期内都要进行的，所以这种控制又称为逐周（期）控制。

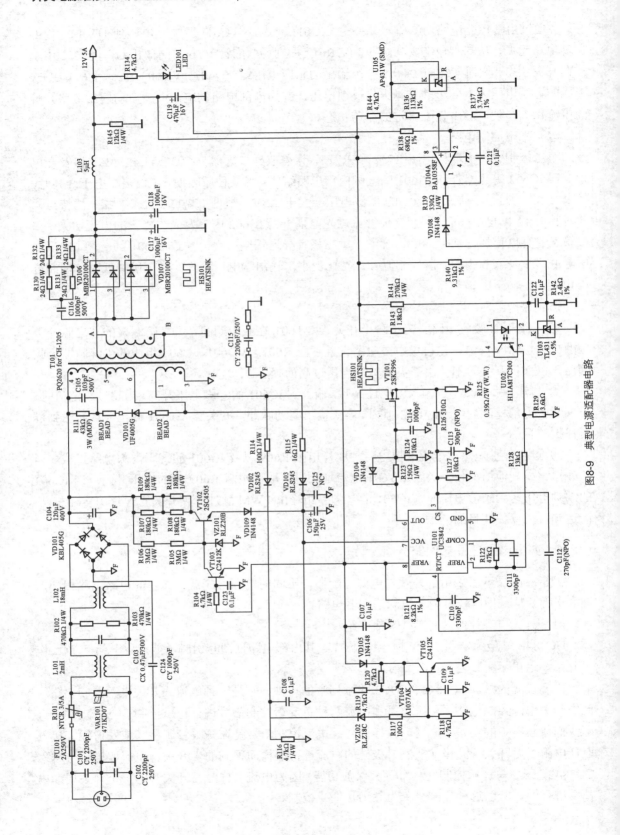

图8-9 典型电源适配器电路

UC384 系列主要包括 UC3842、UC3843、UC3844、UC3845 等电路，它们的功能基本一致，不同点有三：第一是集成电路的启动电压（⑦脚）和启动后的最低工作电压（即欠压保护动作电压）不同；第二是输出驱动脉冲占空比不同；第三是允许工作环境温度不同。另外，集成电路型号末尾字母不同还表示封装形式不同，主要不同点如表 8-4 所示。

表 8-4　　　　　　　　　　　　UC384 系列主要不同点

型号	启动电压/V	欠压保护动作电压/V	⑥脚驱动脉冲占空比最大值
UC3842	16	10	
UC3843	8.5	7.6	
UC3844	16	10	50%～70%可调
UC3845	8.5	7.6	50%～70%可调

从表 8-4 中可以看出，对于采用 UC3843 的电源，当其损坏后，可考虑用易购的 UC3842 进行代换，但由于 UC3842 的启动电压不得低于 16V，因此，代换后应使 UC3842 的启动电压达到 16V 以上，否则，电源将不能启动。

与 UC384 系列类似的还有 UC388 系列，其中，UC3882 与 UC3842、UC3883 与 UC3843、UC3884 与 UC3844、UC3885 与 UC3845 相对应。主要区别是第⑥脚驱动脉冲占空比最大值略有不同。

另外，还有一些采用了 KA384×/KA388×，此类芯片与 UC384×/UC388× 的相应类型完全一致。

（2）整流滤波电路

接通电源开关后，220V 交流电压经 FU101、R101、VAR101 限流和限压，送由 L101、C103、R102、R103、L102 组成的滤波器，滤除交流电压中的高频干扰，由 VD101 整流桥整流、C104 滤波后，在 C104 两端产生约 300V 的直流电压。

（3）启动与振荡电路

C104 两端的 300V 的直流电压，一路经开关变压器 T101 的 4—6 绕组送到场效应开关管 VT101 的漏极（D 极），另一路经 VT102、R105、R106、R107、R108、R109、R110 等组成的稳压电路稳压后，再经 VD109 整流，对 C106 充电。当 C106 两端电压达到 16V 时，U1（UC3842）的⑦脚内的基准电压发生器产生 5V 基准电压，从⑧脚输出，经 R121、C110 形成回路，对 C110 充电。当 C110 充电到一定值时，C110 就通过 UC3842 迅速放电，在 UC3842 的④脚上产生锯齿波电压，送到内部振荡器，从 UC3842 的⑥脚输出脉宽可控的矩形脉冲，控制开关管 VT101 工作在开关状态。

VT101 工作后，在 T101 的 1—3 反馈绕组上感应脉冲电压，经 VD103、C106 整流滤波后，产生 15V 左右直流电压，将取代启动电路，为 UC3842 的⑦脚供电。

（4）启动关断电路

开关电源启动时的启动电压由 VT102 等组成的稳压电路提供，开关电源启动后，UC3842 的供电电压由 VD103、C106 整流滤波后得到的电压提供。开关电源启动后，UC3842 的⑧脚将输出 5V 电压，经 R104 加到 VT103 的基极，控制 VT103 导通，VT103 导通后，其集电极输出低电平，导致 VT102 截止，VT102 截止后，以 VT102 为核心的启动电路停止工作。这种电路不但可减小功耗，而且可大大减小启动电路的故障率。

（5）稳压调节电路

当电网电压升高或负载变轻，引起 T101 输出端 12V 电压升高时，经 R140、R142 分压取样后，使加到 U103（TL431）的 R 端电压升高，导致 K 端电压下降，光电耦合器 U102 内发光二极管电流增大，发光加强，导致 U102 内光敏三极管电流增大，相当于光敏三极管 ce 结电阻减小，使 UC3842 的②脚电压升高，控制 UC3842 的⑥脚输出脉冲的高电平时间减小，开关管 VT101 导通时间缩短，其二次绕组感应电压降低，主电压输出端及其他直流电压输出端电压降低，达到稳压的目的。若主电压输出端电压下降，则稳压过程相反。

（6）保护电路

① 尖峰电压吸收电路。尖峰电压吸收电路主要由 C105、R111、VD101 组成，可避免 VT101 截止期间，因 D 极的尖峰电压过高而损坏。

② 过压保护电路。过压保护电路的工作过程如下：当稳压控制电路异常，引起输出端电压升高时，T101 各反馈绕组的电压均升高，T101 的 1—3 绕组电压升高后，经 VD102 整流、C108 滤波后的电压升高，当 C108 两端电压超过一定值时，稳压管 VZ102 击穿导通，控制 VT105 导通，这样，UC3842 的⑧脚输出的电压经 VD105、导通的 VT105 接地，使 UC3842 的⑧脚基准电压被钳位在 0.7V 以内，于是 UC3842 停止工作，避免了负载元件和开关管的过压损坏。

另外，VT105 导通后，其集电极输出低电平，进而控制 VT104 导通，VT104 导通后，其集电极输出高电平，从而促使 VT105 导通，因此，这是一个"模拟晶闸管式"的保护电路，要解除保护状态，需重新启动显示器。

③ 欠压保护电路。当 UC3842 的启动电压低于 16V 时，UC3842 不能启动，其⑧脚无 5V 基准电压输出，开关电源电路不能工作。当 UC3842 已启动，但负载有过流使 T101 的感抗下降，其反馈绕组输出的工作电压低于 10V 时，UC3842 的⑦脚内部的施密特触发器动作，控制⑧脚无 5V 输出，UC3842 停止工作，避免了 VT101 因激励不足而损坏。

④ 过流保护电路。开关管 VT101 源极（S）的电阻 R125 不但用于稳压和调压控制，而且作为过流取样电阻。当某种情况（如负载短路）使 VT101 源极的电流增大时，R125 上的电压降增大，UC3842 的③脚电压升高。当③脚电压上升到 1V 时，UC3842 的⑥脚无脉冲电压输出，VT101 截止，电源停止工作，实现过电流保护。

8.2.2　液晶显示器开关电源的维修

1. 代换

液晶显示器的开关电源电路故障率较高，如果插上电源插头后显示器无任何反应，电源指示灯不亮，基本上可确认电源部分出了故障。

开关电源分内置和外置两种，对于外置电源（电源适配器），它以单独电源盒的形式通过连接线及插头与显示器连接，为显示器提供直流电压（一般为 12V），此类电源代换方法比较简单，到电子市场上去购买输出电压和电流一致的电源适配器即可。

内置电源式开关电源的代换相对要麻烦一些，需要打开液晶显示器外壳，拆下电源板，如果电源板为独立的电源板，可根据电源板的大小和输出电压，到电子市场上去购买一块大小基本一致的电源板，安装固定好即可。

2. 液晶显示器开关电源芯片级维修方法

采用代换法维修液晶显示器开关电源虽然比较方便，建议维修人员最好采用芯片级维修方法进行维修（下面将要介绍）。一则节约维修费用；二则有些电源板不易购到，此时必须进行芯片级维修；三则可提高自己的维修技能。

在介绍开关电源芯片级维修之前，特别提醒读者，一定要将前面介绍的开关电源原理与电路分析等方面的内容掌握好，因为这些内容是开关电源芯片级维修的基础。

3. 开关电源的检修方法

（1）假负载法

在维修开关电源时，为区分故障出在负载电路还是电源本身，经常需要断开负载，并在电源输出端（一般为 12V）加上假负载进行试机。之所以要接假负载，是因为开关管在截止期间，储存在开关变压器一次绕组的能量要向二次侧释放。如果不接假负载，则开关变压器储存的能量无处释放，极易导致开关管击穿而损坏。关于假负载的选取，一般选取 30～60W/12V 的灯泡（汽车或摩托车上用）作假负载，优点是直观方便，根据灯泡是否发光和发光的亮度可知电源的电压输出及输出电压的高低。为了减小启动电流，也可采用 30W 的电烙铁作假负载或大功率（600Ω～1kΩ）电阻。

对于大部分液晶显示器，其开关电源的直流电压输出端大都通过一个电阻接地，相当于接了一个假负载，因此，对于这种结构的开关电源，维修时不需要再接假负载。

（2）短路法

液晶显示器的开关电源较多地采用了带光电耦合器的直接取样稳压控制电路，当输出电压高时，可采用短路法来区分故障范围。

短路检修法的过程是，先短路光电耦合器的光敏接收管的两脚，相当于减小了光敏接收管的内阻，测主电压仍未变化，则说明故障在光电耦合器之后（开关变压器的一次电路一侧）。反之，故障在光电耦合器之前的电路。

需要说明的是，短路法应在熟悉电路的基础上有针对性地进行，不能盲目短路，以免将故障扩大。另外，从检修的安全角度考虑，短路之前，应断开负载电路。

（3）串联灯泡法

所谓串联灯泡法，就是取掉输入回路的保险丝，用一个 60W/220V 的灯泡串在保险丝两端。当通入交流电后，如灯泡很亮，则说明电路有短路现象。由于灯泡有一定的阻值，如 60W/220V 的灯泡，其阻值约为 500Ω（指热阻），所以起到一定的限流作用。这样，一方面能直观地通过灯泡的明亮度来大致判断电路的故障；另一方面，由于灯泡的限流作用，不至于立即使已有短路的电路烧坏元器件。在排除短路故障后，灯泡的亮度自然会变暗，最后再取掉灯泡，换上保险丝。

（4）代换法

现在液晶显示器开关电源中，一般使用一块电源控制芯片，此类电源芯片现在已经非常便宜，因此，怀疑控制芯片有问题时，建议使用正确的芯片进行代换，以提高维修效率。

4. 开关电源常见故障维修

液晶显示器的开关电源部分常见的故障现象是，开机烧保险丝管、开机无输出、有输出但电压高或低等，下面简要介绍这些故障的检修思路。

（1）保险丝管烧断

主要检查 300V 以上的大滤波电容、整流桥各二极管及开关管等部位，抗干扰电路出问题也会导致保险丝管烧断、发黑。值得注意的是，因开关管击穿导致的保险丝管烧断往往还伴随着过流检测电阻和电源控制芯片的损坏。负温度系数热敏电阻也很容易和保险丝管一起烧坏。

（2）无输出，但保险丝管正常

这种现象说明开关电源未工作，或者工作后进入了保护状态。应先测量电源控制芯片的启动脚是否有启动电压，若无启动电压或者启动电压太低，则检查启动电阻和启动脚外接的元器件是否漏电，此时如电源控制芯片正常，则经上述检查可很快查到故障。若有启动电压，则测量控制芯片的输出端在开机瞬间是否有高低电平的跳变。若无跳变，说明控制芯片坏、外围振荡电路元器件或保护电路有问题，可先代换控制芯片，再检查外围元器件。若有跳变，一般为开关管不良或损坏。

（3）有输出电压，但输出电压过高

在液晶显示器中，这种故障往往来自稳压取样和稳压控制电路。我们知道，直流输出、取样电阻、误差取样放大器（如 TL431）、光电耦合器、电源控制芯片等电路共同构成了一个闭合的控制环路，在这一环节中，任何一处出现问题都会导致输出电压升高。

对于有过压保护电路的电源，输出电压过高首先会使过压保护电路动作，此时，可断开过压保护电路，从而使过压保护电路不起作用，测开机瞬间的电源主电压。如果测量值比正常值高出 1V 以上，说明输出电压过高。实际维修中，以取样电阻变值、精密稳压放大器或光电耦合器不良为常见问题。

（4）输出电压过低

根据维修经验，除稳压控制电路会引起输出电压过低外，还有一些情况会导致输出电压过低。主要有以下几点。

① 开关电源负载有短路故障（特别是 DC/DC 变换器短路或性能不良等）。此时，应断开开关电源电路的所有负载，以区分是开关电源电路不良还是负载电路有故障。若断开负载电路电压输出正常，说明是负载过重；若仍不正常，说明开关电源电路有故障。

② 输出电压端整流二极管、滤波电容失效等，可以通过代换法进行判断。

③ 开关管的性能下降，必然导致开关管不能正常导通，使电源的内阻增加，带负载能力下降。

④ 开关变压器不良，不但造成输出电压下降，还会造成开关管激励不足从而屡次损坏开关管。

⑤ 300V 滤波电容性能不良，造成电源带负载能力差，一接负载，输出电压便下降。

8.2.3　液晶显示器 DC/DC 变换器分析

下面以几个典型液晶显示器为例，对 DC/DC 变换器进行具体分析。

1. AOC LM729 液晶显示器 DC/DC 变换器电路分析

AOC LM729 液晶显示器 DC/DC 变换器电路如图 8-10 所示。

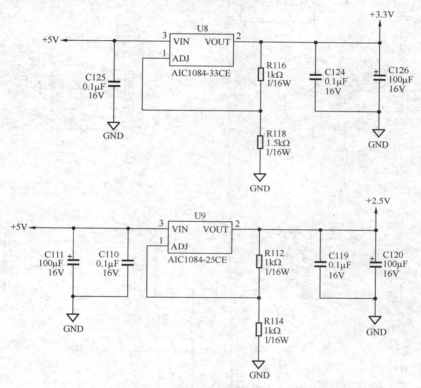

图8-10　AOC LM729液晶显示器DC/DC变换器电路

从图中可以看出，该 DC/DC 变换器十分简单，它采用了两片 LDO 稳压器电路构成，而没有采用开关式 DC/DC 变换器，电路的工作过程如下。

来自开关电源电路输出的 + 5V 电压经 LDO 稳压器 U8（AIC1084-33CE）稳压后，从其②脚输出 3.3V 的电压，主要为驱动板、液晶面板等供电。

来自开关电源电路输出的 + 5V 电压经 LDO 稳压器 U9（AIC1084-25CE）稳压后，从其②脚输出 2.5V 的电压，主要为驱动板电路供电。

2. 三星 173B 液晶显示器 DC/DC 变换器电路分析

三星 173B 液晶显示器 DC/DC 变换器电路如图 8-11 所示。

（1）CPU + 5V 电压产生电路

CPU + 5V 电压主要供 CPU 电路使用，另外，整机所需的 + 5V、LCD + 5V 电压也由 CPU + 5V 电压产生。

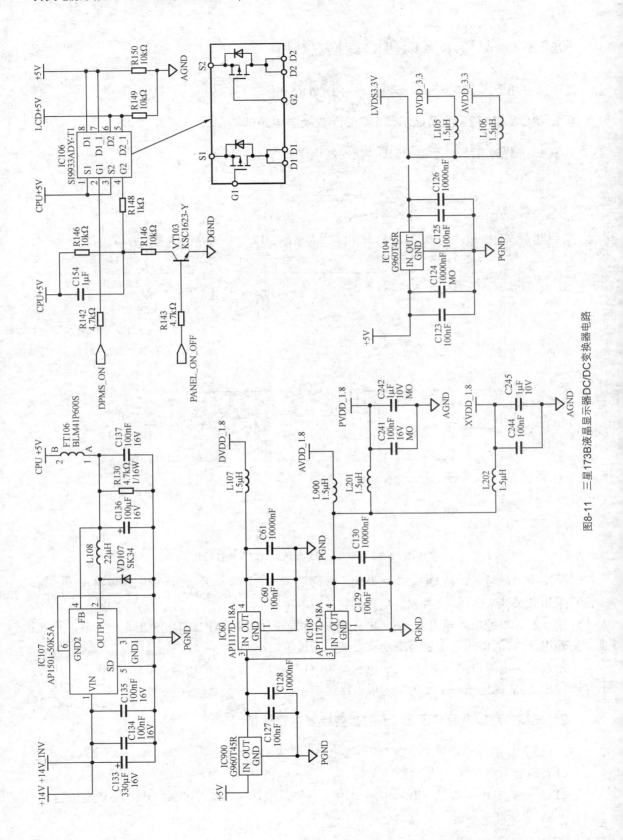

图8-11 三星173B液晶显示器DC/DC变换器电路

CPU＋5V 电压产生电路以 IC107（AP1501）为核心构成。AP1501 是开关型 DC/DC 变换器，其内部集成频率补偿发生器，开关频率为 150kHz，与低频开关调节器相比较，可以使用更小规格的滤波元器件。由于该器件只需几个外接元器件，可以使用通用的标准电感，这更优化了 AP1501 的使用，极大地简化了开关电源电路的设计。另外，该器件还具有过热保护和限流保护功能。AP1501 内部电路框图见图 8-12，其引脚功能如表 8-5 所示。

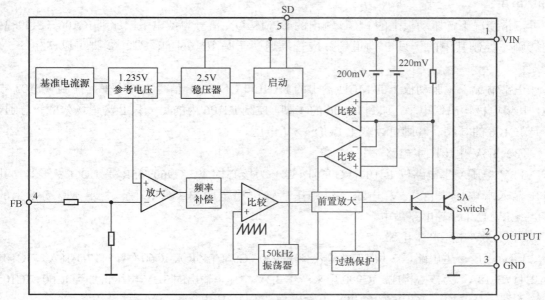

图8-12 AP1501内部电路框图

表 8-5 AP1501 引脚功能

引脚号	符号	功能
①	VIN	电压输入端
②	OUTPUT	电压输出端
③	GND	地
④	FB	反馈端，即稳压取样电压输入端。通过内部分压网络监控输出电压的大小，当输出电压增大或减小时，该脚电压同比例增大或减小，经与内部基准电压值 1.235V 比较，内部放大器可自动调节振荡器的输出占空比，使输出电压减小或增大
⑤	SD	输出控制端，控制输出电压的有无

电路的工作过程如下。由电源适配器输出的 14V 电压加到 IC107（AP1501）的①脚，IC107 的①脚（输入脚）、②脚（输出脚）内接开关管，①脚为内接开关管的基极，②脚为内部开关管的发射极，内部开关管在控制电路的控制下工作在开关状态。在内部开关管导通期间，14V 电压经内部开关管 ce 结、外部储能电感 L108 和电容 C136 构成回路，充电电流在 C136 两端建立直流电压。在 IC107 内部开关管截止期间，外部储能电感 L108 通过自感，产生右正左负的脉冲电压。于是，L108 右端正的电压→滤波电容 C136→续流二极管 VD107→外部储能电感 L108 左端构成放电回路，放电电流继续在 C136 两端建立直流电压，继续为负载提供 CPU＋5V 的供电电压。

IC107 的⑤脚为输出电压控制端，正常工作时，该脚电压为低电平，IC107 能够输出正常的 5V 电压，若该脚为高电平，则 IC107 的②脚无 CPU + 5V 电压输出，对于该机，IC107 固定为低电平。

（2）LCD + 5V、+ 5V 电压产生电路

LCD + 5V 电压主要为面板供电，+ 5V 电压主要用来产生驱动板（主板）电路所需的 3.3V、1.8V 电压。

正常情况下，驱动板上的 MCU 输出的 DPMS_ON 信号为低电平，加到 IC106（SI9933）的②脚，控制其中的一只 P 沟道场效应管导通，于是 IC106 的⑦脚、⑧脚可以产生 + 5V 电压。

正常情况下，驱动板上的 MCU 输出的 PANEL_ON_OFF 信号为高电平，控制 VT103 导通，其集电极输出低电平，加到 IC106 的④脚，控制 IC106 内的另一只 P 沟道场效应管导通，于是 IC106 的⑤脚、⑥脚可以产生 LCD + 5V 电压。

（3）3.3V 电压产生电路

3.3V 电压产生电路以 IC104（G960T45R）为核心构成。G960T45R 是 LDO 稳压器。其电压输入端电压来自 + 5V 电压，经稳压后输出稳定的 3.3V 电压，主要为驱动板上的 SCALER、LVDS 等电路供电。

（4）1.8V 电压产生电路

1.8V 电压产生电路以 3 块 LDO 稳压器 IC900（G960T45R）、IC60（AP1117D-18A）、IC105（AP1117D-18A）为核心构成。IC900 用来产生 3.3V 电压，输出的 3.3V 电压再加到 IC60、IC105 的输入端，从 IC60、IC105 的输出端可输出稳定的 1.8V 电压。

3. PHILIPS 170B4 液晶显示器 DC/DC 变换器电路分析

PHILIPS 170B4 液晶显示器 DC/DC 变换器电路如图 8-13 所示。

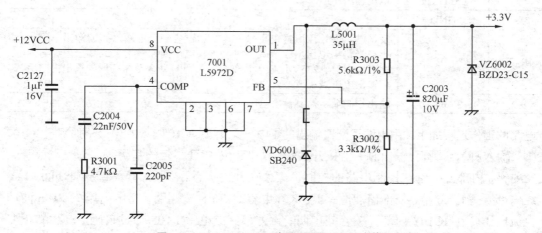

图8-13　PHILIPS 170B4液晶显示器DC/DC变换器电路

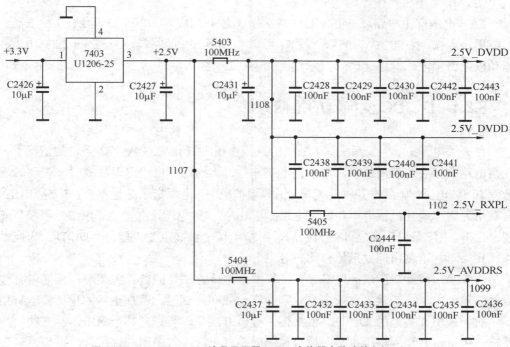

图8-13　PHILIPS 170B4液晶显示器DC/DC变换器电路（续）

（1）3.3V 电压产生电路

3.3V 电压产生电路以 7001（L5972D）为核心构成。L5972D 是输出电流为 2A 的开关型 DC/DC 变换器，输入电压范围为 4.4～36V，输出电压为 1.235～35V 可调，设有电流保护、温度保护等完善的保护电路。L5972D 引脚功能如表 8-6 所示。

表 8-6　　　　　　　　　　　　　　L5972D 引脚功能

引脚号	符号	功能
①	OUT	电压输出端
②、③、⑥、⑦	GND	地
④	COMP	补偿端
⑤	FB	反馈输入，即稳压取样电压输入端，通过内部分压网络监控输出电压的大小
⑧	VCC	输入端

电路的工作过程如下。由开关电源输出的 12V 电压加到 L5972D 的⑧脚，L5972D 的⑧脚（输入脚）、①脚（输出脚）内接开关管，内部开关管在控制电路的控制下工作在开关状态。在内部开关管导通期间，12V 电压经内部开关管、外部储能电感 L5001 和电容 C2003 构成回路，充电电流在 C2003 两端建立直流电压。在 L5972 内部开关管截止期间，外部储能电感 L5001 通过自感，产生右正左负的脉冲电压。于是，L5001 右端正的电压→滤波电容 C2003→续流二极管 VD6001→外部储能电感 L5001 左端构成放电回路，放电电流继续在 C2003 两端建立直流电压，继续为负载（面板电路）提供 3.3V 的供电电压。

（2）2.5V 电压产生电路

2.5V 电压产生电路以 7403（U1206-25）为核心构成。U1206-25 是 LDO 稳压器。其①脚是电压输入端，来自 3.3V 电压，经稳压后由 U1206-25 的③脚输出稳定的 2.5V 电压，主要为驱动板电路供电。

8.2.4　DC/DC 变换器的维修方法

在开关电源（或电源适配器）输出的直流电压（如 12V、14V 等）正常的情况下，DC/DC 变换电路直接决定着液晶显示器的正常工作与否。这部分电路出现故障时，表现的规律是：若没有 5V 电压，显示器开机后无显示，一般情况下，电源指示灯也不亮；若 5V 电压不稳定，会发生无规律地死机或者"花屏"现象；若没有 3.3V 电压，会发生"白屏"现象，或者先出现"白屏""彩条屏"后立即变为黑屏，而指示灯也由绿色变为橙色。DC/DC 变换器由于电路比较简单，电路出问题后检修比较容易。

对于采用线性稳压器的 DC/DC 变换器，检修方法是：若查到某个稳压器没有输出，可测量其输入电压；若输入电压正常，则检查负载和控制端；若都正常则稳压器本身损坏。

对于采用开关型的 DC/DC 变换器，检修方法是，若查到某个稳压器没有输出，可测量其输入电压；若输入电压正常，检查控制端是否正常；若控制端也正常，再检查输出电感、续流二极管等元器件是否正常；若都正常，则稳压器本身损坏。在实际维修中，以输出电感不良居多。

|8.3　电视机开关电源分析与维修|

8.3.1　电视机开关电源电路分析

电视机的开关电源电路以一片或几片开关电源控制芯片（或厚膜电路）为核心构成，下面简要介绍几种常用的控制芯片（厚膜电路）及其应用电路。

1.　由 L6561 + L5991 构成的开关电源

由 L6561 + L5991 构成的开关电源方案中，L6561 构成前级有源功率因数校正（PFC）电路，L5991 构成开关电源控制电路。下面以采用 L6561 + L5991 组合芯片的 TCL LCD3026S 电视机为例进行介绍，有关电路如图 8-14 所示。

（1）L6561 介绍

L6561 是一款应用于开关电源的功率因数校正电路，内部电路框图见图 8-15，其引脚功能如表 8-7 所示。

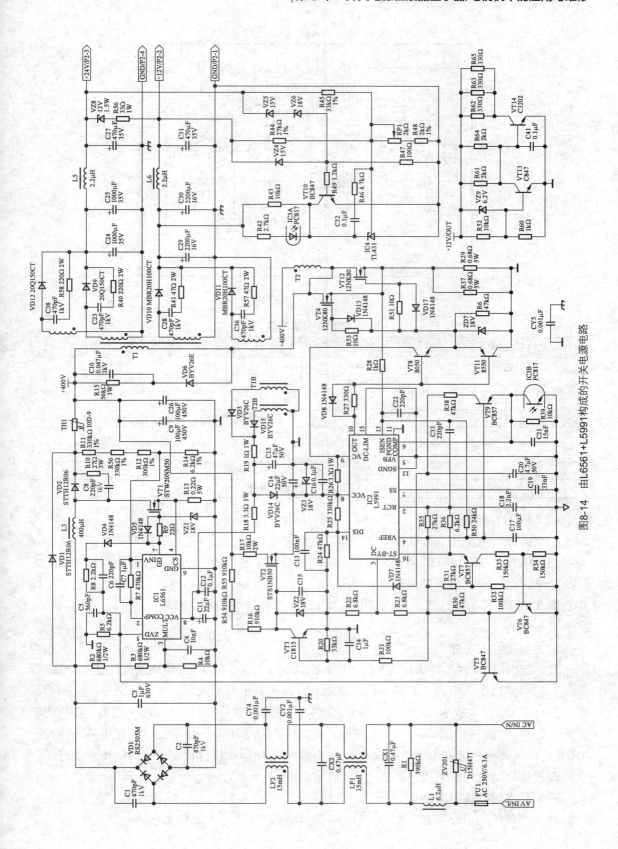

图8-14　由L6561+L5991构成的开关电源电路

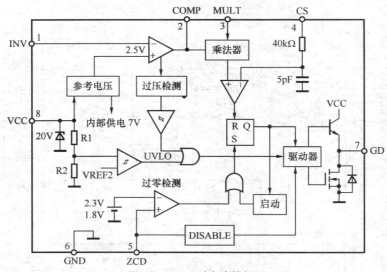

图8-15 L6561内部电路框图

表 8-7   L6561 引脚功能

引脚号	符号	功能
①	INV	误差放大器反相输入端
②	COMP	误差放大器输出
③	MULT	乘法器输入
④	CS	利用电流监测电阻，将电流转成电压输入
⑤	ZCD	零电流检测
⑥	GND	接地
⑦	GD	驱动脉冲输出
⑧	VCC	工作电源

（2）L5991 介绍

L5991 是一款应用于并联型开关电源一次电路的电流模式开关电源控制芯片，其工作频率可达 1MHz，可直接驱动 MOSFET。L5991 的其他主要功能包括：可预置驱动脉冲最大占空比、软启动、一次电流过流检测、欠压保护、同步触发、关断控制等。L5991 的正常工作电流为 18mA，第⑬脚过流保护触发电压为 1.2V。L5991 内部电路框图见 8-16，其引脚功能如表 8-8 所示。

（3）整流滤波电路

220V 交流电压经 L1、R1、CX1、LF1、CX2、LF2、CY2、CY4 组成的线路滤波器滤波、限流，滤除交流电压中的杂波和干扰，再经 VD1、C3 整流滤波后，形成直流电压。由于滤波电路电容 C3 储能较小，所以在负载较轻时，经整流滤波后的电压为 300V 左右，在负载较重时，经整流滤波后的电压为 230V 左右。电路中，ZV201 为压敏电阻，即在电源电压高于 250V 时，压敏电阻 ZV201 被击穿短路，保险管 FU1 熔断，这样可避免电网电压波动造成开关电源损坏，从而保护后级电路。

（4）功率因数校正电路

功率因数校正电路以 IC1（L6561）为核心构成，具体工作过程如下。

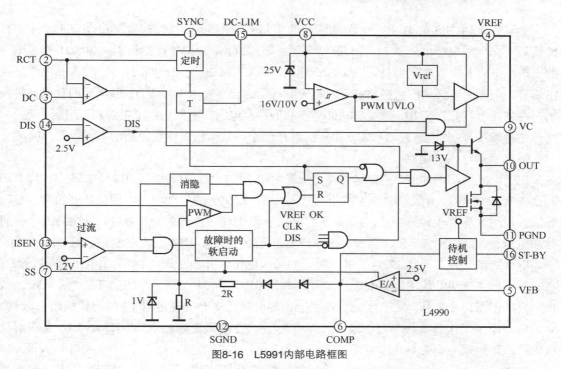

图8-16　L5991内部电路框图

表 8-8　　　　　　　　　　　　　　L5991 引脚功能

引脚号	符号	功能
①	SYNC	同步触发信号输入端
②	RCT	振荡器外接 RC 定时元件
③	DC	占空比控制
④	VREF	5V 基准电压
⑤	VFB	误差放大器反相输入端
⑥	COMP	误差放大器输出
⑦	SS	接软启动电容
⑧	VCC	小信号电路电源
⑨	VC	大信号（功率）电路电源
⑩	OUT	驱动输出
⑪	PGND	大信号电路地线
⑫	SGND	小信号电路地线
⑬	ISEN	电流检测
⑭	DIS	关断控制（如不使用，应接此脚小信号地线，不能悬空）
⑮	DC-LIM	占空比限制。如将此脚接 VREF，驱动脉冲占空比被限制到 50%；如悬空或接地，占空比不受限制
⑯	ST-BY	电源待机控制

　　输入电压的变化经 R2、R3、R4 分压后加到 L6561 的③脚，送到内部乘法器。输出电压的变化经 R11、R59、R52、R14 分压后由 L6561 的①脚输入，经内部比较放大后，也送到内部乘法器。L6561 乘法器根据输入的这些参数进行对比与运算，确定输出端⑦脚的脉冲占空比，维持输出电压的稳定。在一定的输出功率下，输入电压降低，L6561 的⑦脚输出的脉冲占空比变大，输入电压升高，L6561 的⑦脚输出的脉冲占空比变小。

驱动管 VT1 在 L6561 的⑦脚驱动脉冲的控制下工作在开关状态，当 VT1 导通时，由 VD1 整流后的电压经电感 L3、VT1 的 D-S 极到地，形成回路。当 VT1 截止时，由 VD1 整流输出的电压经电感 L3、VD2、TH1、C9、C26 到地，对 C9、C26 充电，同时，流过 L3 的电流呈减小趋势，电感两端必然产生左负右正的感应电压。这一感应电压与 VD1 整流后的直流分量叠加，在滤波电容 C9、C26 正端形成 400V 左右的直流电压，不但提高了电源利用电网的效率，而且使得流过 L3 的电流波形和输入电压的波形趋于一致，从而达到提高功率因数的目的。

（5）启动与振荡电路

C9、C26 两端的 400V 左右的直流电压经 R17 加到 VT2 的漏极，同时经 R55、R54、R16 加到 VT2 的栅极，由于稳压管 VZ2 的稳压值高于 L5991 的启动电压，因此，开机后，VT2 导通，通过⑧脚为 L5991 提供启动电压。开关电源工作后，开关变压器 T1 反馈绕组感应的脉冲电压经 VD15 整流、R19 限流、C15 滤波，再经 VD14、C14 整流滤波，加到 L5991 的⑧脚，取代启动电路，为 L5991 提供启动后的工作电压，并使⑧脚 C14 两端电压维持在 13V 左右。同时，L5991 的④脚基准电压由开机时的 0V 变为 5V 正常值，使 VT3 导通→VT2 截止，启动电路停止工作，L5991 的供电完全由辅助电源（开关变压器 T1 的自馈绕组）取代。启动电路停止工作后，整个启动电路只有稳压管 VZ2 和限流电阻 R55、R54、R16 支路消耗电能，启动电路本身的耗电非常小。

L5991 启动后，内部振荡电路开始工作，振荡频率由②脚接的 R35、C18 决定，振荡频率约为 14kHz，由内部驱动电路驱动后，从 L5991 的⑩脚输出，经 VT8、VT11 推挽放大后，驱动双开关管 VT4、VT12 工作在开关状态。

（6）稳压控制

稳压电路由取样电路 R45、RP1、R48，误差取样放大器 IC4（TL431），光电耦合器 IC3 等元器件组成。具体稳压过程是：若开关电源输出的 24V 电压升高→经 R45、RP1、R48 分压后的电压升高，即误差取样放大器 IC4 的 R 极电压升高→IC4 的 K 端电压下降→流过光电耦合器 IC3 内部发光二极管的电流加大→IC3 中的发光二极管发光增强→IC3 中的光电三极管导通增强→L5991⑤脚误差信号输入端电压升高→⑩脚输出驱动脉冲使开关管 VT4、VT12 导通时间减小→输出电压下降。

（7）保护电路

1）过压保护电路。过压保护电路由 VT10、VZ4、VZ5、VZ6 等配合稳压控制电路完成，具体控制过程是：当 24V 输出电压超过 VZ5、VZ6 的稳压值或 12V 输出电压超过 VZ4 的稳压值时，VZ5、VZ6 或 VZ4 导通，三极管 VT10 导通，其集电极为低电平，使光电耦合器 IC3 内的发光二极管两端电压增大较多，导致电源控制电路 L5991 的⑤脚误差信号输入端电压升高较大，控制 L5991 的⑩脚停止输出，开关管 VT4、VT12 截止，从而达到过压保护电路的目的。

2）过流保护电路。开关电源控制电路 L5991 的⑬脚为开关管电流检测端。正常时开关管电流取样电阻 R37、R29 的两端取样电压大约为 1V（最大脉冲电压），当此电压超过 1.2V 时（如开关电源次级负载短路），L5991 内部的保护电路动作，⑫脚停止输出，控制开关管 VT4、VT12 截止，并同时使⑦脚软启动电容 C19 放电。C19 被放电后，L5991 内电路重新对 C19 进行充电，直至 C19 两端电压被充电到 5V 时，L5991 才重新使开关管 VT4、VT12 导通。如果过载状态只持续很短时间，保护电路动作后，开关电源会重新进入正常工作状态，不影响电视机正常工作。如果开关管 VT4、VT12 重新导通后，过载状态仍然存在（开关管电流仍然过大），L5991 将再次控制开关管截止。

2. 由 NCP1650 + NCP1377 + NCP1217 构成的开关电源

由 NCP1650 + NCP1377 + NCP1217 构成的开关电源中，NCP1650 为功率因数校正电路，NCP1377 和 NCP1217 为电源控制芯片。下面以采用 NCP1650 + NCP1377 + NCP1217 组合芯片的 TCL 40A71-P 电视机为例进行介绍，有关电路如图 8-17 所示。

电路中，以电源控制芯片 NCP1377 为核心构成 12V 开关电源（也称开关电源 1），以电源控制芯片 NCP1217 为核心构成 24V 开关电源（也称开关电源 2）。

（1）整流滤波电路

220V 左右的交流电压先经延迟保险管 FU1，然后进入由 R1、L1、CX1、LF1、CX2、CY1、CY2、LF2 组成的交流抗干扰电路，滤除市电中的高频干扰信号，同时保证开关电源产生的高频信号不窜入电网。电路中，ZV1 为压敏电阻，即在电源电压高于 250V 时，压敏电阻 ZV1 击穿短路，保险管 FU1 熔断，这样可避免电网电压波动造成开关电源损坏，从而保护后级电路。

经交流抗干扰电路滤波后的交流电压送到由 VD1、C3 组成的整流滤波电路。220V 市电电压先经 VD1 桥式整流后，再经 C3 滤波，形成直流电压。由于滤波电路电容 C3 储能较小，所以在负载较轻时，经整流滤波后的电压为 310V 左右。在负载较重时，经整流滤波后的电压为 230V 左右。

（2）功率因数校正电路

功率因数校正电路以 IC1（NCP1650）为核心构成。NCP1650 是美国安森美半导体公司推出的功率因数校正集成电路芯片，可适应 85～265V 宽的交流输入电压范围，NCP1650 是一个开关频率固定、采用平均电流型控制环的脉宽调制器，能精确地设定输入功率和输出电流的极限值。构成 1kW 以下功率因数校正器时，功率因数可达 0.95～0.99。NCP1650 内部电路框图见图 8-18，引脚功能如表 8-9 所示。

功率因数校正电路的工作过程如下：输入电压的变化经 R2、R3 分压后加到 NCP1650 的⑤脚，输出电压的变化经 R12、R13、R14、R15 分压后由 NCP1650 的⑥脚输入，NCP1650 内部根据这些参数进行对比与运算，确定输出端⑯脚的脉冲占空比，维持输出电压的稳定。在一定的输出功率下，输入电压降低，NCP1650 的⑯脚输出的脉冲占空比变大，输入电压升高，NCP1650 的⑯脚输出的脉冲占空比变小。在一定的输入电压下，输出功率变小，NCP1650 的⑯脚输出的脉冲占空比变小，反之则结果相反。

驱动管 VT1 在 NCP1650 的⑯脚驱动脉冲的控制下工作在开关状态。当 VT1 导通时，由 VD1 整流后的电压经电感 L2、VT1 的 D-S 极到地，形成回路；当 VT1 截止时，由 VD1 整流输出的电压经电感 L2、VD1、TH1、C16//C17 到地，对 C16、C17 充电，同时，流过 L2 的电流呈减小趋势，电感两端必然产生左负右正的感应电压，这一感应电压与 VD1 整流后的直流分量叠加，在滤波电容 C16、C17 正端形成 400V 左右的直流电压，不但提高了电源利用电网的效率，而且使得流过 L2 的电流波形和输入电压的波形趋于一致，从而达到提高功率因数的目的。

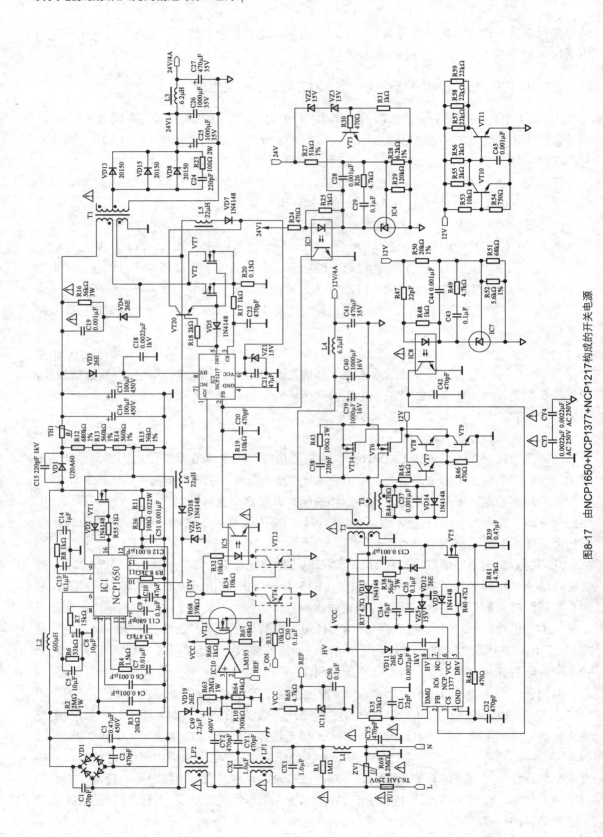

图8-17 由NCP1650+NCP1377+NCP1217构成的开关电源

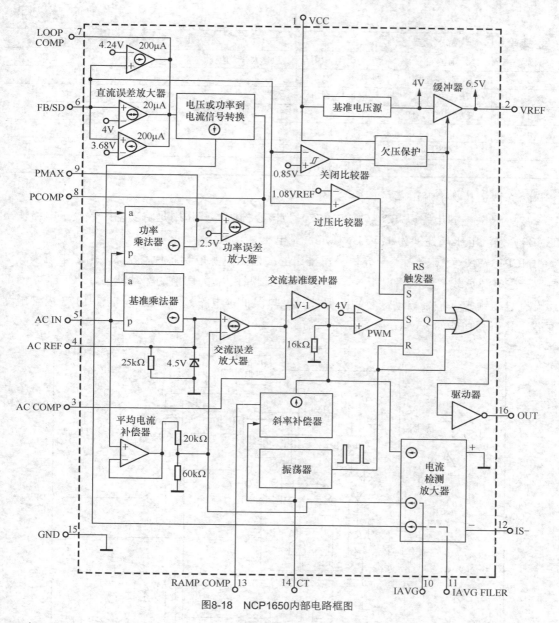

图8-18 NCP1650内部电路框图

<table>
表 8-9   NCP1650 引脚功能
</table>

引脚号	符号	功能
①	VCC	电源
②	VREF	6.5V 基准输出电压
③	AC COMP	交流基准放大器频率补偿
④	AC REF	交流误差放大器的参考电压输出端
⑤	AC IN	基准乘法器输入端
⑥	FB/SD	反馈/掉电引脚,当该脚电压低于 0.75V 时,禁止芯片输出
⑦	LOOP COMP	电压误差放大器输出端
⑧	PCOMP	功率误差放大器外接补偿电容连接端
⑨	PMAX	输出功率设定端

引脚号	符号	功能
⑩	IAVG	外接电阻，用于设定最大平均电流
⑪	IAVG FILER	外接滤波电容
⑫	IS-	负极性感测电流输入端
⑬	RAMP COMP	斜率补偿电路外接补偿电阻连接端
⑭	CT	振荡器定时电容
⑮	GND	地
⑯	OUT	驱动脉冲输出端

（3）12V 开关电源电路

12V 开关电源电路以 IC6（NCP1377）为核心构成，其作用是将功率因数校正电路输出的 400V 直流电压，变换为 12V/4A 稳定直流电压。

NCP1377 是美国安森美半导体公司推出的准谐振电源控制芯片，内部采用了电流模式调制器，在电源负载空载的情况下，具有最小的控制漏极开/关切换的驱动能力，NCP1377 内部还设有过压锁定保护、自动恢复短路保护、过热保护等电路。图 8-19 是 NCP1377 内部电路框图，其引脚功能如表 8-10 所示。

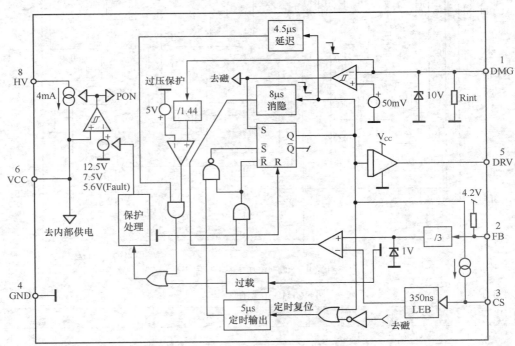

图8-19 NCP1377内部电路框图

表 8-10   NCP1377 引脚功能

引脚号	符号	功能
①	DMG	磁复位信号与 7.2V 过压保护检测输入
②	FB	输出电压反馈信号
③	CS	电流检测
④	GND	地

引脚号	符号	功能
⑤	DRV	驱动脉冲输出端
⑥	VCC	电源
⑦	NC	空
⑧	HV	高压端，向 VCC 引脚的电容注入电流，保证正常的启动

1）启动电路。当接通电源时，从功率因数校正电路输出的高压 HV 由 NCP1377 的⑧脚引入，芯片内部电流源（典型值 4mA）向 NCP1377 的⑥脚外接电容器 C34 充电，当电压 VCC 达到 12.5V 时，电流源关断。这一过程还会激活 1ms 软启动功能，使启动变得较缓慢。

NCP1377 启动后，内部电路开始工作，并从⑤脚输出开关脉冲，加到大功率 MOS 开关管 VT5 的栅极，使 VT5 工作在开关状态。

开关电源启动后，开关变压器 T2 自馈绕组感应的脉冲电压，经 VD13 整流、C34 滤波后产生直流电压，加到 NCP1377 的⑥脚，取代启动电路为 NCP1377 提供启动后的工作电压。

2）稳压控制电路。设某一时刻 12V 输出电压升高，经 R50、R51 分压后，使误差放大器 IC7 的控制极电压升高，IC7 的阴极（上端）电压下降，流过光电耦合器 IC8 中发光二极管的电流增大，其发光强度增强，则光敏三极管导通加强，使 NCP1377 的②脚电压下降，经 NCP1377 内部电路检测后，控制开关管 VT5 提前截止，使开关电源的输出电压下降到正常值。反之，当输出电压降低时，经上述稳压电路的负反馈作用，使开关管 VT5 导通时间变长，使输出电压上升到正常值。

3）过流保护电路。NCP1377 采用开关频率固定（100kHz）电流型控制模式，其③脚作为过流检测端，当流经开关管 VT5 源极电阻 R39 两端的取样电压增大，加到 NCP1377 的③脚的电压增大，当③脚电压增大到阈值电压时，NCP1377 关断⑤脚输出。

4）过压保护电路。开关变压器 T2 的自馈绕组输出的电压经 R35 加到 NCP1377 的①脚，当 NCP1377 的①脚内部检测电路检测到的电压超过额定数值（7.2V）时，NCP1377 的⑤脚停止输出驱动脉冲，使 VT5 截止。当检测信号撤除时，NCP1377 的⑤脚再输出驱动信号，使 VT5 导通，继续工作。

5）同步整流电路。同步整流电路由并联的 SR 同步整流管 VT6、VT14 组成，采用半波整流的驱动控制方式，通过变压器 T3 实现自驱动。T3 的二次绕组 N3 与 SR 串联，有电流流过时产生驱动电压，经 VT7、VT8、VT9 组成的推挽缓冲级加在 SR 的 G-S 极间。

VT6、VT14 是反接的，和通常作为开关管时的接法完全相反，这两个管子是 N 沟道 MOSFET，它们是带寄生二极管的场效应管（图 8-17 电路图中未绘出内部寄生二极管），实际上，VT6、VT14 的内部电路如图 8-20 所示。从图中可以看出，如果 VT6、VT14 接法不正常，会使寄生二极管有导通的机会，这样就破坏了 SR 作为整流开关管的单向导电性。

6）准谐振电路。由 NCP1377 构成的开关电源为准谐振电源或最低点电源，它是通过检测开关变压器 T2 铁芯磁复位信号（自馈绕组的回扫电压）或者开关管 VT5 的漏极电压的最低点来触发导通开关管 VT5。NCP1377 的磁复位信号引脚①（DMG）连接开关变压器 T2 的

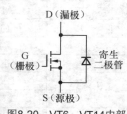

图8-20　VT6、VT14内部
的寄生二极管

自馈绕组，①脚的电压高于 65mV 时，NCP1377 的⑤脚输出低电平，开关管保持关断状态。
当 NCP1377 的①脚电压降到低于 65mV 时，经 NCP1377 内部消隐延迟时间后，⑤脚输出高
电平，驱动开关管 VT5 导通，开始新的变换周期，这样可使 EMI（电磁噪声干扰）最小。设
置消隐延迟，可防止因开关频率过高（NCP1377 的开关频率固定为 100kHz）而引起开关管
误动作。

（4）24V 开关电源电路

24V 开关电源电路以 IC2（NCP1217）为核心构成，其作用是将功率因数校正电路输出
的 400V 直流电压，变换为 24V/4A 稳定直流电压。

NCP1217 是美国安森美半导体公司推出的电源控制芯片，内部采用了电流模式调制器，
工作频率固定在 65kHz。图 8-21 是 NCP1217 内部电路框图，其引脚功能如表 8-11 所示。

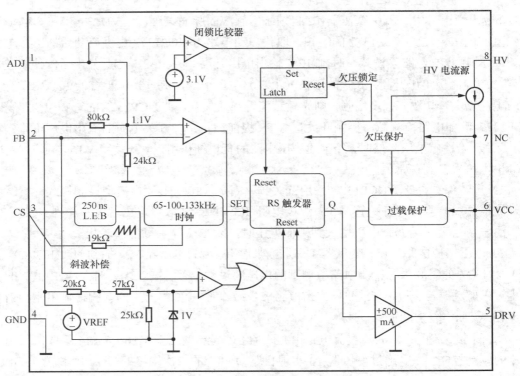

图8-21　NCP1217内部电路框图

表 8-11　　　　　　　　　　　　　　　　NCP1217 引脚功能

脚号	符号	功能
①	ADJ	调整跳跃峰值电流
②	FB	输出电压反馈信号
③	CS	电流检测
④	GND	地
⑤	DRV	驱动脉冲输出端
⑥	VCC	电源
⑦	NC	空
⑧	HV	高压端，向 VCC 引脚的电容注入电流，保证正常的启动

1）启动电路。当接通电源时，功率因数校正电路输出的高压 HV 从 NCP1217 的⑧脚引入，芯片内部电流源向 NCP1217 的⑥脚外接电容器 C21 充电，当电压 VCC 达到 12.5V 时，电流源关断。此后，开关变压器 T1 自馈绕组感应的脉冲电压，经 VD7 整流、C21 滤波后产生直流电压，加到 NCP1217 的⑥脚，取代启动电路为 NCP1217 提供启动后的工作电压。

NCP1217 启动后，内部电路开始工作，并从⑤脚输出开关脉冲，加到大功率 MOS 开关管 VT2、VT17 的栅极，使 VT2、VT17 工作在开关状态。

2）稳压控制电路。NCP1217 通过控制脉冲信号的占空比，使得输出的电压稳定在 24V。当二次侧输出电压超过 24V 时，经 R27、R28 分压后，使误差放大器 IC4 的控制极电压升高，IC4 的阴极（上端）电压下降，流过光电耦合器 IC3 中发光二极管的电流增大，其发光强度增强，则光敏三极管导通加强，使 NCP1217 的②脚电压下降，经 NCP1217 内部电路检测后，控制开关管 VT2、VT17 提前截止，使开关电源的输出电压下降到正常值。反之，当输出电压降低时，经上述稳压电路的负反馈作用，使开关管 VT2、VT17 导通时间变长，使输出电压上升到正常值。

3）过流保护。NCP1377 采用开关频率固定（65kHz）电流型控制模式，其③脚作为过流检测端，当流经开关管 VT2、VT17 源极电阻 R20 两端的取样电压增大时，使加到 NCP1217 的③脚的电压增大，当③脚电压增大到阈值电压时，NCP1217 关断⑤脚输出。

4）待机控制电路。在接通交流市电的情况下，12V 供电一直持续工作，电源待机电路的控制是对 24V 的电源进行控制。

在开机状态下，待机控制信号 P-ON 为高电平，VT4 导通，VT12 截止，光电耦合器 IC5 不工作，对 NCP1217 无影响。待机时，待机控制信号 P-ON 为低电平，VT4 截止，VT12 导通，光电耦合器 IC5 工作，将 NCP1217 的②脚电位拉低，使 NCP1217 停止工作。

3. 由 SG6961 + 2 × TEA1507P 构成的开关电源

由 SG6961 + 2 × TEA1507P 组合芯片构成的开关电源方案中，SG6961 构成前级有源功率因数校正电路，两片 TEA1507P 构成开关电源控制电路，和外围电路配合，用来产生电视机所需的 24V 和 12V 电压。下面以采用 SG6961 + 2 × TEA1507P 组合芯片的飞利浦 47PFL7422 电视机为例进行介绍，有关电路如图 8-22 所示。

（1）SG6961 介绍

SG6961 是一款应用于开关电源的功率因数校正电路，内含锯齿波发生器、参考电压电路、R-S 触发器、驱动电路等，可以直接驱动 MOSFET。SG6961 内部电路框图见图 8-23，各引脚功能如表 8-12 所示。

（2）TEA1507P 介绍

TEA1507P 属于飞利浦公司研制的"绿色芯片"系列开关电源控制电路。其性能与前面介绍的 TEA1532 类似，但二者内部结构和引脚功能有所不同。TEA1507P 引脚功能如表 8-13 所示，内部电路框图见图 8-24。

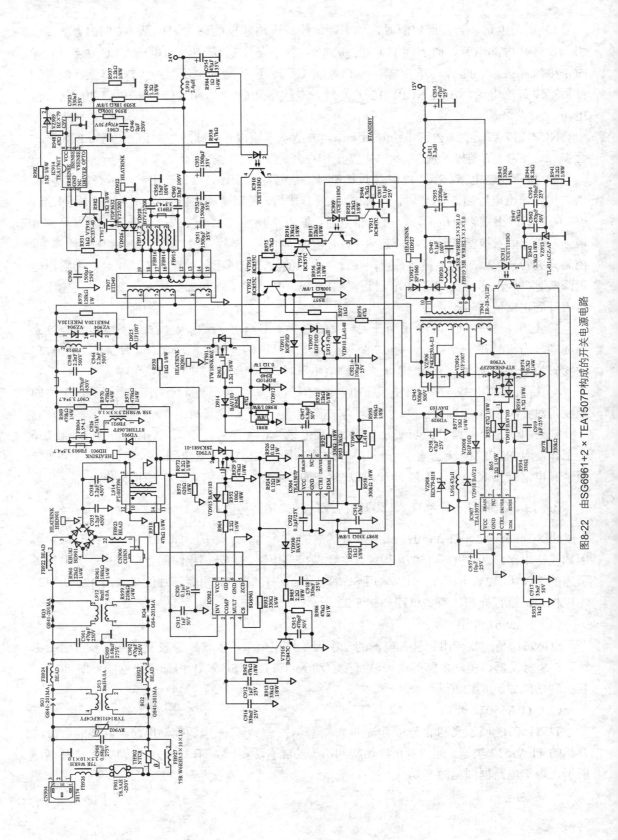

图8-22 由SG6961+2×TEA1507P构成的开关电源电路

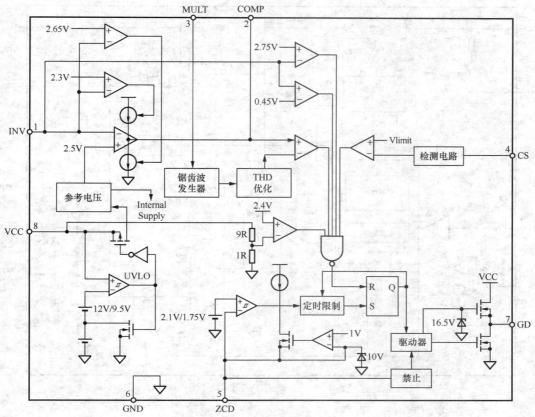

图8-23   SG6961内部电路框图

表 8-12   SG6961 引脚功能

引脚号	符号	功能
①	INV	误差放大器反相输入端
②	COMP	误差放大器输出
③	MULT	乘法器输入
④	CS	利用电流侦测电阻，将电流转成电压输入
⑤	ZCD	零电流侦测
⑥	GND	接地
⑦	GD	驱动脉冲输出
⑧	VCC	工作电源

表 8-13   开关电源控制电路 TEA1507P 引脚功能

引脚号	符号	功能
①	VCC	电源/欠压保护输入
②	GND	地线
③	CTRL	开关管驱动脉冲占空比控制输入（误差信号输入）
④	DEM	去磁控制信号输入，过压/过载保护信号输入
⑤	SENSE	开关管电流检测输入
⑥	DRIVER	开关管驱动脉冲输出
⑦	HVS n.c.	未用
⑧	DRAIN	外接开关管漏极，IC 启动电流输入/谷值检测输入端

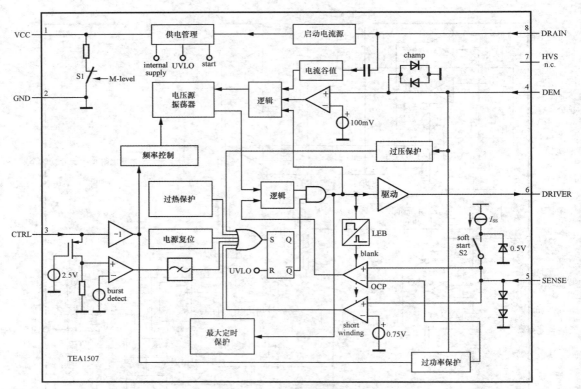

图8-24　TEA1507P内部电路框图

（3）24V 开关电源电路

24V 开关电源电路以 IC904（TEA1507P）为核心构成，下面简要介绍其主要电路工作原理。

1）整流滤波电路。接上市电电压后，220V 交流电压经 FB926、F901、C908、RV902、L913、FB924、C909、C901、C902、L912、R959、R960、R961、FB922、FB923 等组成的线路滤波器滤波、限流，滤除交流电压中的杂波和干扰，再经 VD901、C935、C938 整流滤波后，形成直流电压。由于滤波电路电容 C935、C938 储能较小，所以在负载较轻时，经整流滤波后的电压为 300V 左右，在负载较重时，经整流滤波后的电压为 230V 左右。电路中，RV902 为压敏电阻，即在电源电压高于 250V 时，压敏电阻 RV902 击穿短路，保险管 FU901 熔断，这样可避免电网电压波动造成开关电源损坏，从而保护后级电路。

2）功率因数校正电路。功率因数校正电路以 IC902（SG6961）为核心构成，具体工作过程如下。SG6961 的⑧脚在得到供电电压后开始工作，从⑦脚输出驱动脉冲，经 R964、VD915、R952 加到场效应管 VT902 的栅极，驱动 VT902 工作在开关状态。当 VT902 导通时，由 VD901 整流后的电压经电感 L914 的一次绕组、VT902 的 D-S 极、R924//R926 到地，形成回路。当 VT902 截止时，由 VD901 整流输出的电压经电感 L914 的一次绕组、VD901、C907 到地，对 C907 充电，同时，流过 L914 电流呈减小趋势，电感两端必然产生左负右正的感应电压，这一感应电压与 VD901 整流后的直流分量叠加，在滤波电容 C907 正端形成 400V 左右的直流电压，不但提高了电源利用电网的效率，而且使得流过 L914 的电流波形和输入电压的波形趋于一致，从而达到提高功率因数的目的。

　　当由某种情况引起输出电压（C907 正端电压）变化时，C907 正端的电压经 R969、R970、R971、R972、R973 分压后，送到 L6561 的①脚，经内部处理后，控制 SG6961 的⑦脚脉冲占空比发生变化，进而控制场效应管 VT902 栅极驱动脉冲占空比变化，从而维持输出电压的稳定。在一定的输出功率下，输入电压降低，SG6961 的⑦脚输出的脉冲占空比变大，输入电压升高，SG6961 的⑦脚输出的脉冲占空比变小。

　　3）启动和振荡电路。C907 正端的约 400V 电压一路经开关变压器 T907 的 5—4 绕组加到开关管 VT901 的漏极（D），另一路经 T907 的 4—7 绕组、R330 加到 IC904（TEA1507P）的⑧脚，经⑧脚内的启动电流源电路对①脚外接的电容 C921 充电，当 C921 电容两端电压上升到 4V 以上时，TEA1507P 内部的振荡电路开始振荡，从⑥脚输出驱动脉冲，通过 R942、VD914 加到开关管 VT901 栅极，控制 VT901 工作在开关状态，开关电源开始工作。开关电源工作后，开关变压器 T907 的 8—9 绕组将感应出交变电压，经 VD907 整流，L915、C921 滤波后为 TEA1507P 的①脚提供完成启动后的工作电压。

　　TEA1507P 内置一个压控振荡器（VCO），振荡频率范围是 6～175kHz，其最高振荡频率由 TEA1507P 内部的振荡电容及电流源确定，在开关电源处于不同负载的工作状态时，TEA1507P 的工作频率（或工作模式）由③脚控制电压及④脚 DEM 去磁控制电压共同确定。当开关电源在大功率输出状态时，工作在准谐振模式；当开关电源在中功率输出状态时，工作在固定频率工作模式；当开关电源在小功率输出状态（待机状态）时，开关电源工作在低频模式（6kHz），如图 8-25 所示。

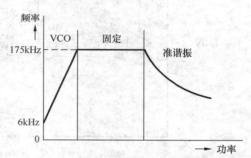

图8-25　TEA1507P开关电源的工作模式及频率

　　4）稳压控制电路。TEA1507P 的稳压采用电流/电压双模式控制方式，即开关电源控制电路采用了电压和电流两种负反馈控制信号进行稳压控制。

　　电流负反馈信号是在开关管 VT901 源极接入取样电阻 R949、R980、R981，对开关管源极的电流（也即开关变压器的一次电流）进行取样而得到的，开关管电流取样信号经 R922、R923 送入 TEA1507P 的⑤脚一次电流检测端，既参与稳压控制又具有过流保护功能。因为电流取样是在开关管的每个开关周期内都要进行的，所以这种控制又称为逐周（期）控制。改变开关管 VT901 源极电流取样电阻的阻值，可以改变开关管的最大电流，因此，当开关管源极电流取样电阻的阻值因故障而变大时，开关电源的输出电压可能降低。

　　电压负反馈信号（即误差取样信号）由 TEA1507P 的③脚输入，具体控制过程如下。当 24V 电源使该输出端电压升高时，通过取样电阻 R940、R939、R937 分压，加到同步整流控制电路 IC914（TEA1761T）⑥脚的电压升高，经与 IC914 内部 2.5V 基准电压比较后，使 IC914 的⑤脚电压下降，光电耦合器 IC910 内发光二极管亮度加强，其光敏三极管电流增大，其 ce 结内阻减小，TEA1507P 的③脚电位上升，TEA1507P 的⑥脚输出的脉冲宽度变窄，开关管 VT901 导通时间缩短，其二次绕组感应电压降低，24V 电压降低，达到稳压的目的。若 24V 输出端电压下降，则稳压过程相反。

　　5）同步整流电路。同步整流电路以 IC914（TEA1761T）、VT917 为核心构成。TEA1761T

是典型 PWM 控制器，TEA1761T 芯片内部集成有 2.5V 基准电压源、R-S 触发器、2μs 定时器、电压检测比较器、电流检测比较器、缓冲放大、过热保护等电路。TEA1761T 内部电路框图见图 8-26，其引脚功能如表 8-14 所示。

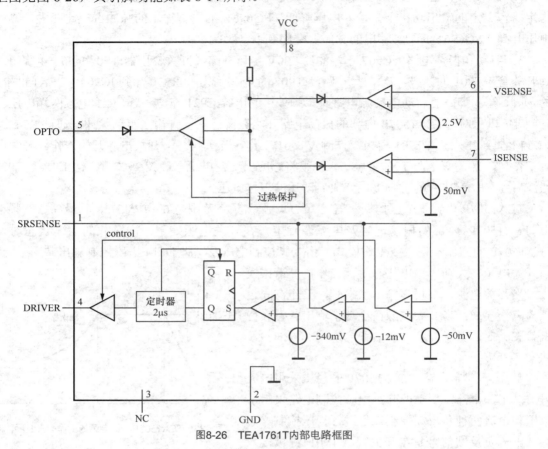

图8-26　TEA1761T内部电路框图

表 8-14　　　　　　　　　　　　　　TEA1761T 引脚功能

引脚号	符号	功能
①	SRSENSE	同步信号输入
②	GND	地
③	NC	空
④	DRIVER	驱动信号输出
⑤	OPTO	误差信号输出
⑥	VSENSE	电压检测输入
⑦	ISENSE	电流检测输入
⑧	VCC	电源，该脚电压大于 8.6V 时，芯片开始工作；该脚电压小于 8.1V 时，④、⑤脚停止输出

　　开关电源工作后，开关变压器 T907 的 12—16 绕组感应脉冲一方面经 R931 加到 TEA1761T 的①脚，经与内部电压比较器比较后，去触发内部 R-S 触发器，另一方面，T907 的 12—16 绕组感应脉冲还经 C951、C952、C953 滤波后，加到 TEA1761T 的⑧脚，为 TEA1761T 提供工作电源。TEA1761T 工作后，从④脚输出驱动脉冲，经 VT918 缓冲后，控制 SR 整流器件

VT917 进入开关状态。由于 TEA1761T 的①脚受控于 T907 二次回路，因此，其④脚输出的信号振荡频率与开关电源回路保持一致，也即在电源开关管 VT901 导通（T907 的 12—16 绕组储能）时，TEA1761T 的④脚输出低电平，VT917 截止。电源开关管 VT901 截止时，TEA1761T 的④脚输出高电平，驱动整流开关管 VT917 导通，T907 的 12—16 绕组感应脉冲由 VT917 同步整流和 C951、C952、C953 滤波，产生 24V 电压为负载供电。

6）尖峰吸收回路。为了防止 VT901 在截止期间，其漏极的感应脉冲电压的尖峰击穿 VT901，该开关电源电路设置了由 VD925、VZ902、VZ904、C944、FB918、R979 组成的尖峰吸收回路。VT901 的漏极输出的脉冲电压经 VD925 对 C944 充电，使 VT901 的尖峰脉冲电压被有效地吸收。

7）电源过流保护电路。开关管 VT901 源极（S）的电阻 R949、R980、R981 为过流取样电阻。由某种情况（如开关变压器绕组短路等）引起 VT901 源极的电流增大时，过流取样电阻上的电压降增大，TEA1507P 的⑤脚（电流检测）电压升高，当⑤脚电压大于 0.5V 时，过流保护电路启动，切断开关管驱动脉冲输出，使开关电源的输出电压下降，当开关电源的输出电压下降到使 TEA1507P 的①脚电源电压低于欠压保护动作电平 4V 时，启动电路通过⑧脚→①脚向 VCC 滤波电容 C921 充电，TEA1507P 重新启动。如果短路消失，开关电源进入正常工作状态，如果短路仍然存在，保护电路再次动作，重复以上过程。因此，开关电源发生过流时，可能会听到开关电源反复启动的"打嗝"声。

8）软启动电路。软启动电路的作用是，刚开机时，使开关变压器和开关管中的电流缓慢上升，避免大的开机冲击电流对开关管的损害，以及开关变压器产生异常响声。TEA1507P 的软启动功能是通过在开关管源极电流取样电阻与 TEA1507P 的⑤脚电流取样输入端插入 RC 电路来实现的。开机后，TEA1507P 内部的一个电流源通过⑤脚向 C947 充电，使⑤脚电流取样端的电压快速上升，从而在开机时限制开关管的电流。当⑤脚电压上升到 0.5V 后，软启动充电电流源断开，软启动结束。

9）去磁控制引脚电路保护。TEA1507P 的④脚 DEM 为去磁控制信号输入端。去磁控制是新型开关电源控制电路使用的一种控制方式。去磁控制的基本含义是通过检测开关变压器中储存能量的变化，或者说是通过检测开关变压器一次电流和二次电流的变化情况，然后对开关电源进行控制。通过 DEM 信号可以实现很多控制可能。如开关管零电流 ON/OFF 状态切换、过压保护控制、短路保护控制、市电电压过压保护等。

当 TEA1507P 的④脚去磁控制输入脚外电路开路时，TEA1507P 判断去磁电路出现故障，TEA1507P 内部的保护电路动作，切断开关管驱动脉冲输出，使开关电源停止工作，直到故障状态消除。当 TEA1507P 的④脚去磁控制输入脚外电路短路或接地时，TEA1507P 判断去磁电路出现故障，TEA1507P 内部的保护电路动作，切断开关管驱动脉冲输出，使开关电源停止工作，然后开关电源进入安全重启状态。

10）过压保护电路。过压保护是在开关管截止期间（开关变压器二次整流电路导通期间）通过检测 TEA1507P 的④脚去磁控制端的电流来实现的。当开关电源输出电压升高到保护电路的动作电平时，开关电源控制电路将使开关管截止。

11）市电电压过压保护。市电电压过压保护控制是在开关管导通期间通过检测 TEA1507P 的④脚去磁控制端的电流来实现的。当市电整流电压升高时→④脚电流加大→TEA1507P 通过控制电路降低开关管的最大电流，达到保护电路的目的。

由电路图可以看出，④脚电流还受到④脚外接电阻值大小的影响，因此，当④脚电路中电阻值变化时可能会使开关管电流偏离正常值。

12）欠压保护电路。TEA1507P 的①脚既是启动端，也是开关电源欠压保护输入端。当①脚电压低于 4V 时，欠压保护电路动作，开关电源由⑧脚重新启动。因此，当 TEA1507P 启动，开关电源工作后，开关变压器 8—9 绕组必须接替 IC 内的启动电路向①脚供电，否则，IC 启动后，启动电路不能维持 IC 的供电，①脚电压将降低，当①脚电压低于 4V 时，欠压保护电路动作，即开关电源启动后，如果①脚不能得到开关变压器自馈电绕组的供电，TEA1507P 不能正常工作。

13）芯片过热保护电路。当 TEA1507P 芯片过热，芯片温度达到 140℃时，TEA1507P 内的过热保护电路动作，切断开关管驱动脉冲输出。

（4）12V 开关电源电路

12V 开关电源电路以 IC907（TEA1507P）为核心构成，其工作原理与 24V 开关电源基本一致，这里不再分析。

（5）待机控制电路

飞利浦 47PFL7422 电视机开关电源由两组开关电源组成。由 IC904（TEA1507P）组成的开关电源用来产生 24V 电压，主要供给音频功率放大器和 ITV 电路板。由 IC907（TEA1507P）组成的开关电源用来产生 12V 电压，12V 电源为主电源，负责向机内的其他电路和 DC/DC 电路供电。

微控制器 U4102（M30300SPGP）的⑲脚 STANDBY 为待机控制信号，待机控制信号只控制 IC904（TEA1507P）为中心的 24V 电源和以 IC902 为核心的功率因数校正电路，而以 IC907（TEA1507P）为中心的 12V 开关电源不受待机控制。其他面板电源、背光灯等另有专门的控制信号。

正常工作时，STANDBY 信号为高电平，待机时 STANDBY 信号为低电平。

正常工作时，STANDBY 信号为高电平→VT915 导通→IC909 发光二极管发光→IC909 光敏三极管导通→VT914 导通→VT913 导通→功率因数校正电路 IC902（SG6961）⑧脚 VCC 端得到供电，功率因数校正电路工作。另外，由于 VT913 导通，VT912 截止，因此 VD910、VD911 截止，不影响 14V 开关电源电路 IC904 的工作。

待机时，STANDBY 信号为低电平→VT915 截止→IC909 内的发光二极管不能发光→IC909 内的光敏三极管截止→VT914 截止→VT913 截止→功率因数校正电路 IC902 的⑧脚 VCC 端得不到供电，功率因数校正电路不工作。另外，VT913 截止，VT912 导通，此时 VD910、VD911 导通，IC904 的①脚、④脚加有正电压，经④脚内部电路检测后，使 IC904 处于待机状态。

这里需要说明的是，IC904 的⑧脚为启动电源输入脚，①脚为电源电压 VCC 引脚，①脚还有欠压保护电压监测功能，当①脚电压过低时，IC904 进入欠压保护状态。IC904 的④脚为去磁保护输入引脚，此脚还有过压保护检测、过载保护检测功能。当④脚电压过高时，IC904 进入保护状态，使开关管截止，直至①脚电压降低至欠压保护电平，IC904 重新启动。因此，若利用 IC904 的①、④脚实现待机控制，在④脚加正电压的同时，必须使 IC904 的①脚保持电源电压（VD910 的作用），否则，待机时只给④脚加正电压，而①脚不保持稳定电压，会产生开关电源重复启动的现象。

8.3.2　电视机开关电源的维修

开关电源电路是电视机中故障率最高的电路，开关电源出现故障后，会导致各种故障现象，最常见的故障就是：不开机、整机无反应、电源指示灯不亮。除此之外，还会引起死机、开机后关机保护等现象。

电视机开关电源的维修方法与液晶显示器基本一致，主要有以下两点不同。

（1）电视机开关电源一般设有功率因数校正电路，用来提高电路功率因数，降低开关电源对电网的污染。实际上，该电路损坏后可以舍弃不用，直接短接即可。以图 8-1 所示电路为例，只需将功率因数校正芯片 L6561 拆掉即可，这样，桥式整流后的脉动直流电压经 VD1 后，直接为功率开关管 VT4、VT12 供电。

（2）电视机开关电源一般设有两个（开关电源 1、开关电源 2），以减轻单个开关电源的负荷，这两个开关电源大都是并行的，一般情况下互不影响，因此，维修时可以逐个进行维修，维修方法与单个开关电源维修相同。需要注意的是，个别电视机的开关电源 1 与开关电源 2 不是并行的，电路是相关的，也就是说，开关电源 2 的启动电压由开关电源 1 提供，只有开关电源 1 工作后，开关电源 2 才能启动工作，因此，维修此类电视机开关电源时，要注意维修顺序，先维修开关电源 1，再维修开关电源 2。

8.3.3　电视机 DC/DC 变换器电路分析

电视机的 DC/DC 变换器与液晶显示器类似，下面举例说明。

1. 开关型 DC/DC 变换器 LM2596

LM2596 是一个降压式开关型 DC/DC 变换芯片，根据其后缀不同可输出不同的电压，例如 LM2596-3.3 输出电压为 3.3V，LM2596-5.0 输出电压为 5V，LM2596-12 输出电压为 12V，LM2596-ADJ 输出电压可调。LM2596 有两种封装形式，如图 8-27 所示。

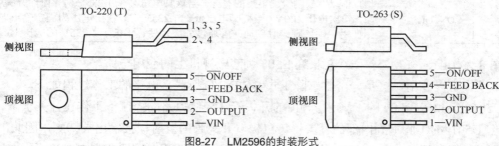

图8-27　LM2596的封装形式

LM2596 具有很好的线性和负载调节特性。该器件内部集成有频率补偿和固定频率发生器，开关频率为 150kHz，与低频开关调节器相比较，可以使用更小规格的滤波元器件。由于该器件只需几个外接元器件，可以使用通用的标准电感，这更优化了 LM2596 的使用，极大地简化了开关电源电路的设计。该器件还有其他特点：在特定的输入电压和输出负载的条件下，输出电压的误差可以保证在±4%的范围，振荡频率误差在±15%的范围；可以用 80μA 的待机电流，实现外部断电；具有过热保护和限流保护等功能。LM2596 的内部电路框图见图 8-28，各引脚功能如表 8-15 所示。

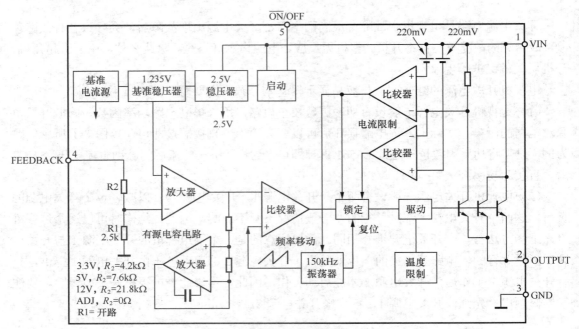

图8-28　LM2596内部电路框图

表 8-15　　　　　　　　　　　　　LM2596 引脚功能

引脚号	符号	功能
①	VIN	电压输入端，最高输入电压可达 40V，最低为 4.5V
②	OUTPUT	电压输出端，最高输出为 37V，最低输出为 1.2V
③	GND	地
④	FEEDBACK	反馈端，即稳压取样电压输入端。通过内部分压网络监控输出电压的大小，当输出电压增大或减小时，该脚电压同比例增大或减小，经与内部基准电压值 1.235V 比较，内部放大器可自动调节振荡器的输出占空比，使输出电压减小或增大
⑤	$\overline{ON}$/OFF	输出控制端，控制输出电压的有无。当该脚电压高于 1.235V 时，内部开关管被关断，输出电压为 0V；当该脚电压低于 1.235V 时，输出电压为额定输出电压。实际使用中，该脚一般接地或者通过外接元件置于低于 1.235V 的电压上

图 8-29 所示是 LM2596-5.0 在长虹 LS08 机芯电视机上的应用电路。

从图中可以看出，这是一个电感降压式 DC/DC 变换器，电路的工作过程如下。

U501（LM2596-5.0）的①脚、②脚内的开关管在控制电路的控制下工作在开关状态。18V 电压经 U501 的①脚加到内部的开关管集电极，开关管的发射极接输出端②脚，因此，18V 电压经内部开关管 ce 结、外部储能电感 L500 和电容 C504 构成回路，充电电流不仅在 C504 两端建立直流电压，而且在储能电感 L500 上产生左正右负的电动势。U501 内部开关管截止期间，由于储能电感 L500 中的电流不能突变，所以，L500 通过自感产生右正左负的脉冲电压。于是，L500 右端正的电压→滤波电容 C504→续流二极管 VD500→L500 左端构成放电回路，放电电流继续在 C504 两端建立直流电压，继续为负载提供 5V 的供电电压。

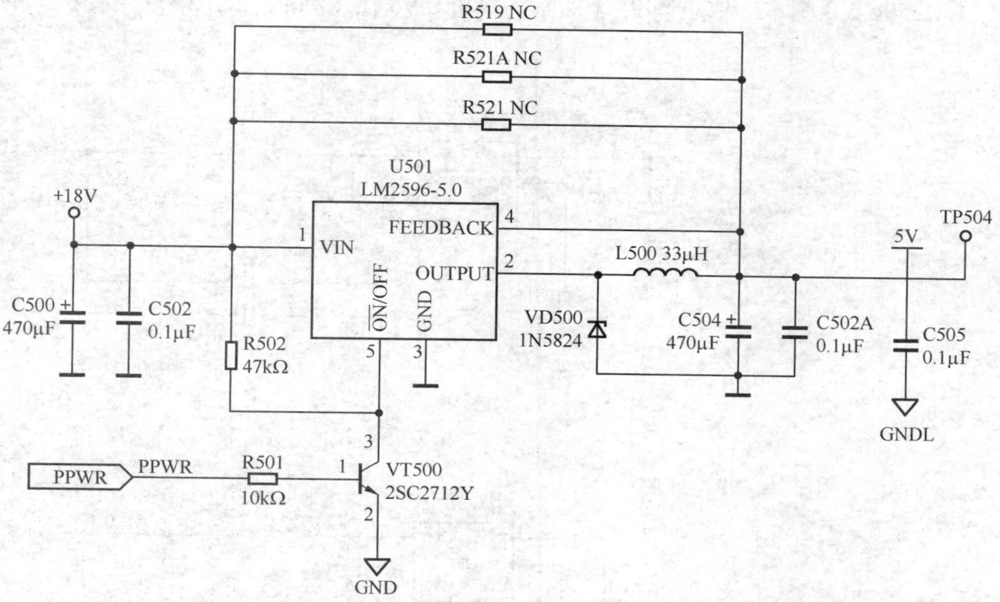

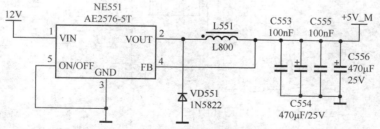

图8-29　LM2596-5.0在长虹LS08机芯电视机上的应用电路

U501 的⑤脚为输出电压控制端，由 MCU 输出的 PPWR 信号进行控制。正常工作时，PPWR 为高电平，经 VT500 反相后，使加于 U501 的⑤脚电压为低电平，U501 能够输出正常的 5V 电压；待机状态时，MCU 输出的 PPWR 信号为低电平，VT500 截止，其集电极输出高电平，使加到 U501 的⑤脚电平为高电平，U501 内部开关管被关断，输出电压为 0V，使面板电路停止工作。

2. AE2576-5T

AE2576-5T 是一个输出电压为 5V 的开关型 DC/DC 变换器，其内部电路框图和引脚功能与 LM2596-5.0 完全一致。图 8-30 所示为 AE2576-5T 在海信 TLM4277 电视机上的应用电路。

图8-30　AE2576-5T在海信TLM4277电视机上的应用电路

AE2576-5T 与外围元器件 L551、VD551、C553～C556 构成电感降压式 DC/DC 变换器，可将输入的 12V 电压变换为 5V 电压。

3. AIC1596

AIC1596 是一个开关型 DC/DC 变换器，共有 AIC1596-33（输出电压为 3.3V）、AIC1596-

50（输出电压为 5V）、AIC1596-12（输出电压为 12V）等多个型号，其内部电路框图和引脚功能与 LM2596-5.0 基本一致。图 8-31 所示为 AIC1596 在飞利浦 32AT2800 电视机上的应用电路。

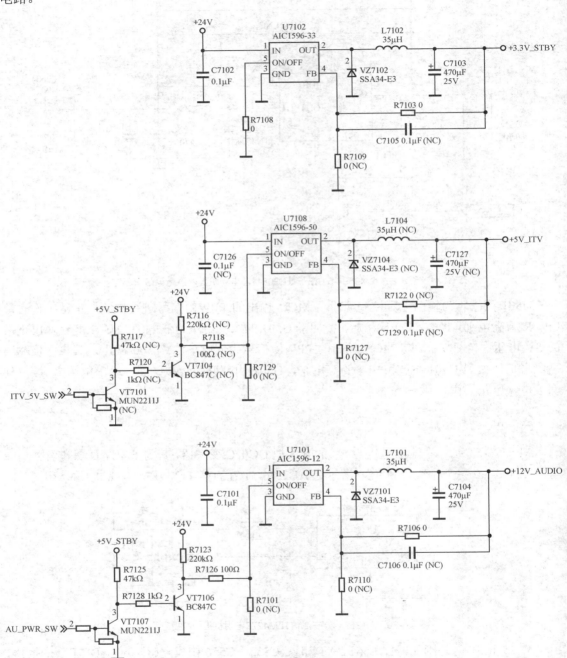

图8-31　AIC1596在飞利浦32AT2800电视机上的应用电路

电路中，U7102（AIC1596-33）和外围电路组成电感降压式 DC/DC 变换器，可将①脚输入的 24V 电压转换为 3.3V 电压，从②脚输出。U7102 的⑤脚为输出使能端。⑤脚为低电平时，②脚输出正常；当⑤脚为高电平时，②脚无输出。

U7108（AIC1596-50）和外围电路组成电感降压式 DC/DC 变换器，可将①脚输入的 24V 电压转换为 5V 电压，从②脚输出。U7108 的⑤脚为输出使能端，由 MCU 输出的 ITV_5V_SW 信号控制。当 ITV_5V_SW 信号为高电平时，VT7101 导通，VT7104 截止，VT7104 集电极输出高电平，控制 U7108 的⑤脚为高电平，此时，U7108 的②脚无输出；当 ITV_5V_SW 信号为低电平时，U7108 的⑤脚为低电平，U7108 的②脚有正常的 5V 电压输出。

U7101（AIC1596-12）和外围电路组成电感降压式 DC/DC 变换器，可将①脚输入的 24V 电压转换为 12V 电压，从②脚输出。U7101 的⑤脚为输出使能端，由 MCU 输出的 AU_PWR_SW 信号控制。当 AU_PWR_SW 信号为高电平时，VT7107 导通，VT7106 截止，VT7106 集电极输出高电平，控制 U7101 的⑤脚为高电平，此时，U7101 的②脚无输出；当 AU_PWR_SW 信号为低电平时，U7101 的⑤脚为低电平，U7101 的②脚有正常的 12V 电压输出。

8.3.4　电视机 DC/DC 变换器的维修

在开关电源输出的直流电压（如 12V、24V 等）正常的情况下，DC/DC 变换电路直接决定着电视机工作的正常与否。由于 DC/DC 变换器输出的电压主要为主板小信号处理电路、液晶面板等多个电路供电，因此，若 DC/DC 变换器出现故障，会表现各种各样的故障现象，常见故障现象为"无规律地死机""花屏""白屏""黑屏"等。

电视机 DC/DC 变换器的维修方法与液晶显示器相同，这里不再重复。

8.4　液晶显示器/电视机 LED 背光板电路分析与维修

本节主要以 LED 电视机为例分析 LED 背光板电路，液晶显示器 LED 背光板与彩电类似，只是电路结构简单一些。

8.4.1　LED 背光板识别

1. LED 背光板实物

LED 背光板用来驱动 LED 发光。不同的 LED 液晶屏，背光板的安装位置有所不同。以 4A-LCD32T-AUC 液晶屏为例，LED 背光板的安装位置如图 8-32 所示。

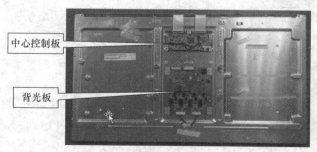

中心控制板

背光板

图8-32　LED背光板的安装位置

不同的背光板，其尺寸和接口有所不同。图 8-33、图 8-34 和图 8-35 是 3 种较为常见的 LED 背光板的实物图。

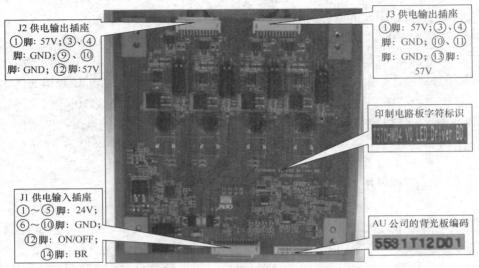

J2 供电输出插座
①脚: 57V；③、④脚: GND；⑨、⑩脚: GND；⑫脚: 57V

J3 供电输出插座
①脚: 57V；③、④脚: GND；⑩、⑪脚: GND；⑬脚: 57V

印制电路板字符标识

J1 供电输入插座
①～⑤脚: 24V；⑥～⑩脚: GND；⑫脚: ON/OFF；⑭脚: BR

AU 公司的背光板编码
5531T12001

图8-33 LED背光板实物图（应用在4A-LCD32T-AUC液晶屏）

CN2 供电输出插座
①脚: GND；③脚: 180V；⑤脚: GND；⑦脚: 180V；⑨脚: GND；⑪脚: 180V；⑬脚: GND；⑮脚: 180V

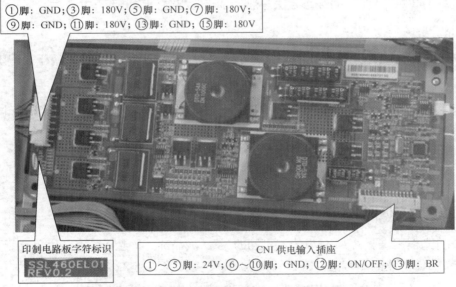

印制电路板字符标识
SSL460EL01 REV0.2

CNI 供电输入插座
①～⑤脚: 24V；⑥～⑩脚: GND；⑫脚: ON/OFF；⑬脚: BR

图8-34 另一种LED背光板实物图（应用在LTA400HF16液晶屏）

2. LED 背光板接口

（1）供电输入接口

大多数 LED 背光板的供电输入插座各脚功能、排列及电压值是相同的，如图 8-33、图 8-34 所示，①～⑤脚为 24V，⑥～⑩脚为 GND，⑫脚为 ON/OFF，⑬脚为 BR。个别 LED 背光板的供电输入插座各脚功能、排列和电压值是特殊的。

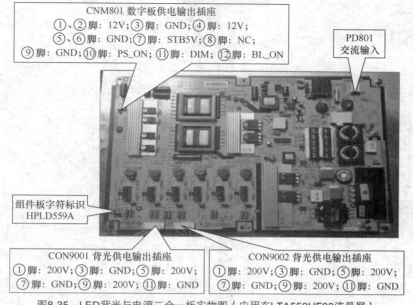

图8-35 LED背光与电源二合一板实物图（应用在LTA550HF03液晶屏）

个别小尺寸 LED 液晶屏背光板的输入电压不是 24V，如 4A-LCD19T-AU2 液晶屏的背光输入电压为 44V，4A-LCD22T-AU3 液晶屏的背光输入电压为 33V，4A-LCD24E-AU2 液晶屏的背光输入电压为 42V。这些小尺寸 LED 液晶屏没有背光控制开关，背光亮度也不可调节。个别 LED 液晶屏如 4A-LCD40T-SSF、4A-LCD46T-SSD、4A-LCD55T-SS1、LTA550HF03 采用的是二合一电源板，输入的是 220V 交流电压。

（2）供电输出接口

不同型号 LED 液晶屏背光板的供电输出插座可能不同，有用一个输出插座的（如图 8-34 所示背光板），有用两个输出插座的（如图 8-33 和图 8-35 所示背光板）。

不同型号 LED 液晶屏背光板的供电输出电压可能不同，图 8-33 所示背光板输出 57V 直流电压，图 8-34 所示背光板输出 180V 直流电压，图 8-35 所示背光板输出 200V 直流电压。

LED 液晶屏有几组 LED，背光板便有几组供电电压输出，图 8-33 和图 8-34 所示背光板有 4 组供电电压输出，图 8-35 所示背光板有 6 组供电电压输出。同一背光板的各组供电输出电压是相同的，每组之间相互独立，互不影响，不会其中 1 组 LED 出故障不亮，就造成整个背光板保护。

8.4.2 LED 背光板电路分析

LED 背光板电路也称 LED 驱动电路，是 LED 电视机特有的电路，其功能是输出点亮后级 LED 条所需的直流电压，同时通过各种过压、过流、断路等保护电路，控制 LED 条的工作电流，防止 LED 损坏。下面以 OZ9957 为核心构成的 LED 背光板电路为例进行分析，有关电路如图 8-36 所示。

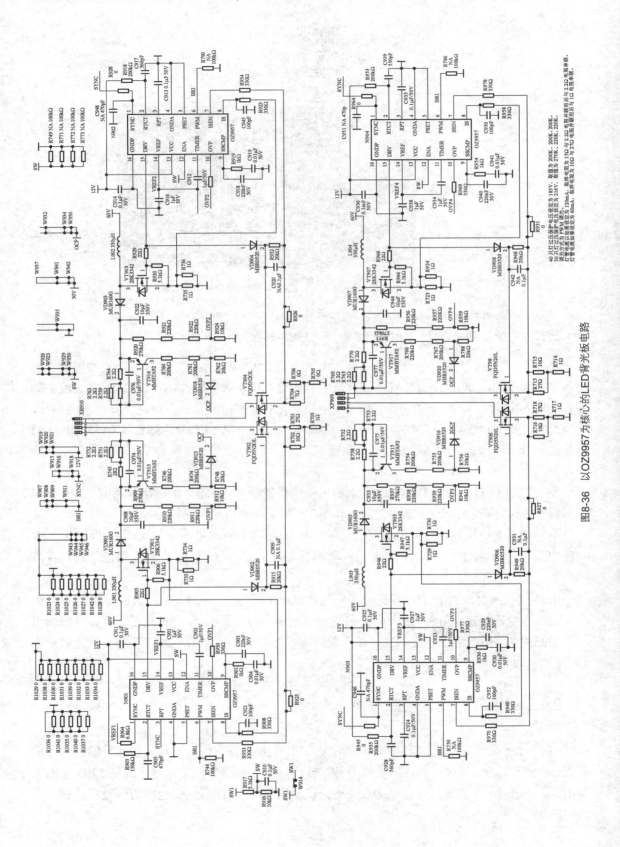

图8-36 以OZ9957为核心的LED背光板电路

1. LED 驱动控制电路

LED 驱动控制电路以 OZ9957 为核心构成，它是单路 LED 驱动芯片。该背光电路中，采用了 4 片 OZ9957，因此，可以驱动 4 根 LED 条，这 4 路驱动电路均独立工作。OZ9957 内部框图见图 8-37。

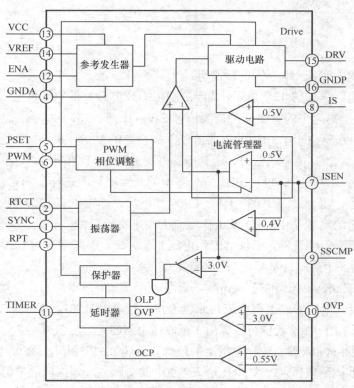

图8-37　OZ9957内部电路框图

OZ9957 各脚功能如表 8-16 所示。

表 8-16 　　　　　　　　　　　　　　OZ9957 引脚功能

引脚号	符号	功能
①	SYNC	同步信号输入，用于多个芯片同时工作
②	RTCT	振荡器工作频率设定脚
③	RPT	同步信号输出，用于多个芯片同时工作
④	GNDA	模拟地
⑤	PSET	相位设定，用于多个芯片同时工作
⑥	PWM	PWM 调光信号输入
⑦	ISEN	LED 电流检测
⑧	IS	升压 MOS 管工作电流检测
⑨	SSCMP	软启动和补偿脚，用来滤除信号中的杂波信号，避免芯片启动瞬间受电流冲击，实现软启动功能
⑩	OVP	过压保护检测
⑪	TIMER	OCP、OVP、OLP 保护延时设定
⑫	ENA	使能端

续表

引脚号	符号	功能
⑬	VCC	工作电压输入
⑭	VREF	参考电平输出
⑮	DRV	外部 MOS 管驱动信号输出
⑯	GNDP	功率地

2. 驱动电路

下面以其中的 N901 一路为例进行说明。

从开关电源电路送来的 12V 电压，加到 N901（OZ9957）的⑬脚供电端。当背光需要点亮时，从 CPU 输出高电平的背光开关控制信号 SW，加到 N901 的⑫脚使能端，当该脚电压大于 2V 时，N901 开始工作，内部的振荡器以②脚设定的工作频率振荡，通过驱动电路放大后，从⑮脚输出 PWM 开关驱动信号，送到驱动开关管 VT901 的栅极。VT901 漏极所接的储能电感 L901、整流二极管 VD901 组成一个典型的升压电路，这样，84V 电压叠加上 L901 中存储的自感电压，再经过 VD901 整流、C908 滤波后，输出点亮 LED 条的驱动电压。

输出驱动电压的高低是由 LED 条工作电流大小来进行反馈控制的。为了保证 LED 发光的稳定性，需要恒流工作条件，所以其工作电流非常关键。不同型号的 LED 条，其额定的工作电流也不一样，有的为 120mA，有的只需要 60mA。

海信 LED32T28KV 使用的是 60mA 的灯条。当 LED 条点亮后，驱动电压经过灯条、VT902、取样电阻、地，形成工作电流。此电流在取样电阻 R701、R702、R703 上形成电流取样电压。通过简单的计算，我们可以算出 3 个取样电阻的等效阻值为 $(27 \times 10)/(27 + 10) + 1 = 8.3\Omega$。当电流为 60mA 时，取样电阻上的压降正好为 0.5V，此电压就是 N901 设定的灯条正常工作时的标准检测电压。0.5V 电压送入 N901 的⑦脚，进入内部的电流管理器，与 0.5V 基准电压进行比较。当输入电压有误差时，输出控制信号来调整⑩脚输出的 PWM 开关驱动信号的占空比，从而调整升压电路输出的 LED 驱动电压的高低，保证 LED 条的工作电流稳定在 60mA，使背光亮度符合要求。此时，测量驱动电压应在 168V 左右。由于单只 LED 的点亮电压为 3V 左右，可以计算出该 LED 条上共串联有 56 只 LED。

LED37T28KV 采用的是 120mA 的 LED 条。为了保证 N901 的⑦脚电流检测控制脚为 0.5V，则需要将取样电阻 R701、R702、R713 的阻值分别设定为 20Ω、2.2Ω、2.2Ω，其等效阻值为 4.2Ω。该机型 LED 驱动电压为 132V 左右，使用的是 44 只 LED 的灯条。

由此可见，电流取样电阻的阻值大小直接影响驱动电压输出的高低，如果电阻值变大，会造成取样电流减小，驱动电压也随之降低，从而出现 LED 背光变暗的故障。

3. 背光亮度调整

LED 液晶电视都具有节能变频功能，根据使用的环境及用户的设定，对电视 LED 背光的亮度进行调整，使收看更加舒适，同时可以实现节能。

当对背光亮度进行调整时，从 CPU 输出一个 PWM 背光亮度控制信号 BRI，该信号加到 N901 的⑥脚背光亮度控制端，进入芯片内部的 PWM 控制电路，通过控制⑮脚输出脉冲的占空比，从而达到控制亮度的目的。

N901 的⑮脚输出的 PWM 驱动信号还有一路经 VD902 后，加到 VT902 的栅极，在不调光的状态下，由于 PWM 信号频率很高，而 VT902 栅极也没有泄放电路，使得栅极一直保持高电平，VT902 处于常通状态，LED 条的电流可以流过，背光正常点亮。而在调光状态下，由于 PWM 驱动信号的频率仅为 200Hz，当信号为低电平时，VT902 有足够的时间进入截止状态，从而确保 LED 条熄灭，当驱动信号转为高电平时，VT902 转入导通状态，LED 条恢复点亮。由此可见，VT902 只在调光状态下进行开关动作，所以该管也称为调光控制管。

4. LED 条过流保护

当 LED 条出现短路故障，或其他情况导致 LED 条电流异常增大时，经过电流取样电阻 R701、R702、R703 反馈给 N901 的⑦脚的电压也随之变高，加到内部过流保护（OCP）比较器进行比较，当⑦脚电压高于 0.55V 时，经内部电路处理，控制驱动电路不输出，从而实现对 LED 条的过流保护。

5. 驱动电路过流检测保护

驱动开关管 VT901 工作后，会在其源极形成几百毫安的工作电流，该电流经 R733、R734 后，形成反映电流大小的电压降。该电压送到 N901 的⑧脚，加到内部比较器的同相输入端，比较器的反相输入端接的是 0.5V 基准电压。当 VT901 源极电流超过 1A 时，其检测电阻上的电压就会超过 0.5V，从而使比较器的工作状态发生改变。此时，比较器输出高电压，直接送到驱动输出电路，禁止 PWM 驱动信号从⑮脚输出，开关管不再工作，防止 VT901 因过流而损坏。

6. LED 驱动电压输出过压保护

如果驱动电路输出的 LED 驱动电压失控，将会直接烧坏 LED 条，所以电路中设计了相应的过压保护电路。驱动电压输出后，经分压电阻 R909、R910、R911、R912 进行分压，在 R912 上形成一个检测电压，并送到 N901 的⑩脚过压检测端。

对于 LED32T28KV 电视机，在 168V 驱动电压正常时，⑩脚电压为 2.3V 左右。如果某种情况导致 LED 驱动电压升高，其⑩脚检测电压也随之升高。当驱动电压超过 216V 时，R912 上分压上升到 3V 以上，⑩脚内部的 3V 电压比较器动作，输出高电平的过压保护控制信号，送入延时保护器，并最终控制芯片驱动电路不再工作，完成过压保护。

对于 LED37T28KV 电视机，由于其驱动电压为 132V，所以 4 只分压电阻的阻值也有所不同，分别是 200kΩ、200kΩ、220kΩ、10kΩ，而 N901 的⑩脚上的分压电压为 2.1V。通过计算可以得出，该电路的过压保护电压阈值为 189V。当电压继续升高时，过压保护电路就会执行动作。

7. LED 条断路保护

当 LED 条内部出现断路，或是电路板 LED 驱动输出插座与灯条之间接触不良时，LED 条无电流流出，使电流取样电阻 R701、R702、R703 上没有电压产生。此时，为了防止 N901

的⑦脚内部电流管理器误判为 LED 电流不足，避免驱动电压进一步升高，在⑦脚内部设计了一个断路保护（OLP）比较器。当⑦脚电压低于 0.4V 时，比较器输出高电平的 OLP 控制信号，高电平经过与门后再送入延时保护器，控制驱动信号不输出，实现灯条断路保护。

8. 灯条部分 LED 短路保护

LED 是一个二极管，击穿短路是最常见的损坏方式，其次是开路损坏。假设一个 56 只 LED 条上，有一半的 LED 出现短路性损坏，剩下的 28 只 LED 就只需要 84V 驱动电压即可正常点亮工作，这样升压电路就不需要工作了。84V 供电经 L901、VD901 后，直接点亮 LED 条（但亮度会比较低）。如果此时灯条上的 LED 继续出现短路损坏，由于 84V 电压不能降压，LED 条上的电流增大。因灯条过流保护电路已无法起控，导致 LED 严重发热，最终烧坏剩余的 LED。

考虑到以上因素，电路中设计了由 VT913、R745、R752、R751、VD913 等元器件组成的保护检测电路。当 LED 电流增大时，流过 R745、R752、R751 上的压降增大，当大于 0.7V 时，VT913 由截止转入导通状态，集电极输出高电平，经 VD913 后，输出过流保护（OCP）信号。由于此时的控制目标是降低或停止 84V 电压的输出，所以 OCP 信号直接送到了开关电源电路，依次经过 VT833、N844、VT803，形成高电平的保护控制信号，加到开关电源控制芯片 N802（NCP1396A）的⑧脚和⑨脚。N802 内部激励电路关闭，开关电源停止工作，84V 电压不再输出，LED 条熄灭，完成保护。

N901 内部的延时保护器在⑪脚外接了一只电容 C902，当收到各保护电路送来的起控电压时，保护器不会立即动作，而是让起控电压对 C902 进行充电。当充电电压达到延时保护器设置的阈值时，延时保护器才向后级驱动电路输出关断控制信号，从而实现延时保护。该电路可以有效地避免电路出现的误保护现象，即只有当保护电压持续出现时，才实施保护动作。

9. 同步电路

由于 4 个 LED 条需要 4 片 OZ9957 分别进行驱动，为了保证 4 个灯条发光的一致性，需要控制 4 片 OZ9957 同步工作。芯片①、③、⑤脚即为多芯片同时工作同步设定相关引脚。在本电路中，把 N901 设定为背光控制主芯片，其他 3 片为副芯片。N901 通过①、⑤脚的外围设定，从③脚输出同步控制（SYNC）信号。该信号送到 N902、N903、N904 的①脚，控制其他 3 片 OZ9957 同步工作，保证背光亮度的稳定性和均匀性。

8.4.3 LED 背光板的维修

1. LED 背光板电路维修

LED 背光板电路和 CCFL 背光板电路相比，没有交流高压输出，输出的是直流电压，因此 LED 背光板的维修要简单一些。

LED 背光板维修时，接负载与不接负载输出的电压有很大的差异。如 4A-LCD32T-AUC 液晶屏背光板接负载时输出电压是 57V，不接负载时输出电压是 120～140V；4A-LCD55T-SS1 液晶屏二合一电源板接负载时输出电压是 200V，不接负载时输出电压是 125V。维修时要注意接负载与不接负载时的差异。

LED 背光板一般有几组电压输出，每组不仅输出的电压值相同，而且电路元器件及电路组成均相同，因此各支路维修方法类似。

一般 LED 背光板电路输入电压为 24V，小屏幕的是 12V，因此只要输出电压相同，就有代换的可能性。

2. LED 条维修

一般一个 LED 液晶屏有多组 LED 条，有的有 4 组 LED 条，有的有 6 组 LED 条，同一个屏上的几组 LED 条是相同的。每组 LED 条上有多个 LED，每个 LED 采用压焊工艺装配在一个金属条上。

售后维修时如果发现一组 LED 条不亮，可以用万用表测量每个二极管两端的电阻值，既不能出现开路，又不能出现短路。有的二极管两端的工作电压在 3V 左右或更低，如 4A-LCD32T-AUC 液晶屏二极管单元工作电压为 3.2V，对于这样的二极管，用指针式万用表的 R×1 挡或 R×10 挡测量阻值时，二极管会发光。有的二极管单元两端的工作电压较高，如 4A-LCD55T-SS1 液晶屏二极管单元，里面集成的是两只串联二极管，其工作电压为 6.5V，用万用表测量二极管单元两端的阻值时，二极管不会发光，但有阻值。

如果判断是一个 LED 出现开路造成整个 LED 条不亮，一般需要对整个灯条进行更换。

3. LED 背光板常见故障的维修

（1）开机无光、无闪烁

遇到此种情况，首先检查 LED 背光板与屏的连接关系是否正确，如正常，则检测背光板电路。背光板正常工作的必要条件是供电（一般是 24V 或 12V）、使能端、亮度输入端正常。如果以上检测正常，再检测保险丝是否损坏，驱动开关管是否损坏，储能电感是否短路。根据维修经验，易损件主要是驱动开关管、储能电感等。

（2）液晶屏某一区出现暗块，或者有规律的间接性暗块

这种情况一般为某一灯条未被点亮，灯条或者背光板异常。检修时，一般需要检查与此灯条相关的电路是否正常，如果正常，则可能此路灯串中有 LED 开路、短路或者连接线、连接插座等异常。

（3）开机一闪即灭

此种情况可能是 LED 条断路、短路，驱动开关管漏电等触发了保护电路，也可能是保护电路本身的故障。

|8.5　液晶显示器/电视机电源电路维修实例|

液晶显示器/电视机电源电路维修实例如下。

（1）故障现象：某液晶显示器开关电源次级无输出电压。

分析与检修：首先测电源控制芯片 IC901（SG6841）的③脚启动端无启动电压，查启动

电阻 R906 开路，用一个 1MΩ 电阻将 R906 更换后，开机工作正常，故障排除。

（2）故障现象：某液晶显示器接通电源，面板指示灯不亮。

分析与检修：打开机盖，检查发现 FU601 保险管烧断，用万用表 R×1k 挡测整流桥堆 VD601，发现其中一路已经击穿短路。更换 FU601、VD601 后，故障排除。

（3）故障现象：某液晶显示器，开机无反应，指示灯不亮。

分析与检修：检查电容 C605 两端电压为 300V，正常，测 VT601 的漏极、IC601 的⑧脚均为 300V，说明开关电路不起振。开关电路不起振的主要原因有场效应管 VT601、IC601 等元器件损坏，测量瞬间接通电源时的 VT601 的栅极电压为 0.04V。焊下 VT601，测试漏极，发现开路，更换 VT601 后，显示器恢复正常。

（4）故障现象：某液晶显示器开机黑屏，指示灯不亮。

分析与检修：测 IC601 的⑧脚电压正常，测⑤脚电压为零，不正常。更换 IC601 外围多个相关元器件，故障依旧。判断 IC601 内部电路损坏。更换 IC601 后，开关电路正常工作。

（5）故障现象：明基（BenQ）FP756-12MS 液晶显示器，屏幕不亮，指示灯也不亮。

分析与检修：通过故障现象分析，说明开关电源电路或它的负载异常。首先测保险管 FU601，发现开路。FU601 损坏多由主电源有元器件漏电或击穿引起。用万用表在路检测整流堆 VD601 正常，在检测滤波电容 C605 两端电阻时，发现已短路，判定 C605 击穿。用一只 100μF/400V 的电解电容更换，检查开关管 VT601 等元器件正常，用 2A 保险管更换 FU601 后，通电，开关电源输出电压正常，接好负载后图像、声音正常，故障排除。

（6）故障现象：某液晶显示器屏幕不亮，指示灯也不亮（一）。

分析与检修：经检查，发现 FU601 开路，开关管 VT601 击穿，接着检查，发现 R615 开路。开关管击穿多因过压、过流或功耗大而引起，检查尖峰脉冲吸收回路元器件正常；检查开关变压器 T601 接的二极管正常；怀疑 VT601 是控制芯片 IC601 异常导致击穿。将 R615、IC601、VT601、FU601 更换后，主电源输出电压正常，故障排除。

（7）故障现象：某液晶显示器屏幕不亮，指示灯也不亮（二）。

分析与检修：在路检查 FU601 正常，说明开关电源基本无过流现象，开机瞬间测 C709 两端电压超过 5V，随后消失，说明稳压控制电路异常使开关电源输出电压升高，引起过压保护电路动作，从而产生该故障。

在光电耦合器 IC602 的③脚、④脚两端焊一只 1kΩ 电阻，通电后，过压保护电路不再动作，说明电源控制芯片 IC601 基本正常，故障发生在误差取样、放大电路。经检查，发现光电耦合器 IC602 异常，用 PC817 更换后，开关电源输出电压恢复正常，故障排除。

（8）故障现象：某 32 寸 LED 液晶显示器，黑屏。

分析与检修：首先怀疑是电源故障，打开机盖，开关电源板（LED 背光驱动电路也集成在电源板上）如图 8-38 所示。

仔细检查开关电源表面，没有发现电容鼓包和烧煳的元件，为了快速检查故障，接上电源线，按下侧面电源 ON/OFF 键，电源指示灯亮，用数字万用表直流 200V 挡位，负表笔接铁壳，正表笔分别检测图中标示的整流二极管输出①、②、③点处电压，①点电压为 31V，②点电压为 12V，③点两个整流管并联，电压为 30V。因为电源指示灯亮，初步诊断电源故障不大，接下来检查主电路板。

检测主板排线及电路板表面无明显损坏痕迹、各集成块没有高温和烧煳现象，初步判断主板问题不大，接下来检查 LED 背光驱动板。

LED 液晶显示屏背光是用 LED 高亮发光管点亮的，由开关电源供电，接下来先在开关电源板子上查找液晶屏 LED 供电电源线，发现开关电源板①点旁边的小插头红黑线是 LED 供电电源，查看滤波电容耐压为 160V，而先前测量的电压为 31V，肯定不对。拔掉红黑 LED 供电插头，先不开机，用万用表直流电压 200V 挡红表笔放到①点处、黑表笔还接铁壳，按 ON/OFF 开机键，发现①点处电压先是升压到 105V 然后慢慢下降到 31V 停止，关机重新插上红黑电源插头，开机测量还是如此。

图8-38　开关电源电路板

再次仔细检查开关电源板，拔掉 LED 珠电源线的时候感觉插座有点松动，从背板上看到 LED 电源输出焊接点有虚焊，经过询问机主得知，故障出现前 LED 屏闪烁过几次后就彻底不亮了。分析认为，LED 电源输出接口经过长期使用，焊点虚焊老化造成 LED 珠供电电源时有时无，冲击电流很可能造成 LED 某个灯珠损坏开路，开关电源检测电路检测到输出 LED 电压和电流不正常，背光灯驱动电路控制芯片保护性关闭 LED 电源输出，防止故障进一步扩大，进一步拆开液晶屏幕，检查 LED 珠就能找到故障。

拆卸液晶屏时，要先从底部拆起，一只手抓住铁壳子往上抬，用另一只手去卡扣，塑料卡扣用手轻轻掰一下就开了，四周有很多卡扣，要有耐心一个一个全部掰开，最后就可以拿掉铁盖子了，铁盖子拿下以后可以看到下面的白色遮光板，不要移动它，翻开铁盖子就看到里面的 LED 珠，灯珠上面有层很薄的白色塑料壳子，去掉固定螺丝钉就拿掉了，下面露出 3 排 LED 条。查看连接线，3 条 LED 条板是串联起来的（如图 8-39 所示），拆下灯条板，上面写有参数，"120-125" 是指流明，"3.1-3.2" 是指灯珠电压，每个灯条上有 9 只灯珠，电压为 $3.2 \times 9 = 28.8V$，总电压 $28.8 \times 3 = 86.4V$。

接着用数字万用表二极管挡位测量灯条板上每个灯珠，红笔接正极，黑笔接负极，正常情况下，测量灯珠应该能亮，很快找到不亮的一颗灯珠，更换后，故障排除。

（9）故障现象：某液晶电视机，图像忽明忽暗。

分析与检修：拆机发现背光灯亮度有明暗闪烁的现象，直接测量背光板 24V 供电，

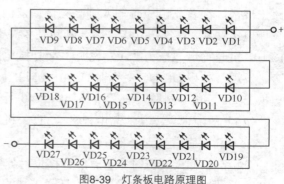

图8-39　灯条板电路原理图

发现供电电压不稳，将供电插线拔掉，断开负载，测得电源输出电压有小幅波动，由此判断开关电源板有故障。

反复检查稳压电路，没有发现任何异常，代换 IC2（NCP1217）故障依旧，仔细检查各

脚电压，发现 IC2 的⑥脚（供电端）电压低于 9V 且不稳，正常情况下，IC2 的⑥脚电压在待机时为 9V，开机时为 12V。经检查，发现电感 L5 性能不良，更换后一切正常。

（10）故障现象：某液晶电视机，指示灯亮，但不开机。

分析与检修：开机后指示灯亮，二次开机后听见继电器响并重新进入待机状态，开不了机。测开关电源板输出电压是否正常，发现 12V 电压不稳定，在待机时正常，当开机时在 6～12V 间来回变化，说明 12V 电压带负载能力差，问题应在开关电源板上。首先，测 IC6（NCP1377）的各脚电压，发现在 12V 输出电压变化时，IC6 的⑥脚供电电压也在 6～10V 之间不停地变化，而⑥脚电压正常时应在 10V 左右。经检查发现，VZ5 稳压管性能不良，更换 VZ5 后故障排除。

（11）故障现象：某液晶电视机，三无。

分析与检修：开机检查，发现 FU1 熔断，再检查 24V 开关电源电路，发现 VT17、VT20 短路，其他元器件未发现异常，更换 VT17、VT20 及保险管后故障排除。

（12）故障现象：某液晶电视机，三无，指示灯不亮。

分析与检修：根据该故障现象，可以判断故障范围在开关电源部分。开机，用万用表测试开关电源板输出电压，发现 12V 输出为零，24V 输出正常。24V 输出正常说明电源的公共通道（即功率因数校正电路）是正常的，故障应在 12V 电源部分。

关机，用万用表电阻挡在路测量 VT5、R39、R40、VD10 都正常，通电测量 IC6（NCP1377）的⑧脚有 380V 电压，估计 NCP1377 损坏，更换后，12V 输出端电压为 6V，而且在不断抖动，测量 NCP1377 的⑥脚 VCC 电源，发现为零，断电测量 R37、VZ5 已损坏，更换后，开机测量 12V 为正常。

（13）故障现象：某液晶电视机，自动关机。

分析与检修：试机，当故障出现时，测电源板各路输出，发现 12V 输出端无电压，说明 12V 电源部分有问题。该机 12V 电源以 IC6（NCP1377）为核心构成，更换 NCP1377 故障不变，检查外围元器件，发现光电耦合器 IC8 不良，更换后故障排除。

（14）故障现象：某液晶电视机，使用自动搜索功能，发现有漏台现象。

分析与检修：开机时图像、伴音均正常，自动搜索漏台，怀疑是高频调谐器及其附属电路出现故障。首先，检查输入到高频调谐器的总线电压、波形正常，5V 供电正常，但 32V 调谐电压偏低，在 23～24V，因此判断是 32V 供电电压异常引起该故障现象。断开主板上的 R210，测量前级电压为 25V，说明 32V 稳压电路和负载正常，问题应该出在倍压电路。经检查，发现开关型 DC/DC 变换器 U300（LM2596-12）的②脚输出电压异常（正常时为 12V），更换 U300 后故障排除，有关电路如图 8-40 所示。

（15）故障现象：某液晶电视机（8TP2 机芯），有时开机后为白屏，后变正常，开机时"Please wait"字符变到屏幕左上角处。

分析与检修：开机时字符有时会移位，分析应为 MCU 部分有问题。测总线电压，SCL 为 3.5V，而 SDA 仅为 0.6V 左右，怀疑外挂的 IC 不良。断开 U202（TDA7440）的㉑脚和㉒脚，故障依旧，当拔下高频头连线后，总线恢复正常，试换一个高频头，故障不变，通电后，测高频头供电，发现 FB200 处供电升高为 12V，正常应该为 5V，当拆下 FB200 后，又为 5V。分析供电升高为 12V 只能由 U804（APX1117-5V）稳压引起，U804 输入 12V，经其稳压后输出 5V，再经 C827、FB200 后，给高频头供电。试代换 U804，整机恢复正常，故障排除。

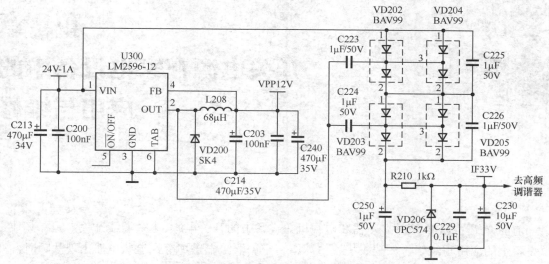

图8-40　长虹LS10机芯电视机倍压电路

（16）故障现象：某液晶电视机，通电后有时正常，有时死机。

分析与检修：据此现象，怀疑有元件接触不良，以及相关部件稳定性减弱、变差等。此时，打开机壳，首先查电源板交流输入端过压保护件的熔断器（3.15A）正常，继而，怀疑机内的副电源电路工作异常，经查整流滤波和电源开关管无异常；再查看电源主要元器件时，发现线路滤波器（FLP101）的左边的引脚脱焊。将其引脚重焊后，故障消失，电视恢复正常。

（17）某液晶电视机开机屏闪一下后黑屏，指示灯一直显绿色。

分析与检修：据此现象，判断电源电路基本正常，重点检查背光灯驱动电路及相关易损件、可疑部件。背光灯驱动电路主要部件是 FAN7530+FSGM300N+FSFR1700，提供 5.1V/4.0A 和 12.2V/4.0A 电压，为主板和二合一板的 LED 背光控制部分供电，同时，还提供+146V/0.24A 电压，为 LED 背光驱动部分供电。打开机壳，通电在路检查各关键电压输出点，顺线测输出到主板的 5.29V 正常，PS-ON（3.2V）也正常，但无 12V 输出。再查主板上 4 只三端稳压器输入与输出电压，分别为 N803 输入 3.31V、输出 1.56V；N804 输入 5.3V、输出 2.5V；N805 输入 5.3V、输出 3.3V；N807 输入 5.3V、输出 3.3V 均属正常。进一步检查，当查至背光板插座的 CH11 时，发现一线点已脱焊，重补焊后，开机一切正常。

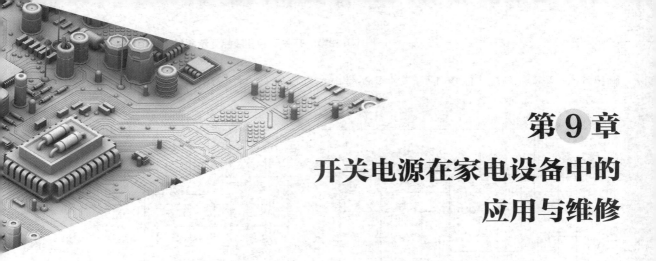

第 9 章
开关电源在家电设备中的
应用与维修

前面介绍了 LED 液晶显示器和电视机等设备中的开关电源,本章继续开关电源在其他家电设备上的应用与维修,如洗衣机、电冰箱、空调器、电磁炉等,这些电器出现故障时,开关电源的故障率比较高,只要了解了开关电源的工作原理与维修常识,就能快速排除此类家用电器的常见故障。

|9.1 洗衣机开关电源电路分析与维修|

新型全自动洗衣机,大都采用开关电源供电,下面以三星 WF 全自动变频洗衣机为例进行分析。

9.1.1 洗衣机开关电源电路分析

三星 WF 系列全自动变频洗衣机开关电源电路由主电源电路、副电源电路和待机控制电路构成。

1. 主电源电路

主电源电路采用以电源控制芯片 IC3（BD671FVM-GTR）、开关管 FETI 为核心构成的串联型开关电源,如图 9-1 所示。

继电器 RY15 的触点吸合后,220V 市电电压通过 BD1 桥式整流,CE19、CE23 滤波产生 300V 直流电压。该电压经 PTC1 限流后,加到开关管 FET1 的源极 S,同时经 R257、R258 限流对 CE1 充电,在 CE1 两端建立启动电压。当 CE1 两端电压达到 16V 左右时,电源芯片 IC3 启动。IC3 启动后,它内部的稳压器开始工作,为它内部的振荡器等电路供电,振荡器等电路工作后产生开关管激励脉冲,由 IC3 的⑤脚输出,驱动开关管 FET1 工作在开关状态。

FET1 导通后,300V 电压经 FETI 的 D/S 极、R48、电感 L1、C138、C157 构成的回路在 C138 和 C157 两端建立 15V 直流电压,同时在 L1 两端产生左正、右负的电动势。FET1 截止时，L1 因没有导通电流而产生右正、左负的电动势，该电动势经 C138、续流二极管 FRD1 构成回路，为 C138 继续充电。

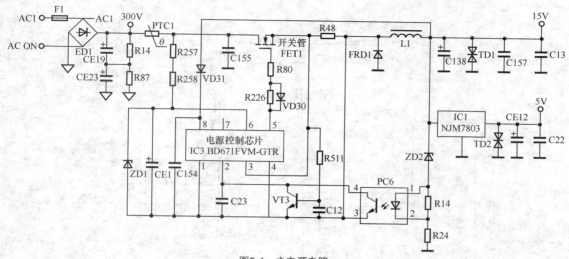

图9-1　主电源电路

当 IC3 进入工作状态后，工作电流增大，300V 供电经 R257、R258 限流提供的电压不能满足 IC3 正常工作的需要。当 C138 两端建立 15V 电压后，由该电压经 VD31 为 IC3 供电。电源工作后，C138 两端的电压还通过 5V 稳压器 IC1 稳压输出 5V 电压，为主控微处理器 T5CV1 等供电。

当市电升高或负载变轻引起开关电源输出的电压升高时，滤波电容 C138 两端升高的电压，使稳压管 ZD2 导通加强，光电耦合器 PC6 的①脚输入的电压升高，PC6 内的发光二极管因导通电压升高发光强度增大，使 PC6 内的光敏管因受光导通加强。IC3 的②脚电位被拉低，经 IC3 内的电路处理后，使⑤脚输出的激励脉冲的占空比减小，FET1 导通时间缩短，L1 存储的能量减小，使输出端电压下降到规定值。当输出端电压下降时，稳压控制过程相反。

芯片 IC3 的②脚外接的 C23 是软启动电容。它在开机瞬间需要充电，充电使 IC3 的②脚电位由低升高到正常，经 IC3 内的控制电路处理后，使 IC3 的⑤脚输出的激励脉冲的占空比逐渐增大到正常，避免了开关管在开机瞬间因过激励而损坏，实现软启动控制。

由于该电源电路属于串联型开关电源，所以开关管 FET1 击穿后，300V 电压通过 FET1 直接为负载供电，必然会导致变频模块等元器件损坏，因此该电源设置了击穿短路型稳压管 TD1 构成的过压保护电路。

当 FET1 击穿或稳压控制电路异常时，导致开关电源输出电压升高，使 TD1 两端电压达到24V 后 TD1 击穿，使熔断器 F1 过流熔断，切断市电输入回路，开关电源停止工作，实现过压保护。

当负载过流，在取样电阻 R48 两端产生的压降升高，该电压不仅加到 IC3 的③脚，还通过 R511 限流使 VT3 导通，将 IC3 的②脚电位拉低，这样，由于 IC3 的③脚电位升高和②脚电位下降，经 IC3 内部电路处理后，都会导致开关管导通时间缩短或停止工作，避免开关管过流损坏。

2. 副电源电路

副电源电路采用电源模块 IC13（LNK623PG）为核心构成的并联型开关电源，电路图如

图 9-2 所示。

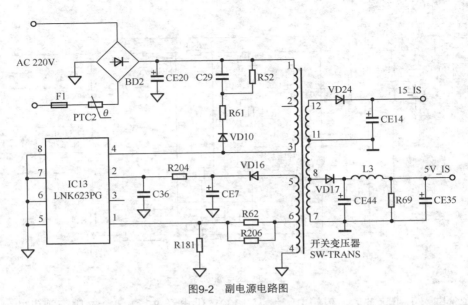

图9-2　副电源电路图

LNK623PG 内含大功率型场效应开关管和控制电路，因此，由 LNK623PC 构成的开关电源非常简洁，电路的工作过程如下。

220V 市电电压熔断器 Fl 输入到主电源电路，通过 PTC2 限流，BD2 桥式整流，CE20 滤波产生 300V 直流电压。该电压经开关变压器的初级绕组（1—3 绕组）加到 LNK623PG 的供电端④脚，为它内部的开关管供电。

在 LNK623PG 内部设有恒流源，产生的电流通过 LNK623PG 的②脚对 C36 和 CE7 充电，在它们两端建立启动电压。当 C36 两端电压达到 6V 后，LNK623PG 的振荡器工作，产生的激励脉冲信号使开关管工作在开关状态。开关变压器 1—3 绕组上并联的 VD10、R61、R52、C29 用来限制尖峰脉冲的幅度，以免 LNK623PG 内的开关管被过高的尖峰脉冲击穿。

开关电源工作后，开关变压器的 4—5 绕组输出的脉冲经 VD16 整流、CE7 滤波后，再利用 R204 限流取代启动电路，为 LNK623PG 提供启动后的工作电压。开关变压器 7—8 绕组输出的脉冲经 VD17 整流，CE44、L3 和 CE35 滤波产生 5V 电压 5V-IS，为微处理器电路供电。

开关变压器 11—12 绕组输出的脉冲电压经 VD24 整流、CE14 滤波产生 15V 电压 15V-IS，为继电器 RY15 等电路供电。

当市电升高或负载变轻引起开关电源输出的电压升高时，开关变压器的 4—6 绕组输出的电压升高，该电压经 R62、R206、R181 使 LNK623PG 的①脚输入的电压升高，经过它内部的误差放大器等电路处理后，使开关管的导通时间缩短，输出端电压下降到规定值。当输出端电压下降时，稳压控制过程相反。

3. 待机控制电路

3.3V 电源电路与待机控制电路如图 9-3 所示。

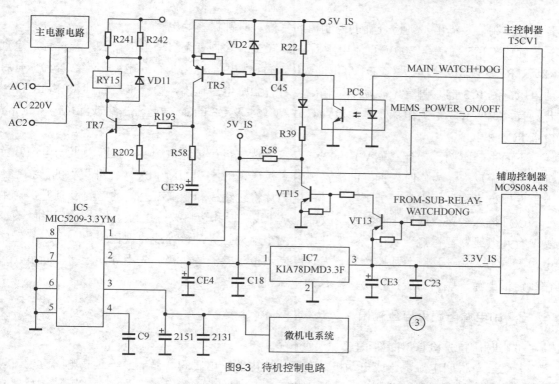

图9-3 待机控制电路

5V-IS 电压经 CE4、C18 滤波后，加到 IC7 的输入端，经 IC7 稳压输出 3.3V-IS 电压，为辅助控制器 MC9S08A48 等电路供电。

同时，5V-IS 电压加到 IC5 的②脚，经 IC5 稳压器稳压后，从 IC5 的③脚输出 3.3V-MEMS，另外，还从 IC5 的①脚输出 ON/OFF 控制信号，通过接口电路送给主控制器。

当按启动键后，辅助控制器（副控制器）输出的控制电压，加到三极管 VT13、VT15，再通过 R39、VD3、C5 使 TR5 导通，由 TR5 的 c 极输出的电压经 R193、R202 分压限流后，使 TR7 导通，为继电器 RY15 的线圈提供工作电流，RY15 内的触点吸合，为主电源供电。主电源工作后，为主控制器供电。主控制器输出控制电压，加到光电耦合器 PC8 输入端，PC8 的光敏三极管导通，C45 为 TR5 提供导通电压，主控制器接替副控制器，控制 RY15 的吸合。

9.1.2 洗衣机开关电源故障维修

1. 主电源电路无电压输出

主电源电路无输出，一是待机控制电路异常，二是主电源电路或负载异常。维修时，首先测 C155 两端有无 300V 直流电压。若没有，说明控制器电路、待机控制电路异常；若有 300V 电压，说明主电源电路或负载异常。

确认 C155 两端无 300V 直流电压后，测 RY15 的线圈有无供电。若有，检查 RY15 及其触点所接线路；若没有，测 CE3 两端有无 3.3V 电压。若 CE3 两端没有 3.3V 电压，确认 IC7 的供电正常后，检查 IC7、CE3、C23 及负载；若 CE3 两端有 3.3V 电压，测辅助控制器有无控制信号 FROM-SUB-Relay-Watchdog 输出。若有控制信号输出，检查 VT13 与 TR7 间电路；

若没有控制信号输出，则检查辅助控制器的复位、时钟振荡等电路。

确认 C155 两端有 300V 直流电压后，测 IC3 的⑥脚有无启动电压输入，若没有，检查 R257、R258 阻值是否增大，ZD1、CE1 或 IC3 的⑤脚内部电路是否漏电或击穿；若⑥脚有启动电压，测 IC3 的⑤脚有无激励电压输出。若有激励电压输出，检查 R226、R80 和 FET1；若没有，说明 IC3 未工作。此时，检查 C23、C154 及 Q3 的 ce 结是否击穿或漏电，若正常，检查 PC6 和 IC3。

下面举一实例，一台三星 WF1802XEU 滚筒洗衣机，接通电源后，按面板上的电源开关键，整机无反应。检修时，拆开面板，测量主板送来的 5V 电压为 0V。打开主板的防护盖，上电发现板上有打火现象。拆下主板，先用刀片将线路板和塑料架之间的密封胶割开，再用一字改锥插入线路板底部，慢慢移动改锥，分开线路板和塑料架，找到打火处，撕开绝缘胶，发现有几条线路已霉烂，其中一条线路中的两个地方打火，该处线路板已烧焦。经测量，副电源无 300V 输入，顺着线路检查，发现霉断点位于整流桥负极。先用导线连接霉断点，再在线路板上涂一些密封胶，以防潮湿，通电试机，故障排除。

2. 副电源电路无电压输出

维修时，首先检查熔断器 F1 是否熔断。

若熔断，说明电源电路或电动机、变频模块电路、电磁阀、循环泵等负载电路有过流现象。若确认电磁阀、循环泵异常，通常更换后即可排除故障。对于开关电源，引起 F1 熔断的主要原因有整流堆 BD2 击穿、滤波电容 CE20 击穿、模块 IC13 内的开关管击穿等。

若熔断器 F1 正常，但 CE20 两端无 300V 直流电压，则检查限流电阻 PTC2 和线路，若有 300V 电压，检查 VD16、CE7、IC13 等。

|9.2 变频电冰箱开关电源电路分析与维修|

下面以海尔 BCD-550WYJ 型变频电冰箱为例，介绍其开关电源工作原理与故障维修。

9.2.1 变频电冰箱开关电源电路分析

海尔 BCD-550WYJ 型变频电冰箱开关电源也称智能板辅助电源电路，如图 9-4 所示。

AC220V 交流电压，经压敏电阻 RV200、电感 L202、电容 C202、二极管 VD208～VD211、保险电阻 RT200、电容 E201 和 E202 后，输出约为+300V 峰值电压。一路经电阻 R215～R218 送到开关电源芯片 IC201（NCP1200P100）⑧脚；另一路经开关电源变压器 B201 的 1—2 绕组送到场效应 MOS200（FPQF5N60C）的 D 极。当开关电源芯片 IC201 启动振荡后，IC201 的⑤脚输出一个开关脉冲，经电阻 R206 等送到 MOS200 的 G 极，启动开关电源。同时 B201 的 3—4 绕组产生的感应电压，经 VD201、R202、E203、VD205，整流、滤波、稳压后送到 IC201 的⑥脚，作为 IC201 的维持电源。

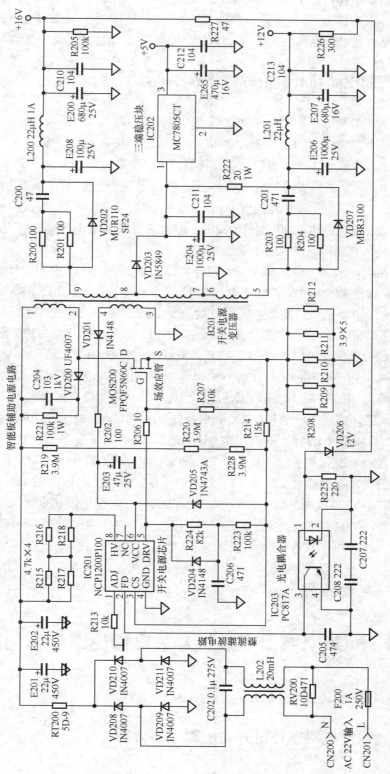

图9-4 海尔BCD-550WYJ型变频电冰箱开关电源电路

开关电源启动工作后，B201 的⑨脚输出的脉冲电压经 VD202、L200、E208、E200 等整流、滤波后，输出+16V 电压，一路给冷冻室风机驱动电路供电，另一路经 R227、VD206、光电耦合器 IC203（PC817A）等组成的取样反馈电路，通过 IC201 的②脚实现稳压控制功能。

9.2.2　变频电冰箱开关电源电路故障维修

开关电源采用的开关电源芯片为 IC201（NCP1200P100），大功率场效应开关管 MOS200（FPQF5N60C），配以光耦合器 IC203（PC817A）和稳压块 IC202（MC7805CT）等，产生+5V、+12V、+16V 三组直流电压，为智能控制板各单元电路供电。

开关电源电路故障通常表现为电冰箱无显示，操作按键无反应，整机不工作或工作异常等。

（1）AC220V 电压正常时，检查保险管 F200 是否烧黑或炸裂。如果保险管 F200 已烧黑或炸裂，则检查压敏电阻 RV200、电容 C202、整流二极管 VD208～VD211 是否击穿短路。如果有烧损元件，则选用同型号的予以更换。

（2）如果保险管 F200 正常，则检测滤波电容 E201 两端的+300V 电压是否正常。如果无电压则检查整流二极管 VD208～VD211 是否存在开路现象，或检查保险电阻 RT200 是否烧损等。如果保险电阻 RT200 烧损，应重点检查滤波电容 E201 和 E202、C204、二极管 VD200、大功率场效应管开关管 MOS200 等存在严重短路情况较多的元件，应逐一断开元件引脚进行检查或更换。

（3）如果经检查保险电阻 RT200 正常，检测滤波电容 E201 两端的 300V 电压也正常，可分别测量开关电源是否有+5V、+12V、+16V 电压输出，或输出的电压是否存在过高、过低、不稳定等现象。如果 3 组电压均无输出，则说明开关电源没有振荡工作，可先检查线路是否存在断线、脱焊或虚焊等情况，后检查二极管 VD200、VD201、VD204，稳压管 VD205，电容 E203，电阻 R215～R218、R202、R208～R212，开关电源芯片 IC201 等是否存在开路、短路、炸裂、鼓包、变值或性能不良的现象。如果+5V、+12V、+16V 电压输出存在过高、过低、不稳定等现象，则检查二极管 VD202、VD203、VD207、电阻 R200～R204、R226、R227，电容 E200、E204、E265、E208、E206、E207，三端稳压块 IC202，稳压管 VD206，光电耦合器 IC203 等是否存在开路、短路、炸裂、鼓包、变值或性能不良的现象。

（4）在检查过程中，若遇到更换元件后仍然烧损，则说明支路负载电流很大，应分别断开支路负载进行检查。当开关电源芯片 IC201 烧损时，大多数连带保险电阻 RT200 过电流而烧损开路，可选用同型号的予以更换。

|9.3　变频空调器室外机开关电源电路分析与维修|

下面以格力变频空调器室外机开关电源为例进行分析。

9.3.1　变频空调器室外机开关电源电路分析

变频空调器室外机开关电源电路框图如图 9-5 所示。

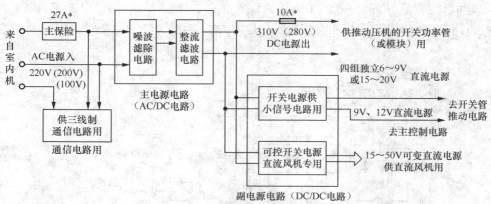

图9-5　变频空调器室外机开关电源电路框图

1. 主电源电路

主电源主要由保险电路和噪波滤除电路、整流滤波电路等组成，噪波滤除电路主要是滤除出入室外机的电流的干扰噪波，新机型一般还串接一大电感和一个有源滤波器（如STK762-721 模块）以改善整个调速器的功率因数。这个有源滤波器是受单片机控制的，具有一定的调节压机电路电压的作用（PAM 调制），这样就可改善压机上的电源波形。

2. 副电源电路

副电源电路主要作用是提供 9V、12V 直流电源供小信号的主控电路等使用，4 组独立的 6~9V 直流电源供推动电路使用。这里要注意，如果压缩机的驱动输出管使用 IGBT，则提供 4 组（或 1 组）15~20V 直流电源供推动电路使用。

副电源一般有以下 2 种电路结构。

（1）分立元件型

分立元件型电路图如图 9-6 所示。

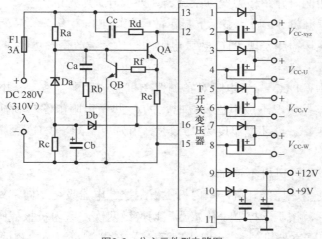

图9-6　分立元件型电路图

分立元件型实际上是一个间歇振荡转换器，其中 QA、Ra、Rb、Ca 及开关变压器的 2 个绕组构成间歇振荡器，QB、Re、Rf 为限流保护。它本身无稳压作用，由于 Da、Db、Cb、Rc 钳位电路的作用，输出电压不会随输入电压有太大变化，但当主电源电压值下降后它的带载能力变差。

（2）集成电路型

集成电路型电路图如图 9-7 所示。

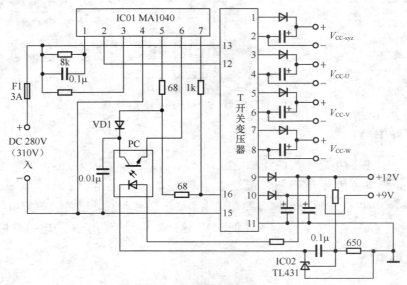

图9-7　集成电路型电路图

集成电路型是使用专用开关电源 IC MA1040 的电源电路，电路的工作原理与前面介绍的并联型开关电源的原理类似，这里不再具体分析。

9.3.2　变频空调器室外机开关电源故障维修

下面结合维修实例，介绍格力变频空调器室外机开关电源的维修。

（1）故障现象：开机 5 h 后，显示屏显示故障代码 E1。

分析与检修：现场检测发现 PTC 热敏电阻的阻值参数改变，更换 PTC 热敏电阻后，故障排除。

在变频空调器中，PTC 热敏电阻对空调器整机的电源电压和工作电流起限制和保护作用。当遇有雷电或某些情况造成电压升高时，PTC 热敏电阻能够起到抑制浪涌的作用，从而保护空调器不受破坏。当环境温度为 25℃ 时，用万用表测量 PTC 热敏电阻的阻值，约为 30～50Ω。

（2）故障现象：室外风机不工作。

分析与检修：使用遥控器开机，室内机主板主控继电器吸合，向室外机供电，室外机得电，但是空调不运行，按压遥控器"传感器"切换键两次，室内机报代码为"通信故障"。

检查室外机，取下室外机外壳，用万用表直流电压挡测量滤波电容两端电压为 0V，硅桥式整流器输入端交流电压也为 0V，用手摸 PTC 热敏电阻感觉发烫。断电，用万用表电阻挡测量 PTC 热敏电阻阻值为无穷大。PTC 热敏电阻发烫，断开保护原因一般为后级有短路故障，测量滤波电容两端电阻为 0Ω，拔下模块 P、N 端引线，阻值仍为 0Ω，说明模块正常。断开向开关电源供电电路的保险管，阻值恢复正常，判断短路故障在开关电源电路中。此空调器室外机主板电源部分为分立元件设计，测量开关管集电极与发射极之间短路，试代换后开机，300V 电压正常，室外机运行，制冷恢复，故障排除。

|9.4　电磁炉开关电源原理与维修|

9.4.1　电磁炉开关电源的工作原理

电磁炉由于采用了独特的加热方式，加上具有高效、安全、经济、卫生等诸多特点。下面以苏泊尔 C21A01 电磁炉为例，介绍开关电源在电磁炉中的应用。有关电路如图 9-8 所示。

1. 低压直流电源电路

该款电磁炉的低压直流电源采用的是以 THX202H 为核心的开关电源，电路工作过程如下。

交流输入电压分别经二极管 VD101、VD102 与桥式整流器的负极端两只二极管组成桥式整流电路，获得脉动直流电压。该脉动直流电压又分为两路，一路经电阻 R101、R102 分压，电容 C101、C102 滤波后，获得一较低的直流电压，经插排 CNA-6 送至单片机作为电源浪涌保护取样信号。脉动直流电压的另一路经二极管 VD103 隔离、电阻 R901 限流及电容 C901 滤波后，获得约为 +300V 的较为平滑的直流电压，加至开关变压器 T901 的初级的一端，开关变压器的初级的另一端接至集成电路 THX202H 的⑧脚和⑦脚。另外，+300V 直流电压还经电阻 R910 接至集成芯片 THX202H 的①脚启动端。在开关变压器 T901 的初级，还并联有电阻 R902、电容 C904 及二极管 VD901，作用是保护集成电路 THX202H 内部的功率晶体管，以防止其因过压而击穿损坏。在开关变压器 T901 的次级，经二极管 VD902 整流、电容 C901 滤波后，获得 +15V 的直流电压，该直流电压又经电阻 R405 供给电压比较器 IC2 及 IGBT 的驱动电压信号输出级的电路等。值得一提的是，+15V 直流电压经电阻 R907 限流后，再经稳压集成电路 78L05 稳压、电容 C307 滤波后，获得 +5V 直流电压，供单片机及显示部分等电路工作。

2. 开机电路

当电磁炉接通电源按下开机键后，一方面从单片机输出一组开机脉冲经插线排 CNA-3、电容 C402、二极管 VD402 接至功率整定电路的电压比较器 IC2C 的⑩脚（反相输入端），使该脚的电压随开机脉冲高低变化。另一方面从单片机输出的一定宽度的脉宽调制电压信号 PWM 经插线排 CNA-2 及电阻 R506、R507、R504 及电容 C502、C503 积分滤波后，获得一个比较平滑的直流电压，加至 IC2C 的⑪脚（同相输入端），在⑬脚（输出端）输出一组功率电平，加至 IGBT 的驱动电压信号输出电路。

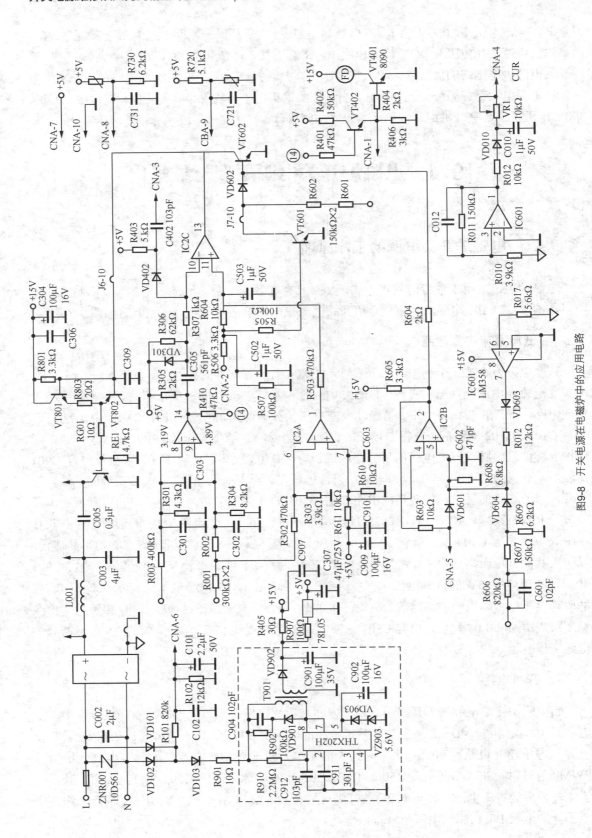

图9-8 开关电源在电磁炉中的应用电路

开机后，单片机从相关引脚输出低电平，经插线排 CNA-5、二极管 VD601 接至电压比较器 IC2B 的⑤脚（同相输入端），因此②脚（输出端）输出为低电平，开关控制三极管 VT602 因无正向偏置而截止，对功率电平的正常输出没有影响。

当 IC2C 的⑬脚输出的功率电平为高电平时，IGBT 的驱动电压信号输出级的三极管 VT801 导通，+15V 直流电压经电阻 R803、RG01 加至 IGBT 的基极，IGBT 在该驱动电压的作用下导通。当功率电平变为低电平时，IGBT 的驱动电压信号输出级的三极管 VT802 因正向偏置而导通，三极管 VT801 因反向偏置而截止。当三极管 VT801 导通后将 IGBT 的基极经电阻 REI 近似短接至电源的负极，IGBT 可靠截止。IGBT 在开机信号的作用下如此反复地处于导通与截止状态，从而使加热线圈盘与高频谐振电容形成振荡。

此时，当电磁炉的台面上放置有锅具，并且所放置的锅具的材质、所放置的位置及锅具的底部直径大于等于 12cm 时，高频振荡所产生的磁场使锅具的底部形成涡流，电路中便有较大的工作电流通过，在整流桥堆的负极处所接的铜丝上所产生的负电压变低，该负电压经电阻 R010 接入运算放大器 IC601 的③脚（同相输入端），②脚（反相输入端）直接接电源的负极。运算放大器 IC601 的①脚获得经过放大的能够反映工作电流变化的电压信号，该电压信号经电阻 R012、二极管 VD010 及功率整定电位器 VR1 调节后，经插线排 CNA-4 送入单片机，单片机根据此反馈回来的电流电压信号，输出与选择功率相适应的脉宽调制电压信号 PWM，电磁炉进入正常工作状态。

如果电磁炉的台面上未放置有锅具，或者所放置的锅具的材质、锅具的位置、锅具的底部尺寸不符合要求时，单片机将输出蜂鸣器驱动电压信号，使蜂鸣器发出无锅报警。单片机在输出一段时间的开机脉冲信号后自动停机。

3. 同步电路

同步电路以电压比较器 IC2D 为核心构成，+300V 直流电压经电阻 R003、R301 分压后，获得约 3.3V 的电压，加至电压比较器 IC2D 的⑧脚（反相输入端）。在 IGBT 的集电极，经电阻 R001、R002 及电阻 R302、R303、R304 分压后获得约 3.16V 的电压，加至电压比较器 IC2D 的⑨脚（同相输入端）。电压比较器 IC2D 的⑭脚输出端分为两路信号：一路经电阻 R401、三极管 VT402 及电阻 R402 进行倒相、放大后，再经插线排 CNA-I 送入单片机，作为锅具检测电压信号；另一路经电阻 R305 和 R306、电容 C305 及二极管 VD301 组成的波形变换电路进入整形后，获得近似锯齿波的电压信号，该锯齿波电压信号再经电阻 R307 加至功率整定电路的电压比较器 IC2C 的⑩脚（反相输入端），与⑪脚（同相输入端）输入的脉宽调制电压信号 PWM 进行比较，从而在⑬脚（输出端）获得一组功率电平信号加至 IGBT 驱动电压信号输出电路。

当电磁炉进入正常工作状态后，IGBT 进入高频导通与截止状态，于是加在电压比较器 IC2D 两个信号输入端的电压随 IGBT 的导通与截止而同步地高、低交替变化，从而在 IC2D 的⑭脚（输出端）产生一组具有一定占空比的脉冲串。该脉冲串一方面经倒相、放大后反馈回单片机，单片机根据此脉冲串的频率，判断电磁炉的台面上是否放置有锅具，以及所放置锅具的材质、所放置的位置和锅具底部尺寸是否符合要求；另一方面，该脉冲串经波形变换电路整形后，产生近似锯齿波的电压信号与脉宽调制电压信号 PWM 比较后，又反过来产生功率电平以控制 IGBT 的导通与截止，从而实现同步控制。

4. ＋300V 电压过高保护电路

＋300V 电压过高保护电路以电压比较器 IC2B 为核心，+300V 电压经电阻 R606、R609 分压后，在静态时获得约 2.33V 的电压，该电压再经隔离二极管 VD604 后加至电压比较器 IC2B 的⑤脚（同相输入端），电压比较器④脚（反相输入端）一端经电阻 R610 接电源的负极，另一端经电阻 R611 接 ＋5V 电压，经分压后在该脚获得 2.5V 的电压。

因此，在 ＋300V 正常时电压比较器 IC2B 的④脚（反相输入端）的电压高于⑤脚（同相输入端）的电压，②脚（输出端）输出为低电平，三极管 VT602 因无正向偏置而截止，对 IGBT 的驱动电压信号输出电路的正常工作没有影响。

如果由某些情况造成 ＋300V 电压异常升高，在电压比较器 IC2B 的⑤脚（同相输入端）的电压将高于④脚（反相输入端）的电压，则②脚（输出端）相当于与电路断开，但由于经上拉电阻 R605 接至 ＋15V 电压，从而使②脚变成高电位，该高电平经电阻 R604 加至控制三极管 VT602 的基极，VT602 因正向偏置而导通，控制三极管 VT602 导通后，将功率整定电路输出的功率电平对地短路，IGBT 的驱动电压信号输出电路因无功率电平而停止工作，因此无驱动电压信号输出，致使 IGBT 因无驱动电压信号而截止，从而保护 IGBT 避免受高电压而击穿损坏。

需要说明的是，电压比较器 IC2B 的⑤脚（同相输入端）还经隔离二极管 VD601 接至插线排 CNA-5，另外在 CNA-5 一端还经电阻 R603、R605 接 ＋15V 直流电压。插线排 CNA-5 是单片机输出的开、关机电压信号端口。电磁炉在待机状态时，单片机输出高电平，即该端口的电压为高电位，从而使加在电压比较器 IC2B 的⑤脚（同相输入端）的电压高于④脚（反相输入端）的电压，在②脚（输出端）为高电平，+15V 直流电压经电阻 R605、R604 加至开关控制三极管 VT602 的基极，三极管因正向偏置而导通，将 IGBT 的驱动电压信号输出电路的功率电平信号拉低，IGBT 因无驱动电压信号而截止，电磁炉不工作。按下开机键后，单片机的相应引脚输出低电平，在插线排 CNA-5 端的电位也为低电平，因隔离二极管 VD601 的作用，该低电平对电压比较器 IC2B 的⑤脚（同相输入端）没有影响，即②脚（输出端）在正常情况下相当于对地短路，使开关控制三极管 VT602 因无正向偏置而截止，对 IGBT 的驱动电压信号的输出电路没有影响。因此，该端也可以用作保温、断续加热等智能功能的信号端口。

5. 过流保护电路

取自铜丝的微弱的电压信号经电阻 R017 加至运算放大器 IC601 的⑥脚（反相输入端），⑤脚（同相输入端）接在电源的负极。运算放大器 IC601 的⑦脚（输出端）经隔离二极管 VD603 和电阻 R012 接至电压比较器 IC2B 的⑤脚（同相输入端），电压比较器 IC2B 的④脚（反相输入端）接约 2.5V 的基准电压，②脚（输出端）经电阻 R604 加至控制三极管 VT602 的基极，该输出端同时还经上拉电阻 R605 接 ＋15V 直流电压。

当有浪涌电压通过 IGBT 时，则流过铜丝的电流就会同步增大，在铜丝上的电压降也随着增大，送入运算放大器 IC601 的⑥脚（反相输入端）的负电压也就越大，则在⑦脚（输出端）的输出为高电平，该高电平经二极管 VD603、电阻 R012 后，加至电压比较器 IC2B 的⑤脚（同相输入端）的电压升高，⑤脚（同相输入端）的电压高于④脚（反相输入端）的电压时，②脚（输出端）变为高电平，该高电平使开关控制三极管 VT602 因正向偏置而导通。开关控制三极管 VT602 导通后，将功率调整电路的电压比较器 IC2C 的⑬脚（输出端）的功率电平近似对地短路，则 IGBT 的驱动电压信号的输出电路因无功率电平而停止工作，IGBT 因无驱动电压而截止，以实现电磁炉的过流保护。

6. 过温保护电路

安装在加热线圈盘上的温度检测热敏电阻 NTC（图中标为 Tmain）一端接 + 5V 直流电压，另一端经电阻 R730 接电源的负极，该中点处的分压经插线排 CNA-8 送入单片机。

在正常情况下，当热敏电阻 NTC 的电阻值为 100kΩ 时，经插线排 CNA-8 送入单片机的电压大约为 0.3V。当电磁炉因工作时间过长，电磁炉台面上的温度过高时，或者热敏电阻性能变劣，其电阻值异常变小时，送入单片机的电压将上升，并且超过单片机内部的保护设定值，单片机自动停止输出脉宽调制电压信号 PWM，电磁炉停止加热，并显示相应故障代码。该过温保护电路还有另外一个功能，即定温功能。当电磁炉设定为定温功能时，单片机根据该点电压的变化情况自动发出加热或者停止加热的指令。

电路中 Tigbt 为 IGBT 的温度过高保护电路热敏电阻 NTC，NTC 一端接电源的负极，另一端经电阻 R720 接 + 5V 电源，在其中点处经插线排 CNA-9 接入单片机。

在正常情况下，当热敏电阻的电阻值为 100kΩ 时，经插线排 CNA-9 的电压大约为 4.8V。当电磁炉因工作时间过长，或者热敏电阻性能变劣，其电阻值异常减小时，送入单片机的电压将降低。当送入单片机的电压低于其内部的保护设定值时，单片机自动停止输出脉宽调制电压信号 PWM，电磁炉停止加热，以实现 IGBT 的过温保护。同时，在电磁炉的控制面板上显示相应故障代码。

9.4.2　电磁炉开关电源的维修

根据实际维修经验，该款电磁炉的开关电源变压器 T901 次级的整流二极管 VD902 最易出现击穿故障。当该二极管击穿后，整机便无直流工作电压，导致电磁炉通电无任何反应。

另外，在该开关电源电路中，启动电阻 R910 易出现开路现象，分析其原因，主要是该电阻的电阻值较大，而其自身的耗散功率又较小，因此容易出现开路情况。该电阻出现开路后，集成电路 THX202H 会无法启动，从而造成无 + 15V 输出，也造成电磁炉通电无任何反应的故障现象。

该开关电源的集成电路 THX202H 损坏的概率较低，其一旦损坏，便无 + 15V 直流电压输出，也造成电磁炉通电无反应的故障现象。根据实际维修经验，如果该开关电源集成电路击穿损坏，必然连带造成限流电阻 R901 出现开路损坏，有时甚至连隔离二极管 VD103 也击穿损坏。要判断集成电路 THX202H 是否损坏的方法很简单，当电磁炉出现通电无反应时，可首先检测限流电阻 R901 是否出现开路现象。

需要说明的是，该款电磁炉的电流反馈取样元器件为一截小电阻值的铜丝，而且电磁炉整机的工作电流均要经过该电阻形成回路，因此在维修中经常发现该电阻因热胀冷缩而造成虚焊的情况。当该电阻虚焊后，电磁炉便出现能正常检测锅具，但不能正常启动加热的故障。

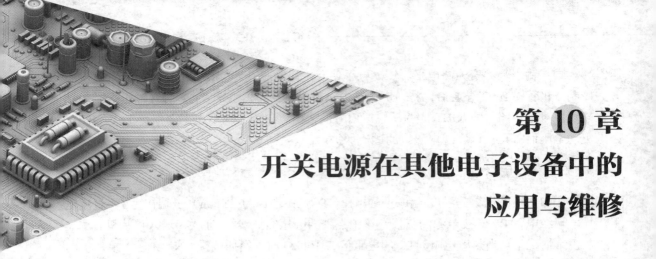

第 10 章
开关电源在其他电子设备中的
应用与维修

开关电源以其低功耗、高效率、电路简洁等显著优点而受到人们的青睐，广泛应用于人们生活的方方面面。在本章中，我们将继续介绍开关电源在打印机、传真机、复印机、计算机、UPS 等办公设备中的应用与维修。

|10.1 打印机开关电源原理与维修|

10.1.1 打印机电源概述

打印机是精密的机电一体化设备，常见的打印机一般分为针式打印机、喷墨打印机和激光打印机 3 种。不同类型的打印机其电源电路有一定区别。

针式打印机的电源主要有逻辑电源和驱动电源两大类。逻辑电源一般是直流 + 5V，为各种控制芯片提供工作电源。如果是串口打印机，逻辑电源还包括直流 + 12V，为串行芯片提供工作电压。驱动电源一般为直流 + 35V（有些机型为 36V、40V 或 24V），主要为字车电机、走纸电机和打印头提供工作电源。由于不同类型针式打印机的结构特性与电路设计及驱动部件有差异，因此，不同类型的针式打印机电源输出电压会有一些差异。

喷墨打印机的电源电路主要有 2 种：一种采用集成稳压电源，主要被低档喷墨打印机所采用；另一种采用开关电源，主要被中、高档喷墨打印机所采用。喷墨打印机也需要 2 种电源，即逻辑电源和驱动电源，其中逻辑电源一般为 + 5V，驱动电源一般为 + 24V。

激光打印机使用多种不同的电压，因此供电系统很复杂。首先要做的是将 220V 交流电转换成低电压的直流电。比如在 HP33440 型激光打印机中，电源部分提供 + 5V、−5V 和 24V 的直流电压。+5V 为所有逻辑集成电路供电，同时还用于检测打印机开关电路。若 + 5V 电压正常，打印机便能够启动，接收输入，控制板上的各种指示灯也可点亮。+24V 电压用于冷却风扇、扫描电机、擦除灯以及离合器开关，同时，还是高压供电系统的电源。在打印机盖板上有一个内部锁定开关，当打印机盖板打开后，该开关会断开 + 24V 电源电路。

10.1.2　针式打印机开关电源分析

目前，市场上的针式打印机品种很多，下面以常见的 EPSON（爱普生）LQ-1520 为例进行介绍，其开关电源电路如图 10-1 所示。

EPSON LQ-1520 打印机采用他激式的脉宽调制（PWM）半桥式开关电源，共有 4 路直流电压输出，即 5V、±12V 和 24V。其中，5V 供逻辑电路和各种敏感元件、指示灯、接口板等使用，±12V 为串行接口电源，24V 供字车电机、走纸电机、打印头线圈等使用。

1. CW3524 介绍

CW3524 是一片 PWM 控制芯片，内部包括斜波发生器、脉宽调制（PWM）器、T 形触发器、基准电压源以及 2 只驱动三极管等，其内部电路如图 10-2 所示，引脚功能如表 10-1 所示。CW3524 不仅提供了开关电源所要控制的所有功能，而且还设置了限流保护器、取样比较器。另外，在内部结构工艺上用斜波后沿时间对"死区"进行控制，这不但为控制方法带来了方便，而且为控制死区时间节省了元器件。该 IC 的基准电压源既为片内各部分电路提供 5V 的电压源，又向外部电路提供电压，并且还提供 50mA 的输出电流。

2. 交流输入电路

220V 交流电压一路经电源变压器 B1 降压、VD7 半波整流、C6 及 C7 滤波、IC1（7815）稳压后输出 15V 直流电压，该电压又分 2 路送出：一路通过 R312、C304 加到 PWM 控制芯片 IC2（CW3524）第⑮脚，作为 IC2 的工作电源；另一路直接加到比较器 IC3（SF339）的③脚，作为 IC3 的工作电源。经交流低通滤波器后的 220V 交流电压另外一路再经 VD1 桥式整流，C101、C102 串联滤波输出约 300V 的直流脉动电压，该电压直接加到开关管 VT102、VT101 的集电极和发射极。

3. 启动关断电路

晶闸管 SCR1、VD101、R101、R111 和开关变压器 T101 的二次侧 N2 绕组构成开关电源的启动关断电路。当 220V 交流电压刚接通时，晶闸管 SCR1 处于截止状态，桥式整流的输出经抑制浪涌电流的电阻 R111 后再送至电容 C101、C102 进行滤波。当直流电源正常工作时，来自高频开关变压器 T101 二次绕组 N2 中的感应电压经二极管 VD101、R101、R102 加到晶闸管 SCR1 的控制极，使 SCR1 转入导通状态，这样，电阻 R111 被 SCR1 短路。这种降压启动网络有两个优点：一是电源刚启动时，R111 限流，电源不会产生过大的瞬间冲击电流；二是电源正常工作后，SCR1 导通，对 R111 有保护作用，同时也可减小 R111 对电源所消耗的能量。

4. PWM 电路

PWM 电路以 IC2（CW3524）为核心构成，CW3524 内部电路框图见图 10-2。当 IC2 的⑮脚获得工作电压时，其内部振荡电路工作，经内部比较器、触发器后，其⑪脚、⑭脚分别输出两路幅度相同、相位相差 180° 的脉冲信号，该信号分别经 VT103、VT104 及隔离变压器 T102、T103，驱动开关三极管 VT101、VT102 不断地轮流导通、截止。这样，在开关变压器 T101 二次侧各绕组输出感应电压，经各路整流、滤波、稳压电路后，分别输出 5V、±12V、

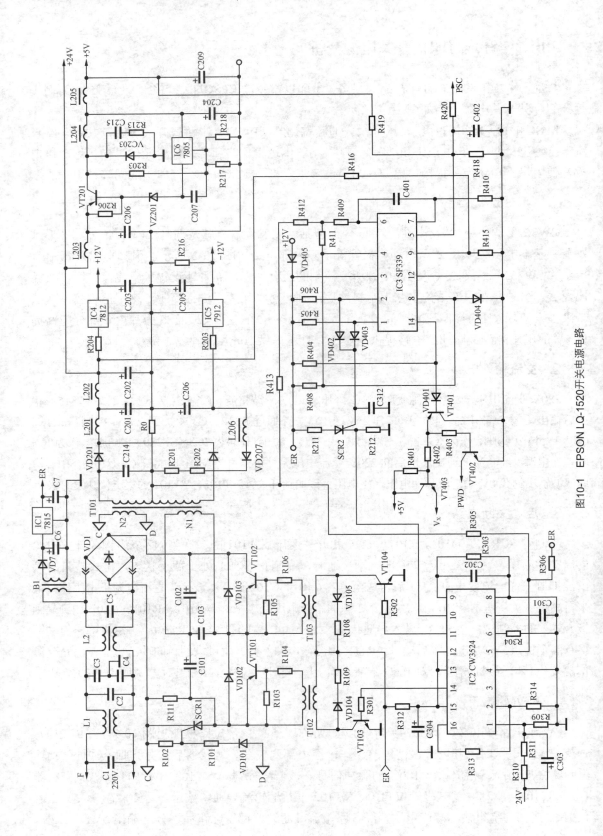

图10-1 EPSON LQ-1520开关电源电路

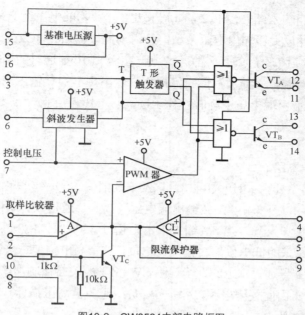

图10-2　CW3524内部电路框图

表 10-1　CW3524 引脚功能

引脚号	符号	功能
①	INV	误差放大器反相输入端
②	IN	误差放大器同相输入端
③	OSC OUT	内部振荡器输出端
④	CL+	限流保护比较器同相输入端
⑤	CL−	限流保护比较器反相输入端
⑥	RT	外接定时电阻
⑦	CT	外接定时电容
⑧	GND	地
⑨	COMP	限流保护比较器输出端
⑩	SHUT DOWN	关闭控制端
⑪	VTA-E	内部驱动管 A 的发射极
⑫	VTA-C	内部驱动管 A 的集电极
⑬	VTB-C	内部驱动管 B 的集电极
⑭	VTB-E	内部驱动管 B 的发射极
⑮	VIN	供电端
⑯	VREF	基准电压输出端

24V 直流电压，供打印机各集成电路、驱动电机及其他电路使用。电路中，VD102、VD103 是为防止 VT101、VT102 击穿而起保护作用的二极管。

5. 稳压控制电路

稳压控制电路由 IC2 的①、②脚内误差取样放大器及电阻 R310、R311、R309 等元器件构成。取样电压来自开关电源的 24V 直流输出端。当 24V 输出端电压升高时，通过取样电阻 R310、R311 与 R309 分压后加到 IC2 ①脚（误差取样放大器的反相输入端）的电压升高，而其②脚（放大器的同相输入端）由 IC2 的⑯脚输出的 5V 基准电压经 R313 提供一固定电压。因此，IC2 内误差取样放大器输出电压减小，经内部比较器后使 IC2 的⑪、⑭脚输出的脉冲宽度变窄，VT101、VT102 导通时间缩短，T101 在 VT101 导通时的储能减少，向二次侧释放的能量减少，经高频整流、滤波后的直流电压自然下降，24V 输出端电压下降，实现稳压的目的。当 24V 直流输出端电压下降时，稳压过程与上述相反。

6. 保护电路

（1）5V 过压保护电路

5V 过压保护电路主要由 R419、R418，以及 IC3 的②、④、⑤脚内电压比较器和 IC2 的⑩脚内部电路等构成。当开关电源 5V 输出端电压过高时，通过取样电阻 R418 和 R419 分压后加到 IC3 的⑤脚的电压升高。当 5V 输出端电压超过 6.5V 时，IC3 的⑤脚电位将高于其④脚电位，于是②脚由原来的低电位翻转输出高电位，这个高电位使二极管 VD402 导通，导通电流触发晶闸管 SCR2 导通，SCR2 的导通使 CW3524 的关断控制端第⑩脚出现高电位，于是 CW3524 停止工作，由此关闭电源，保护 5V 负载避免被高压损坏。

（2）针驱动保护电路

该电源系统设置针驱动保护电路的主要目的是防止在针驱动三极管损坏期间，打印针线圈中产生过流而使打印头损坏。当针驱动电路出故障时，PSC 信号为高电平，经电阻 R420 加到 IC3 的同相输入端⑤脚，这时 IC3 的⑤脚的电位将高于反相输入端④脚电位，IC3 的②脚输出高电位，VD402 导通并触发晶闸管 SCR2 导通，使 CW3524 的⑩脚出现高电平，于是 CW3524 停止工作，从而关闭电源，保护打印头免遭过流损坏。

另外，C402 担任开机瞬间防止过压保护电路误动作的任务。在电源刚开启时，开关电源电压往往会有过压情况发生，这时，如果不加任何处理，就会使过压检测电路动作，从而导致打印机加不上电。为了防止这种情况发生，电路加了一只电解电容 C402。在开机瞬间，由于 C402 的充电作用，IC3 的⑤脚的电位逐渐上升，这样就避免了开机瞬间 IC3 的⑤脚电位的升高导致关断电源现象的发生。关机后，C402 上的充电电压经电阻 R418 放电，准备再次开机时接受充电。

10.1.3　喷墨打印机开关电源分析

下面以 EPSON（爱普生）生产的 C4X 系列喷墨打印机为例进行分析。

C4X 系列喷墨打印机主要包括 C41SX、C41UX、C43SX、C43UX 等，SX 打印机和 UX 打印机仅仅是与计算机连接的接口不同，SX 打印机采用 LPT 接口，UX 打印机采用 USB 接口，其他部分的电路基本相同。这几种打印机都采用了相同的电源。图 10-3 是根据实物测绘所得的开关电源电路图，A 虚线框内为主电源电路板的电路，B 虚线框内是主电路板。

1. 电路工作过程

该打印机采用的是以开关管 VT1 为核心的自激式开关电源。当 VT1 导通时，开关变压器 T1 储存能量；当 VT1 截止时，T1 磁芯中的磁能转化为电能由绕组 3 输出，经 VD51 整流和 C51 滤波，输出 +36V 的直流电压。

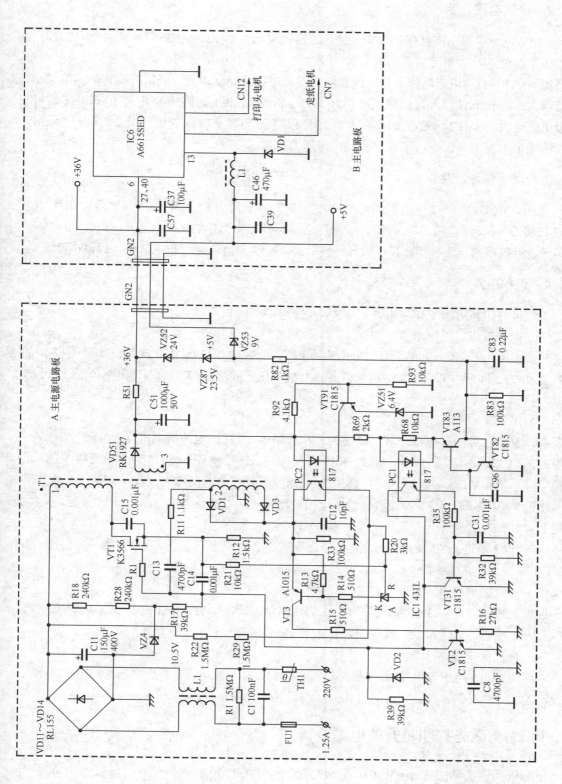

图10-3　EPSON（爱普生）C4X系列喷墨打印机开关电源电路图

2. 稳压电路

+36V 电源的稳压由光电耦合器 PC2，三极管 VT91、VT3、VT2 等构成。如因负载减轻或其他原因使 +36V 电源的电压上升时，经 R92 和 R93 分压后送到 VT91 的基极，使基极电流增加，VT91 的集电极电流上升，PC2 内的发光二极管亮度增大，光敏三极管的内阻减小、电流增大，经 R20 使注入误差放大电路 IC1 的控制极 R、IC1 的阴极 K 电位下降，VT3 的集电极电流增大，使 VT2 导通程度增加，VT1 的栅极电位下降，VT1 漏极电流减小，从而使 +36V电源的输出电压下降，维持了 +36V 输出电压的稳定。

3. +5V 电源产生电路

+36V 电源经 CN2 与主电路板上的 CN2 插座相连，经 C37、C57 滤波后送到 IC6（A6615SED）的④脚、㉗脚、㊵脚，经降压后从⑬脚输出稳定的 +5V 电源，由 L1、C46、C39 滤波后供控制电路使用。IC6 的另一作用是向打印头驱动电机和走纸电机提供电源。

4. 保护电路

为保证打印机可靠工作，电源设有多重保护电路。

（1）市电过压保护电路

若市电电压升高，+300V 直流电也相应升高，经 R22、R29、R20 送到 IC1 控制极 R 的电流也因此上升，经 VT3、VT2 送到 VT1 控制极的电压下降，使 VT1 截止，电源停止输出 +36V直流电。

（2）+36V 和 +5V 过压保护电路

若 +36V 电源的稳压电路有故障而失去稳压功能，+36V 电源的电压将大大超过 +36V，使 VZ52、VZ87 击穿导通，此电压经 R82 送到 VT82 基极使其导通。VT82 导通后 VT83 的基极电位下降，VT83 导通。这一方面使 PC1 的发光二极管电流增大，PC1 内部的光电管内阻减小，VT31 导通，VT1 的控制极对地近乎短路，VT1 截止而停止工作；另一方面，VT83导通后 VT82 的基极获得了正向偏置电流，VT82 继续维持导通，形成了自锁。

+5V 电源通过 CN2 反馈送到主电源电路板。若是 IC6 出了故障，+5V 电源产生过压，则VZ53 击穿导通，同样经 R82、R83 使 VT82、VT83、VT31 导通，VT1 截止，中止电源输出。

（3）过流保护电路

过流或短路时，VT1 的漏极电流增大，R12 的电压增大，经 R21 送到 IC1 的 R 极，使VT3、VT2 导通，VT1 截止，实现过流保护。

（4）其他保护电路

电路中，C15 用于吸收 VT1 在截止期间产生的尖峰脉冲电压，防止损坏 VT1，VZ4 的作用是对 VT1 控制极的电压进行钳位，防止 VT1 意外损坏。

10.1.4　激光打印机开关电源分析

下面以比较常见的惠普 HP 1010 型激光打印机开关电源为例进行分析，该开关电源采用了以开关管 VT501、开关变压器 T501 为核心构成的并联型自激式开关电源，如图 10-4 所示。

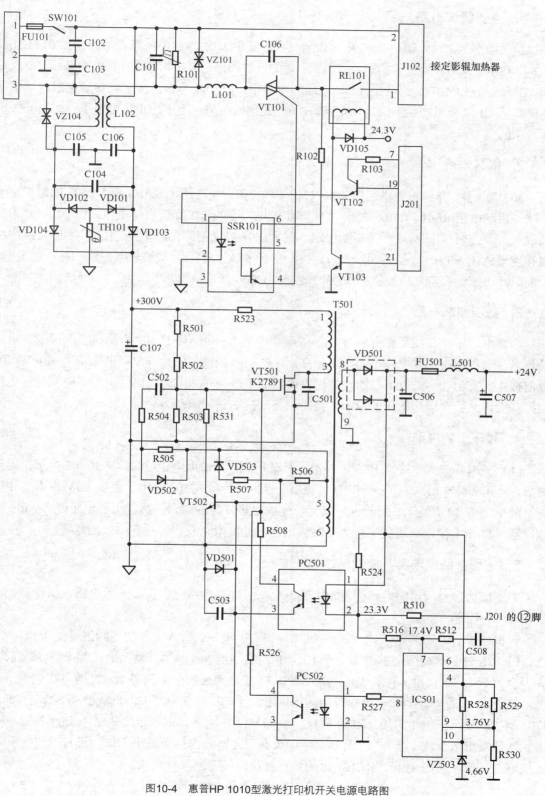

图10-4　惠普HP 1010型激光打印机开关电源电路图

1. 整流滤波电路

接通电源开关 SW101 后，市电电压通过保险管 FU101、SW101，以及 C101、R101、L102、C104、C105、C106 等组成的线路滤波后，通过 VD101～VD104 组成的整流堆进行整流，由 C107 滤波，在 C107 两端产生 300V 电压。电路中，TH101 是负温度系数热敏电阻，可限制开机瞬间 C107 充电产生的大冲击电流。R101 是压敏电阻，用于防止市电电压过高给开关电源带来的危害。

2. 振荡电路

300V 电压一路经保险电阻 R523、T501 的 1—3 一次绕组加到开关管 VT501 的漏极。另一路经启动电阻 R501、R502 送到 VT501 的栅极，为 VT501 提供启动电压。T1 的 5—6 正反馈绕组与 VT501 共同构成开关振荡电路。在 VT501 导通期间，在开关变压器 T501 一次绕组储存能量，在 VT501 截止期间，T501 一次绕组储存的能量经二次绕组释放，在二次绕组产生的脉冲电压经肖特基型整流管 VD501 整流、C506 滤波获得 24V 电压，为负载供电。

3. 稳压控制电路

当市电电压升高或负载变轻时，C506 两端的电压升高，经 IC501 内的误差取样放大电路处理后，使 PC501 的③脚输出的电压升高，对 C503 充电速度加快，VT502 提前导通，VT501 提前截止，T501 因 VT501 导通时间缩短而储能下降，开关电源输出的电压下降到规定电压值，从而达到稳定输出电压的目的。反之，稳压控制过程相反。

4. 过压保护电路

当误差取样放大电路或 PC501 异常，引起开关电源输出电压过高，被 IC501 内部电路检测后，从其⑧脚输出高电平控制电压。该电压经 R527 为 PC502 的①脚提供 1.1V 左右工作电压，使 PC502 内的发光二极管开始发光，光敏三极管导通，由③脚输出的电压使 VT502 饱和导通，VT501 截止，避免了开关电源输出电压过高给负载和开关管带来的危害。

5. 定影系统供电及其控制电路

定影辊加热器所用的电源为 220V 交流电，其加热电路设在交流输入电路，工作及控制过程如下。

该机通电后，连接器 J201 的⑲、㉑脚均输入高电平。㉑脚输入的控制信号使 VT103 导通，RL101 的驱动线圈产生磁场，将 RL101 内的触点吸合。⑲脚输入的控制电压经 VT102 放大后为 SSR101 供电，使其工作，晶闸管 VT101 因有触发信号而导通。此时，市电电压通过连接器 J102 的①、②脚为定影辊加热器供电。当定影辊加热器的温度达到 185℃ 左右时，J201 的⑲脚输入低电平，使 VT102 截止，于是 VT101 关断，定影辊加热器停止加热。同时，微处理器发出指令使"准备好"灯点亮。如果在设定时间内打印机未工作，则 J201 的㉑脚输入低电平，使 VT103 截止，RL101 内的触点释放，机器进入待机状态。

10.1.5　打印机开关电源维修

打印机开关电源一般比较简单，其检修方法与常规开关电源一致，这里不再具体介绍，详细情况参见本书第 4 章相关内容。

10.1.6　维修实例

打印机开关电源维修实例如下。

（1）故障现象：EPSON（爱普生）LQ-1520 型针式打印机，通电开机后打印机指示灯不亮，字车不动。

分析与检修：根据故障现象，一般是电源出现故障。首先检查开关电源的交流保险丝，发现已熔断，全桥 QL1 有一只桥臂被击穿。说明开关电源的交流输入部分有短路性器件。用万用表测得两开关管 VT101、VT102（2SC4058）都被击穿，并造成电阻 R111 过流烧断。将上述元器件更换后，电源部分仍没有电压输出，VT102 集电极上 310V 已正常，说明可能是电源部分一次侧还没有起振。检查 VT103、VT104，发现 VT103、VT104 的基极电阻 R104 和 R106 烧断，更换后电源工作恢复正常。

（2）故障现象：EPSON（爱普生）C41SX 打印机，绿灯不亮，打印机不能工作。

分析与检修：检查 CN2 的①脚无 + 36V 电压，检查 FU1 保险丝完好，有 + 300V 电压，再检查 C51 上有 + 36V 电压。断电，检查保险电阻 RS1，发现已损坏，再检查主电路板，发现 C37 短路。更换保险电阻和电解电容后工作恢复正常。

（3）故障现象：惠普 HP 1010 型激光打印机，开关电源发出"吱吱"声。

分析与检修：开关电源发出"吱吱"响声，一般有三种情况：一是 + 300V 滤波电容器 C107 失容；二是负载故障，电源处于保护工作状态；三是电源工作频率过低。

由于能听到开关电源发出的"吱吱"声，说明电源的启动电路、正反馈电路及保护电路本身基本正常，原因可能是电源供电不稳定、负载过重或脉宽控制三极管导通过强等，电源处于保护工作状态或低频工作状态。检修时，首先直观观察 + 300V 滤波电容器 C107，发现电容器中间鼓起，将其拆下，用万用表测量，已无容量，更换 C107 后，故障排除。

10.2　传真机开关电源原理与维修

10.2.1　传真机开关电源分析

1. 传真机电源概述

传真机的开关电源主要有主电源和辅助电源两部分，主电源在传真机处于工作状态时供电，辅助电源则是在传真机处于待机状态下供电，以确保传真机处于待机状态。其中主电源部分又由系统电源（也称之为低压电源）和高压电源两部分构成。系统电源是传真机整机电源部分的核心，是其辅助电源和高压电源的基础。

一般而言，传真机开关电源可输出以下几组电压。

（1）＋5V

＋5V 直流电压主要是作为传真机逻辑单元电路的工作电源，包括为整机各部分的集成电路及待机控制系统等部分电路供电。

（2）±12V

＋12V 主要为面板指示整机工作状态的发光二极管阵列及为电路放大器等供电，–12V 主要为 CCD 供电。

（3）＋24V（或 ＋26V）

＋24V（有些机型为 ＋26V）直流电源电压主要为传真机的机电驱动电路和电机、继电器、热敏打印头等部分供电。

另外，有些传真机还设有–450～–600V 和–6 000～–7 000V 等高压电源。其中，–450～–600V 高压主要是为驱动显像器墨盒提供电晕偏压电源，–6 000～–7 000V 高压主要用作充电和转印放电所需的电晕高压电源。

2. 传真机开关电源电路分析

下面以松下 UF-200 传真机为例进行分析，开关电源电路如图 10-5 所示。

（1）电路的工作过程

市电交流电压经整流滤波后，在 C8 两端产生约 300V 的直流电压，经开关变压器 T1 的 5—4 绕组加到开关管 VT2 的漏极（D）。另外，由控制电路 Z1 产生控制信号使场效应开关管 VT2 处于开关状态，在 VT1 导通时，在开关变压器 T1 一次绕组储存能量。在 VT1 截止时，储存在 T1 中的能量通过二次绕组释放。于是，在 T1 的二次侧产生脉冲电压，经整流滤波后，便得到所需的各种直流电压，其输出电压的高低是通过改变开关管 VT2 的导通时间来进行控制。

T1 二次绕组 9、10 端感应的高频电压经 VD102 整流，L3-1、C15 等滤波后输出 24V 直流电压，该电压作为传真机主电源，它的稳压是通过对一次侧的反馈控制来实现的。另外，经整流、滤波后的 24V 电压再经 L4、C18 滤波后，加到稳压器 Z2 的输入端，经 Z2 稳压后，由第④脚输出的电压，再经 C19、C21 滤波后输出 12V 稳定的直流电压。Z2 另一输出端第⑤脚输出的电压再经 C20、L6、C22 滤波后输出稳定的–12V 直流电压。

T1 二次绕组 12—11 感应的电压经 VD103 整流，L3-2、C25 滤波，Z3 稳压，C26 再次滤波后输出稳定的 5V 直流电压。

（2）24V 稳压控制电路工作过程

24V 稳压控制电路主要由电阻 R28、R27、三极管 VT4、光电耦合器 PC1 及控制电路 Z1 等元器件组成。当 24V 输出端电压有所上升时，经取样电阻 R28、R27 分压后加到 VT4 的基极的电压升高，而 VT4 的发射极电压由 VZ10 钳位不变，使得 VT4 导通程度加强，其集电极电流增大，该电流通过光电耦合器 PC1-2 的发光二极管时，使得该发光二极管亮度加强，则 PC1-1 光敏三极管电流增大，这一变化反映到集成电路 Z1 上，经 Z1 内部电路比较后，使得其输出的脉冲宽度变窄，则 VT2 的导通时间缩短，T1 次级绕组的电压减小，24V 直流输出端电压自然下降，达到稳压的目的。

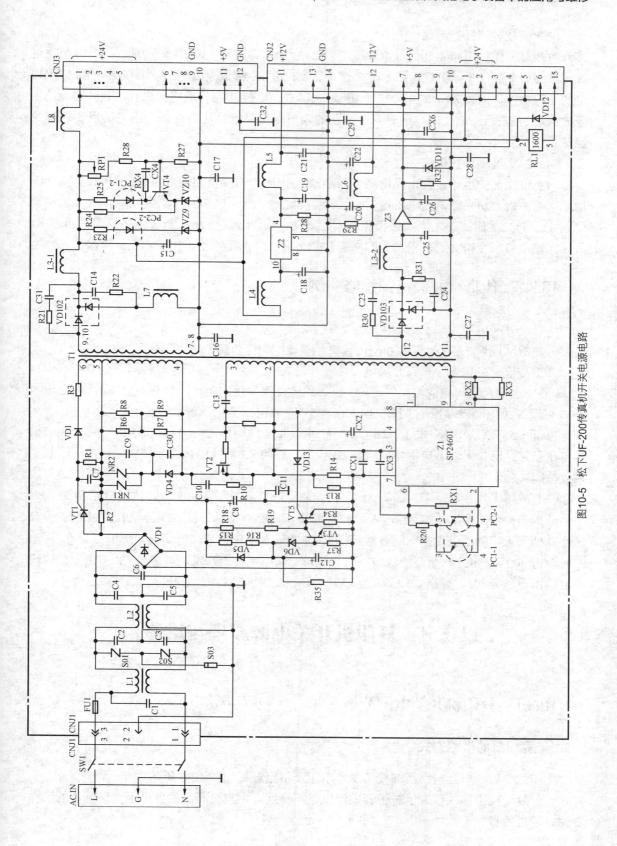

图10-5　松下UF-200传真机开关电源电路

（3）负载过流保护电路

负载过流保护电路主要由过流取样电阻 R13、R14，控制电路 Z1 等构成。当负载出现过流现象（如负载过重、负载短路）时，开关管 VT2 的漏-源极电流增大，则在电阻 R14、R13 上的压降增大，加到 Z1 的③脚的电压升高，此电压在 Z1 中与标准电压进行比较，比较结果经放大后再去控制 VT2 的导通时间，使总的输出电压降低，从而控制输出电流以实现过流保护。

（4）24V 过压保护电路

24V 过压保护电路主要由光电耦合器 PC2、稳压管 VZ9 及控制电路 Z1 等组成。当 24V 稳压电路失效、24V 输出端电压过高时，该电压通过 R23、PC2-2 将 VZ9 击穿，较大的击穿电流通过 PC2-2 时，使发光二极管亮度大大增强，则 PC2-1 光敏三极管饱和导通，通过 Z1 内部比较电路后使得 Z1 无脉冲输出，迫使 VT2 关断，电源停止工作，实现过压保护。

10.2.2 传真机开关电源维修实例

传真机开关电源维修实例如下。

（1）故障现象：松下 UF-200 型传真机，接通电源开机后 LCD 无显示。

分析与检修：首先检查其开关电源，打开传真机，取出电源板，短时间通电测量 CNJ3、CNJ2 各脚电压，发现电源输出的 +24V、±12V 直流电压均正常，只有 +5V 输出端电压为 0V，说明开关电源已起振，故障仅局限在 +5V 直流电压产生及输出回路中。

检查 +5V 回路中 RC3、L3-2、C25、C26 等元器件均正常，并且在通电时测量 Z3 的输入电压正常，但却无输出电压，判断是 Z3 损坏。更换 Z3 后通电试机，+5V 输出电压恢复正常，故障排除。

（2）故障现象：松下 UF-200 型传真机，通电开机后操作各功能键，传真机无反应。

分析与检修：根据故障现象分析，可能是电源电路有故障。检查保险丝 FU1 完好；检查插座及插头无接触不良现象；测量整流桥 RC1 的输入电压正常，但测量输出电压为 0V，正常时应为 300V，由此判断整流滤波电路有故障。断电后检查，发现电容器 C8 被击穿，造成整流输出电压为 0V。更换 C8 后开机试验，传真机工作正常，故障排除。

|10.3 复印机开关电源原理与维修|

10.3.1 复印机开关电源分析

1. 复印机的供电方式

复印机整机各单元电路所需要的工作电压及供电过程如图 10-6 所示。

一台复印机中往往设置了若干套电源电路，分别产生整机所需的各类不同电压值的工作电源。常见的有如下几种。

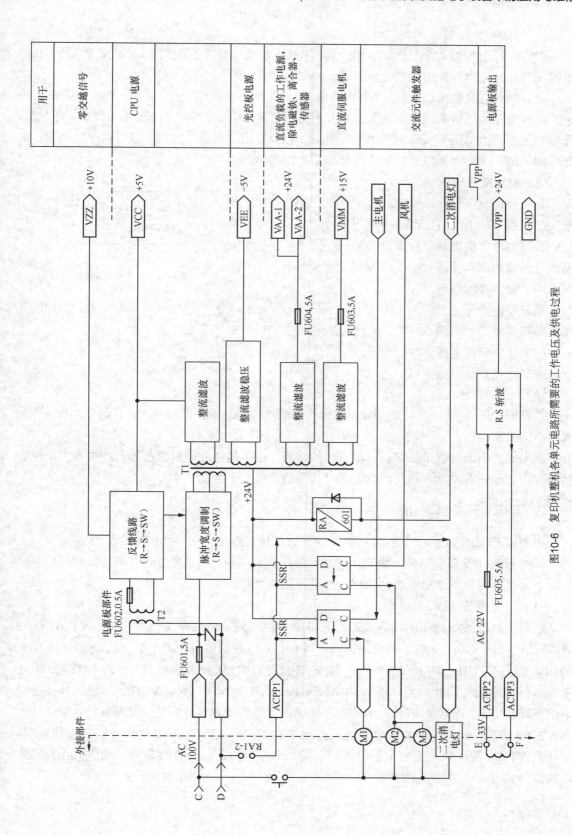

图10-6　复印机整机各单元电路所需要的工作电压及供电过程

（1）100V 交流电压

由供电网送来的 220V 交流电压经过电源变压器变压后，直接产生 100V 交流电压。它用于曝光灯、加热器、主电机等交流负载。

（2）24V 直流电压

电源电路经过整流、稳压产生 24V 直流电。它主要用于电磁离合器、电磁线圈、计数器、光电开关、直流电机等直流负载的工作电源。有时还用来作为高压发生器、温度控制器、曝光灯调节器、硒鼓表面电位控制电路等辅助电路的电源。

（3）33V 交流电压

有些静电复印机用它来控制自动关机。它把 33V 交流电接在如图 10-7 所示的总开关电路中的 L1 上，只要切断33V 交流电源的供电就可实现自动关机。另外，33V 交流电还可经过整流和稳压后产生 24V 的直流电压。

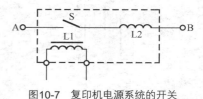

图10-7　复印机电源系统的开关

（4）12V 直流电压

经过整流稳压后产生的 12V 直流电压，主要用来作为光敏元器件、光电开关、时钟脉冲发生器等传感器的电源。

（5）10V 交流电压

主要用作指示灯的电源。

（6）±5V 直流电压

经整流稳压后的 ±5V 直流电压，用来作为整机控制系统中的微处理器（CPU）及各种集成电路的工作电源。

以上 6 种电源是静电复印机中最常用的电源。由于静电复印机的品牌和种类繁多，机电结构和设计也各有差异，因此，电源的具体数值也略有不同。

2. 复印机开关电源分析

下面以 Canon（佳能）NP-2436 开关电源为例进行说明，如图 10-8 所示。

佳能 NP-2436 型复印机采用的是自激半桥式开关电源，可输出 5V、24V 两路直流电压。下面从维修角度，对电路的工作过程进行简要介绍。

（1）自激振荡过程

经整流、滤波后输出的约 300V 直流电压直接加到半桥式开关管 VT101、VT102 的两端。另外，还从 C101、C102 中点取出约 150V 电压，经 T101 的 12—10 绕组、R110、R106、R101，加到 VT101、VT102 的中点，并经 R104、T101 的 5—4 绕组、R103 向 VT102 的基极提供启动电流。因此，当开机后 C101、C102 两端电压建立时，VT102 导通。其集电极电位下降到 0V，有电流流经 T101 的 7—8 绕组，其二次侧 4—5 绕组感应出反向电压，加到 VT102 的基极，使 VT102 又很快截止。此时，T101 二次侧的 1—2 绕组感应出正向电压，并加到 VT101 的基极，使得 VT101 导通。这样，VT101、VT102 便轮流导通、截止，形成自激振荡。

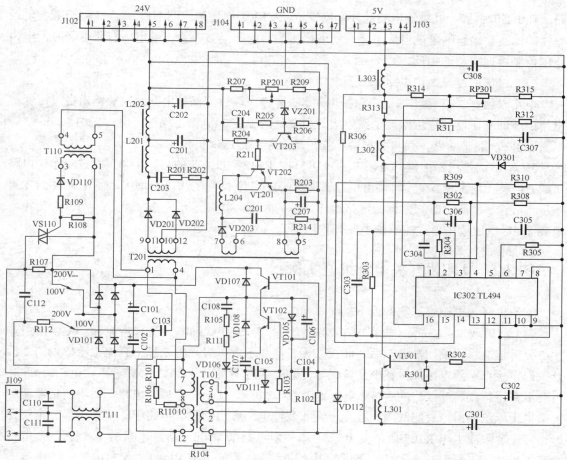

图10-8　佳能NP-2436开关电源电路

（2）24V 直流电压输出电路

T201 二次绕组 9—12 感应的电压经 VD201、VD202 整流，L201、L202、C201、C202 滤波后输出 24V 直流电压。

（3）5V 直流电压输出电路

5V 直流电压是 24V 电压通过集成电路 IC302（TL494）控制开关管 VT301 导通时间来完成的。TL494 是一片 PWM 控制芯片，内部电路框图和引脚功能参见本书第 5 章相关内容。

24V 直流电压再经 L301、C302、C301 组成的 Π 型滤波器滤波后，一路加到开关管 VT301 的发射极，另一路加到脉宽调制控制集成电路 IC302 的工作电压端第⑫脚，IC302 获得电压后，其内部电路工作，由⑧、⑪脚输出驱动脉冲，通过 R302 加到 VT301 的基极，控制 VT301 的导通、截止，VT301 的集电极输出的脉冲电压经 VD301 整流、C307 等滤波后输出 5V 直流电压。

（4）5V 稳压控制电路

5V 稳压控制电路主要由取样电阻 R314、RP301、R315 和 IC302（TL494）①脚、②脚内部误差放大器、脉冲宽度控制电路等组成。当 5V 输出端电压有所上升时，经电阻 R314、RP301、R315 分压后加到 IC302①脚的电压升高，经内部误差放大、比较和脉冲宽度控制电路后使 IC302⑧脚、⑪脚输出的脉冲宽度变窄，VT301 导通的时间缩短，L302 储能减少，经整流、滤波后输出的电压自然下降，实现稳压的目的。当 5V 输出端电压有所下降时，电路稳压控制原理与上述相反。

（5）过压、过流保护电路

电路设置有 24V 输出端过压保护电路和 5V 输出端过流保护电路。24V 输出端过压保护电路由脉冲变压器和过压检测电路组成。当某种情况使 24V 输出端过压时，T201 的 6—7 绕组通过 R203 对地短路，使自激振荡停振，从而起到过压保护作用。

5V 输出端过流保护电路是由 R313、R311、R312、TL494 的⑮脚和⑯脚内过流保护电路组成。当某种情况使 5V 输出端出现过流现象时，R313 两端的压降会增大，使 TL494 的⑤脚电压下降，其⑮脚、⑯脚内保护电路动作，使其⑧脚、⑪脚无开关脉冲输出，VT301 截止，电源无 5V 电压输出，过流保护电路起作用。

10.3.2　复印机开关电源维修实例

复印机开关电源维修实例如下。

（1）故障现象：Canon（佳能）NP-2436 型复印机，通电后面板上无任何显示，机器不动作。

分析与检修：复印机通电后，面板上无任何显示，一般是由未加上直流电压导致的。拆开机壳，检查电源电路板，发现交流保险完好。通电测量电源 24V、5V 输出端电压为 0V。再测量交流整流、滤波后的 300V 电压也为 0V。断开 VD101 以后的电路，通电测量发现整流器也无电压输出，说明故障出在交流输入滤波电路或启动限流电路中。检查该部分电路元器件，发现限流电阻 R107 阻值变为无穷大，说明 R107 内部已断路。R107 被烧断，一般是由其工作时间太长、温度太高或通过的电流过大造成的，由于 VD101、VT101、VT102 等元器件都完好，估计电路不曾有过大的电流通过。

从电源工作原理可知，R107 只在冷启动开机瞬间有较大电流通过，随后 R107 被双向晶闸管 VS110 短路，不再有电流通过 R107。如果 T110、VD110、R109、VS110 等元器件有损坏，就会造成电源启动后，电源主电流一直通过 R107，从而使 R107 工作时间过长，温升过高而被烧坏。静态时，检查 T110、VD110、R109、VS110 发现 VD110 有一只引脚断路，造成 VS110 无触发电压。更换 VD110、R107，通电试机，故障被排除。

（2）故障现象：一台 Canon（佳能）NP-2436 型复印机，通电后面板指示灯均不亮，但能听到机器内主电机动作的声响。

分析与检修：该复印机电源输出的 5V 直流电压主要供面板指示灯、传感器及中央处理器等部件工作，24V 直流电压主要供动作执行机构（如电机等）工作。上述故障现象说明 24V 电压正常，但 5V 电压不正常。

通电测量 J103 各脚对地电压均为 0V，而 J102 各脚对地的 24V 直流电压正常，说明故障仅局限于 5V 直流电压的产生及输出电路上。通电测量 5V 的 DC/DC 变换电路中 VT301 的发射极及 IC302 的⑫脚（VCC 端）均有正常的约 24V 直流电压，再用示波器观察 IC302 第⑧、⑪脚及 VT301 的集电极，均未看到正常的脉冲电压。静态时检查 IC302 外围元器件，特别是振荡定时元器件 C305、R305，均未发现异常，怀疑 IC302（TL494）损坏，更换 TL494 后，通电测量电容 C308 两端，5V 电压恢复正常，故障排除。

|10.4　计算机 ATX 开关电源原理与维修|

10.4.1　ATX 开关电源概述

ATX 开关电源的主要功能是向计算机系统提供所需的直流电源，一般采用的都是双管半桥式无工频变压器的脉宽调制变换型稳压电源。它将市电整流成直流后，通过变换型振荡器变成频率较高的矩形或近似正弦波电压，再经过高频整流滤波变成低压直流电压。ATX 开关电源的功率一般为 250～300W，通过高频滤波电路共输出 6 组直流电压：+5V（25A）、-5V（0.5A）、+12V（10A）、-12V（1A）、+3.3V（14A）、+5VSB（0.8A）。为防止负载过流或过压损坏电源，在交流市电输入端设有保险丝，在直流输出端设有过载保护电路。

10.4.2　ATX 开关电源电路分析

下面以市面上比较常见的 LWR2010 型 ATX 开关电源为例进行介绍。电路按其组成功能分为：输入整流滤波电路、高压反峰吸收电路、辅助电源电路、脉宽调制控制电路、PS 信号和 PG 信号产生电路、主电源电路及多路直流稳压输出电路、自动稳压稳流与保护控制电路。整机电路图如图 10-9 所示。

1. 主要集成电路介绍

ATX 开关电源中，主要采用了两片集成电路 IC1 和 IC2，下面简要进行说明。

IC1（LM339N）是一片比较放大器（内含 4 组），内部电路框图见图 10-10。

IC2（KB7500B）是一片 PWM 控制芯片，其内部电路与引脚功能与本书第 5 章介绍的 TL494 完全相同。

2. 整流滤波电路

在图 10-9 中，交流电 AC 220V 经过保险管 FUSE、电源互感滤波器 L0、VD1～VD4 整流、C5 和 C6 滤波，输出 300V 左右直流脉动电压。C1 为尖峰吸收电容，防止交流电突变瞬间对电路造成不良影响。TH1 为负温度系数热敏电阻，起过流保护和防雷击的作用。L0、R1和 C2 组成 II 型滤波器，滤除市电电网中的高频干扰。C3 和 C4 为高频辐射吸收电容，防止交流电窜入后级直流电路造成高频辐射干扰。R2 和 R3 为隔离平衡电阻，在电路中对 C5 和 C6 起平均分配电压作用，且在关机后，与地形成回路，快速释放 C5、C6 上储存的电荷，从而避免电击。

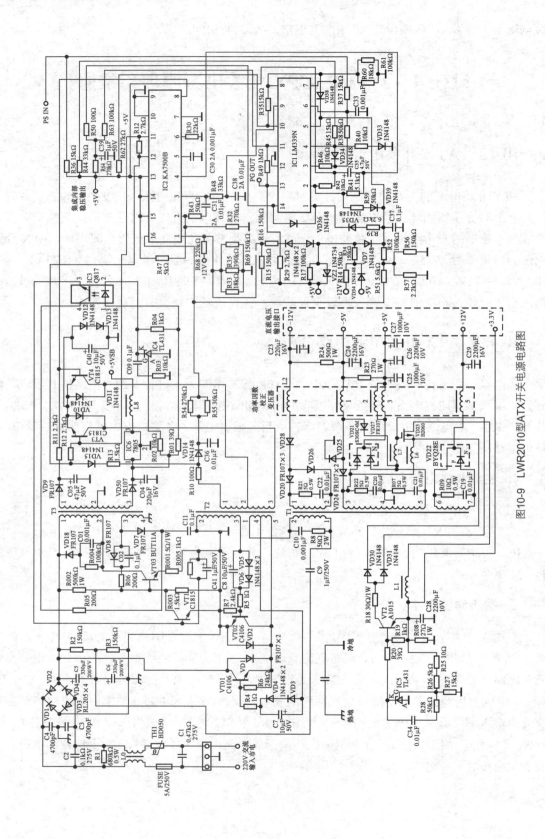

图10-9　LWR2010型ATX开关电源电路图

3. 高压尖峰吸收电路

电路中，VD18、R004 和 C01 组成高压尖峰吸收电路。当开关管 VT03 截止后，T3 将产生一个很大的反极性尖峰电压，其峰值幅度超过 VT03 的集电极电压很多倍，此尖峰电压的功率经 VD18 储存于 C01 中，然后在电阻 R004 上消耗掉，从而降低了 VT03 的集电极尖峰电压，使 VT03 免遭损坏。

4. 辅助电源电路

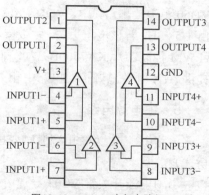

图10-10　LM339内部电路框图

只要有交流电 AC 220V 输入，ATX 开关电源无论是否开启，其辅助电源都会一直工作，直接为开关电源控制电路提供工作电压。

辅助电源电路的工作过程如下。

整流器输出的+300V 左右直流脉动电压，一路经 T3 开关变压器的一次侧 1—2 绕组送往辅助电源开关管 VT03 的集电极，另一路经启动电阻 R002 给 VT03 的基极提供正向偏置电压和启动电流，使 VT03 开始导通。集电极电流流经 T3 一次侧 1—2 绕组，使 T3 的 3—4 反馈绕组产生感应电动势（上正下负），通过正反馈支路 C02、VD8、R06 送往 VT03 的基极，使 VT03 迅速饱和导通，VT03 上的集电极电流增至最大，即电流变化率为零，此时 VD7 导通，通过电阻 R05 送出一个比较电压至 IC3（光电耦合器 VT817）的③脚。同时 T3 二次绕组产生的感应电动势经 VD50、C04 整流滤波后，一路经 R01 限流后送至 IC3 的①脚，另一路经 R02 送至 IC4（误差比较放大器 TL431）。由于 VT03 饱和导通时二次绕组产生的感应电动势比较平滑、稳定，经 IC4 的 K 端输出至 IC3 的②脚，电压变化率几乎为零，使 IC3 内发光二极管流过的电流几乎为零，此时光敏三极管截止，从而导致 VT1 截止。反馈电流通过 R06、R003、VT03 的基极和发射极等效电阻对电容 C02 充电，随着 C02 充电电压的增加，流经 VT03 的基极电流逐渐减小，使 3—4 反馈绕组上的感应电动势开始下降，最终使 T3 的 3—4 反馈绕组感应电动势反相（上负下正），并与 C02 电压叠加后送往 VT03 的基极，使基极电位变负，此时开关管 VT03 因基极无启动电流而迅速截止。

当 VT03 截止后，T3 反馈绕组的 4 端感应出正电压，VD7 截止，T3 二次绕组两个输出端的感应电动势为正，T3 储存的磁能转化为电能，经 VD50、C04 整流滤波后为 IC4 提供一个变化的电压，使 IC3 的①、②脚导通，IC3 内发光二极管流过的电流增大，使光敏三极管发光，从而使 VT1 导通，给开关管 VT03 的基极提供启动电流，使开关管 VT03 由截止转为导通。同时，正反馈支路 C02 的充电电压经 T3 反馈绕组、R003、VT03 的 be 极等效电阻、R06 形成放电回路。随着 C41 充电电流逐渐减小，开关管 VT03 的基极电位 U_b 上升，当 U_b 电位增加到 VT03 的 be 极的开启电压时，VT03 再次导通，又进入下一个周期的振荡。如此循环往复，构成一个自激多谐振荡器。

在 VT03 饱和期间，T3 二次绕组输出端的感应电动势为负，整流二极管 VD9 和 VD50 截止，流经一次绕组的导通电流以磁能的形式储存在辅助电源变压器 T3 中。当 VT03 由饱和转向截止时，二次绕组两个输出端的感应电动势为正，T3 储存的磁能转化为电能经 VD9、

VD50 整流输出。其中，VD50 整流输出电压经三端稳压器 7805 稳压，再经电感 L7 滤波后输出 + 5VSB。若该电压丢失，主板就不会自动唤醒 ATX 电源工作。VD9 整流输出电压供给 IC2（PWM 控制芯片 KA7500B）的⑫脚（电源输入端），经 IC2 内部稳压，从第⑭脚输出稳压 + 5V，提供 ATX 开关电源控制电路中相关元器件的工作电压。

5. 主电源电路

电路中，T2 为主电源激励变压器，T1 为主电源开关变压器，VT01、VT02 为主电源半桥式开关管。

当副电源开关管 VT03 导通时，集电极电流 I_c 流经 T3 一次侧 1—2 绕组，使 T3 的 3—4 反馈绕组产生感应电动势（上正下负），并作用于 T2 一次侧 2—3 绕组，产生感应电动势（上负下正），经 VD5、VD6、C8、R5 给 VT02 的基极提供启动电流，使主电源开关管 VT02 导通，在回路中产生电流，保证了整个电路的正常工作。同时，在 T2 一次侧 1—4 反馈绕组产生感应电动势（上正下负），VD3、VD4 截止，主电源开关管 VT01 处于截止状态。在电源开关管 VT03 截止期间，工作原理与上述过程相反，即 VT02 截止、VT01 工作。其中，VD1、VD2 为续流二极管，在开关管 VT01 和 VT02 处于截止和导通期间能提供持续的电流。这样就形成了主开关电源他激式多谐振电路，保证了 T2 一次绕组电路部分得以正常工作，从而在 T2 二次绕组上产生感应电动势送至推动三极管 VT3、VT4 的集电极，保证整个激励电路能持续稳定地工作。同时，通过 T2 一次绕组反作用于 T1 主开关电源变压器，使主电源电路开始工作，为负载提供 + 3.3V、±5V、±12V 工作电压。

6. PS 信号和 PG 信号产生电路以及脉宽调制控制电路

微机通电后，由主板送来的 PS 信号控制 IC2 的④脚（脉宽调制控制端）电压。待机时，PS 为高电平 3.6V，经 R37 到达 IC1（电压比较器 LM339N）的⑥脚（启动端），经 IC1 的①脚输出低电平，使 VD35、VD36 截止。同时，IC1 的②脚一路经 R42 送出一个比较电压对 C35 进行充电，另一路经 R41 送出一个比较电压给 IC2 的④脚。IC2 的④脚电压由零电位开始逐渐上升，当上升的电压超过 3V 时，关闭 IC2 的⑧脚、⑪脚的调制脉宽电压输出，使 T2 推动变压器、T1 主电源开关变压器停振，从而停止提供 + 3.3V、±5V、±12V 等各路输出电压，使电源处于待机状态。电源受控启动后（即正常工作时），PS 信号为低电平，IC1 的⑥脚为低电平（0V），IC2 的④脚变为低电平（0V），此时允许⑧脚、⑪脚输出脉宽调制信号。IC2 的⑬脚（输出方式控制端）接稳压 + 5V（由 IC2 内部⑭脚稳压输出 + 5V 电压），脉宽调制器为并联推挽式输出，⑧脚、⑪脚输出相位差 180° 的脉宽调制信号，输出频率为 IC2 的⑤脚、⑥脚外接定时阻容元器件 R30、C30 的振荡频率的一半，控制推动三极管 VT3、VT4 的集电极相连接的 T2 二次绕组激励振荡。T2 一次侧他激振荡产生的感应电动势作用于 T1 主电源开关变压器的一次绕组，从 T1 二次绕组的感应电动势整流输出 + 3.3V、±5V、±12V 等各路输出电压。

PG 产生电路由 IC1（电压比较器 LM339N）、R48、C38 及其周围元器件构成。待机时 IC2 的③脚（反馈控制端）为零电平，经 R48 使 IC1 的⑨脚正端输入低电位，小于⑪脚负端输入的固定分压比，IC1 的⑬脚（PG 信号输出端）输出低电位，PG 向主机输出零电平的电源自检信号，主机停止工作处于待机状态。电源受控启动后（即正常工作时），IC2 的③脚电位上升，IC1 的⑨脚控制电平也逐渐上升，一旦该电位大于⑪脚的固定分压比，经正反馈的迟滞比较器，⑬脚输出的 PG 信号在开关电源输出电压稳定后再延迟几百毫秒由零电平起跳到 +5V，主机检测到 PG 电源完好的信号后启动系统。在主机运行过程中，若遇市电停电或用户执行关机操作时，ATX 开关电源 +5V 输出电压必然下跌，这种幅值变小的反馈信号被送到 IC2 的①脚（电压取样比较器同相输入端），使 IC2 的③脚电位下降，经 R48 使 IC1 的⑨脚电位迅速下降。当⑨脚电位小于⑪脚的固定分压电平时，IC1 的⑬脚将立即从 +5V 下跳到零电平，关机时 PG 输出信号比 ATX 开关电源 +5V 输出电压提前几百毫秒消失，通知主机触发系统在电源断电前自动关闭，防止突然掉电时硬盘的磁头来不及归位而划伤硬盘。

7. 主电源电路及多路直流稳压输出电路

微机受控启动后（即正常工作时），PS 信号由主板启动控制电路的电子开关接地，允许 IC2 的⑧、⑪脚输出脉宽调制信号，去控制与推动三极管 VT3、VT4 的集电极相连接的 T2 推动变压器二次绕组产生的激励振荡脉冲。T2 的一次绕组由他激振荡产生的感应电动势作用于 T1 主电源开关变压器的一次绕组。从 T1 二次侧 1—2 绕组产生的感应电动势经 VD20、VD28 整流，C23 滤波后输出 -12V 电压；从 T1 二次侧 3、4、5 绕组产生的感应电动势经 VD24、VD27 整流，C24 滤波后输出 -5V 电压；从 T1 二次侧 3、4、5 绕组产生的感应电动势经 VD21 整流，C25、C26、C27 滤波后输出 +5V 电压；从 T1 二次侧 3—5 绕组产生的感应电动势经 L6、L7、VD23、L1 以及 C28 滤波后输出 +3.3V 电压；从 T1 二次侧 6—7 绕组产生的感应电动势经 VD22 整流、C29 滤波后输出 +12V 电压。

8. 自动稳压稳流控制电路

（1）+3.3V 自动稳压电路

IC5（TL431）、VT2、R25、R26、R27、R28、R18、R19、R20、VD30、VD31、VD23（场效应管）、R08、C28、C34 等组成 +3.3V 自动稳压电路。

当输出电压（+3.3V）升高时，由 R25、R26、R27 取得升高的取样电压送到 IC5 的 G 端，使 G 电位上升，K 电位下降，从而使 VT2 导通，升高的 +3.3V 电压通过 VT2 的 ec 极，R18、VD30、VD31 送至 VD23 的源极和栅极，使 VD23 提前导通，控制 VD23 的漏极输出电压下降，经 L1 使输出电压稳定在标准值（+3.3V）左右。反之，稳压控制过程相反。

（2）+5V、+12V 自动稳压电路

IC2 的①、②脚电压取样比较器正、负输入端，取样电阻 R15、R16、R33、R35、R68、R69、R47、R32 构成 +5V、+12V 自动稳压电路。

当输出电压升高时（+5V 或 +12V），由 R33、R35、R69 并联后的总电阻取得取样电压，送到 IC2 的①脚和②脚，与 IC2 内部的基准电压相比较，输出误差电压与 IC2 内部锯齿波产生电路的振荡脉冲在 PWM（比较器）中进行比较放大，使⑧脚、⑪脚输出脉冲宽度降低，输出电压回落至标准值的范围内。反之，稳压控制过程相反，从而使开关电源输出电压保持稳定。

（3）+5VSB 自动稳压电路

当 +5VSB 输出电压升高时，T3 二次绕组产生的感应电动势经 VD50、C04 整流滤波后，一路经 R01 限流送至 IC3 的①脚，另一路经 R02、R03 获得增大的取样电压送至 IC4 的 G 端，使 G 电位上升，K 电位下降，从而使 IC4 内发光二极管流过的电流增加，使光敏三极管导通，从而使 VT1 导通，同时经负反馈支路 R005、C41 使开关三极管 VT03 的发射极电位上升，使得 VT03 的基极分流增加，导致 VT03 的脉冲宽度变窄，导通时间缩短，最终使输出电压下降，稳定在规定范围之内。反之，当输出电压下降时，稳压控制过程相反。

（4）自动稳流电路

IC2 的⑮脚、⑯脚电流取样比较器正、负输入端，取样电阻 R51、R56、R57 构成负载自动稳流电路。

负端输入端⑮脚接稳压 +5V，正端输入端⑯脚外接的 R51、R56、R57 与地之间形成回路。当负载电流偏高时，T2 二次绕组产生的感应电动势经 R10、VD14、C36 整流滤波，再经 R54、R55 降压后获得增大的取样电压。同时与 R51、R56、R57 支路取得增大的取样电流一起送到 IC2 的⑮脚和⑯脚，与 IC2 内部基准电流相比较，输出误差电流，与 IC2 内部锯齿波电路产生的振荡脉冲在 PWM（比较器）中进行比较放大，使⑧脚、⑪脚输出脉冲宽度降低，输出电流回落至标准值的范围之内。

10.4.3　ATX 开关电源的检修方法和技巧

计算机 ATX 开关电源与其他家用电器中开关电源显著的区别是，前者取消了传统的市电按键开关，采用新型的触点开关，并且依靠 +5VSB、PS、PG 等控制信号的组合来实现电源的自动开启和自动关闭。

PG 是 Power Good 的缩写，是供主板检测电源好坏的输出信号，在电源输出插头上，PG 使用灰色线由 ATX 插头⑧脚引出，如图 10-10 所示。PG 在待机状态时为低电平（0V），受控启动后输出稳定的高电平（+5V）。主机在通电的瞬间，电源会向主板发送一个 PG 信号，如果电源的输入电压在额定范围之内，输出电压也达到最低检测电平（对于 +5V 电源，应在 4.75V 以上），并且让时间延迟 100～500ms 后（目的是让电源电压变得更加稳定）。如果主机检测到 PG 信号正常，接着 CPU 会产生一个复位信号，执行 BIOS 中的自检，主机才能正常启动。

+5VSB 是供主机系统在 ATX 待机状态时的电源，以及开启和关闭自动管理模块及其远程唤醒通信联络相关电路的工作电源。在待机及受控启动状态下，其输出电压均为 5V 高电平，在电源输出插头上，+5VSB 使用紫色线由 ATX 插头⑨脚引出，如图 10-11 所示。

PS 为主机向电源发送的控制信号，用来开启或关闭电源，待机时，PS 为高电平，不同型号的 ATX 开关电源，PS 的待机电压值各不相同，常见的待机电压值为 3V、3.6V、4.6V。当按下主机面板的 POWER 电源开关或实现网络唤醒远程开机时，受控启动后，PS 由主板的电子开关接地，变为低电平。在电源输出插头上，PS 信号使用绿色线从 ATX 插头⑭脚输入，如图 10-10 所示。

橙 +3.3V	1	11	+3.3V橙
橙 +3.3V	2	12	−12V蓝
黑 GND	3	13	GND 黑
红 +5V	4	14	PS 绿
黑 GND	5	15	GND 黑
红 +5V	6	16	GND 黑
黑 GND	7	17	GND 黑
灰 OG	8	18	−5V 白
紫 +5VSB	9	19	+5V 红
黄 +12V	10	20	+5V 红

图10-11　ATX开关电源的输出插头

脱机带电检测 ATX 电源，首先测量在待机状态下的 PS 和 PG 信号，前者为高电平，后者为低电平，插头⑨脚除输出 + 5VSB 外，不输出其他任何电压。其次是将 ATX 开关电源进行人工唤醒，具体方法是，用一根导线把 ATX 插头⑭脚（绿色线）PS 信号与任一地端（黑色线③、⑦、⑬、⑮、⑯、⑰）中的任一脚短接，这一步是检测的关键（否则，通电时开关电源风扇将不旋转，整个电路无任何反应，导致无法检修或无法判断其故障部位和质量好坏）。将 ATX 电源由待机状态唤醒为启动受控状态，此时 PS 信号变为低电平，PG、+ 5VSB 信号变为高电平，这时可观察到开关电源风扇旋转。为了验证电源的带负载能力，通电前可在电源的 + 12V 输出插头处再接一个开关电源风扇或 CPU 电源风扇，也可在 + 5V 与地之间并联一个 4Ω/10W 左右的大功率电阻做假负载。然后，通电测量各路输出电压值是否正常，如果正常且稳定，则可放心接上主机内各部件进行使用。若发现不正常，则必须重新认真检查电路，此时绝对不允许电源与主机内各部件连接，以免通电造成严重的经济损失。

10.4.4　ATX 开关电源维修实例

ATX 开关电源维修实例如下。

（1）故障现象：一台 LWR2010 型开关电源供应器，开机后主机电源指示灯不亮，开关电源风扇不转，显示器点不亮。

分析与检修：先采用替换法（用一个好的 ATX 开关电源替换原主机箱内的 ATX 电源）确认 LWR2010 型开关电源已坏。然后拆开故障电源外壳，直观检查发现机板上辅助电源电路部分的 R001、R003、R005 呈开路性损坏，VT1（C1815）、开关管 VT03（BUT11A）呈短路性损坏，且 R003 烧焦，VT1 的 ce 极炸断，保险管 FUSE（5A/250V）发黑熔断。经更换上述损坏元器件后，用一根导线将 ATX 插头⑭脚与⑮脚（两脚相邻，便于连接）连接，并在 + 12V 端接一个电源风扇。检查无误后通电，发现两个电源风扇（开关电源自带一个 + 12V 散热风扇）转速过快，且发出很大的声音，迅速测得 + 12V 上升为 + 14V，且辅助电源电路部分散发出一股焦味。

分析认为，输出电压升高，一般是稳压电路有问题。细查为 IC4、IC3 构成的稳压电路部分的 IC3（光电耦合器 VT817）不良。由于 IC3 不良，当输出电压升高时，IC3 内部的光敏三极管不能及时导通，从而就没有反馈电流进入开关管 VT03 的发射极，不能及时缩短 VT03 的导通时间，导致 VT03 导通时间过长，输出电压升高。

将 IC3 更换后，重新检查、测量刚才更换过的元器件，确认完好后通电。测各路输出电压一切正常，风扇转速正常（几乎听不到转动声）。通电观察半小时无异常现象，再接入主机内的主板上，通电试机 2h 一直正常。

（2）故障现象：一台 LWR2010 型 ATX 开关电源，开机后主机电源指示灯不亮，开关电源风扇不转，显示器点不亮。

分析检修：拆开外壳，直观检查保险丝烧黑，VT1（C1815）烧焦，限流电阻 R001 烧焦，辅助电源管 VT3 击穿，全部更换后，开机通电测得 + 5VSB 电压为 0V，继续检查电路，发现 IC4（TL431）短路损坏，更换 IC4 后，通电电源风扇转动，再测得各路输出电压均正常。

|10.5　UPS 的原理与维修|

UPS（不间断电源）的主要功能是保障计算机系统和其他电子设备在停电之后能继续工作一段时间，以使用户能够紧急处理一些事情，如保存文件等操作，以免数据丢失或损坏机器。

10.5.1　UPS 概述

1．UPS 的功能

在市电正常时，UPS 电路中的控制电路根据检测结果发出控制信号，将交流电送给输出端，由交流市电向负载提供电源。当交流市电不正常（包括过压、欠压）时，控制电路根据检测结果，由逆变控制电路发出控制指令，切断交流输入、输出，启动逆变电路工作，由逆变输出电源向负载供电，并发出报警声。

2．UPS 的分类

按输出时间长短分，UPS 可分为长延时型 UPS 和短延时型 UPS。不同的计算机系统有不同的供电要求。个人计算机（PC）系统不需要很长时间的 UPS 供电，而在网络系统中，却需要较长时间的供电。长延时型 UPS 可持续供电几十分钟到几小时，甚至几十小时，常见于网络系统中，其功率也大，价格也高；短延时型 UPS 只能持续供电几分钟到几十分钟不等，主要用在 PC 或业务量不大的单机中。供电时间的长短主要取决于蓄电池的容量。蓄电池的容量越大，可持续供电的时间越长；蓄电池的容量越小，可持续供电时间越短。

按输出功率分，UPS 可分为小功率 UPS 和中大功率 UPS。小功率 UPS 一般只有 300W～1kW，多适用于单个计算机系统中；中大功率 UPS 输出功率可高达几千瓦甚至几十千瓦，多用在网络系统中。

按输出波形分，UPS 有正弦波输出 UPS 和方波输出 UPS。从理论上来讲，正弦波电源对负载的过流承载能力及供电质量明显优于非正弦波电源，非正弦波电源不宜接感性负载，如电机，而正弦波电源可接各类负载，市面上的 UPS 大多是方波输出 UPS。

按工作方式分，UPS 可分为后备式 UPS 和在线式 UPS。后备式 UPS 在市电供电正常时，由 UPS 通过内部开关控制，将交流电送给输出端，由交流市电向负载提供电源；在市电不正常时，由 UPS 将蓄电池电源通过逆变产生交流电向负载供电。在线式 UPS 在有交流市电时将交流电转换为直流电（称为 AC/DC 变换），一方面向蓄电池充电，另一方面通过逆变器再转换为交流电（称为 DC/AC 变换），供给负载。这两种 UPS 的工作模式如下。

① 后备式 UPS：有交流电时，市电→稳压控制器→负载；市电不正常时，蓄电池→逆变→负载。

② 在线式 UPS：有交流电时，市电→蓄电池→逆变→负载；市电不正常时，蓄电池→逆变→负载。

在线式 UPS 在供电质量上要明显优于后备式 UPS，但其效率稍低。市场上通常出售的是后备式 UPS，价格适中，在外部电源停止或电压过低时，它会在很短的时间（0.1s）内切换为蓄电池供电。

按逆变功率管来分，UPS 也可根据功率管分为达林顿三极管 UPS、场效应管 UPS 及 IGBT UPS。在早期的 UPS 中，使用达林顿三极管作为输出驱动管的较多，达林顿三极管电流大，工作稳定，但功耗较大。场效应管 UPS 由于控制电路简单，功耗小，成本低，在小功率 UPS 中应用较为普遍，但场效应管易受干扰损坏。IGBT UPS 综合了上述两种 UPS 的优点，把达林顿三极管和场效应管合并在一起来使用，主要用在大功率 UPS 电源中。

10.5.2 UPS 电路分析

下面以山特新型 UPS TG400 为例进行介绍，如图 10-12 所示。

1. 主要集成电路介绍

（1）微控制器 U4

U4（SC527867CDW）为单片微控制器，承担着信号检测、故障检测、状态转换和逆变驱动等功能，其主要的引脚功能如表 10-2 所示。

下面对 U4 的主要功能简要进行说明。

U4 的③脚为逆变控制端，在直供状态为高电平输出，在逆变状态为方波脉冲输出，输出方波的低电平对应着逆变状态，其宽度要比高电平窄，不会导致 VT01、VT03 同时导通。

U4 的⑯脚为蓄电池电压检测输入，该脚电压达到 4.6V 时（可以计算蓄电池电压此时为 $4.6 \times 3 = 13.8V$），U4 的⑧脚充电控制端输出状态为 5V，使 U401（UC3843B）的②脚误差放大器反相输入端，也即输出电压反馈输入端为高电平，从而使 U401 的⑥脚输出低电平，VT02 截止，停止充电。当该脚电压低于 3.35V 时（对应蓄电池电压为 10V），U4 的㉒脚外接欠压指示灯将闪亮，同时发出急促的报警声。

U4 的⑲脚为输出电压检测端。在市电供电状态，继电器 RY1 吸合，输入的市电经继电器的常开触点接至输出插座。VD11、VD12、VD14、VD15 组成输出电压整流桥。整流后未经滤波的 100Hz 脉动直流电压经 R39、R63、R40、R08 分压后输入 U4 的⑲脚，作为输出电压检测。该电压同时经 VD07 隔离，经 L1、C06 滤除高频后为 TX2 供电，TX2 是充电脉冲变压器，二次绕组 4—5 上的电压经 VD01 整流、C04 滤波为蓄电池 BAT 充电。

U4 的⑳脚是直流电源输出控制端。待机时，VT20 因 U4（SC527867CDW）的⑳脚为低电平而使电源 Vc 处于关断状态。当在市电直接供电和逆变状态时，U4 的⑳脚为高电平输出，VT08 导通，其集电极为低电平，VT20 饱和导通，使 B12V 经 VD20、VT20 的集电极输出电压 Vc 为控制电路提供电源。U4 的电源取自 U101（SG3525A）的 5V（50mA）基准输出端。

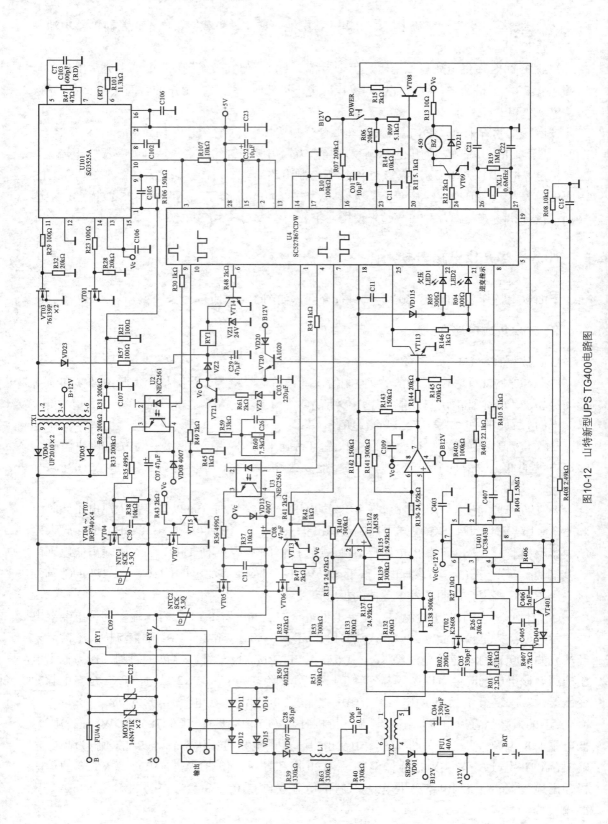

图10-12 山特新型UPS TG400电路图

表 10-2　　　　　　　　　　　　SC527867CDW 引脚功能

引脚号	功能
①	Vc 工作电压检测输入端
②、⑬、⑮、㉘	电源正端
③	逆变控制端
④	逆变驱动输出 1 同相端
⑤	充电过流检测端
⑥	直流供电、逆变转换控制端
⑦	逆变驱动输出 2 反相端
⑧	充电控制端
⑨	逆变驱动输出 2 同相端
⑩	逆变驱动输出 1 反相端
⑪、⑫	空
⑭、⑰	接地
⑯	蓄电池电压检测
⑱	市电输入电压幅值检测
⑲	输出电压检测端
⑳	直流电源输出控制端
㉑	逆变指示驱动端
㉒	欠压指示驱动端
㉓	电源开关检测端
㉔	音响报警驱动端
㉕	市电输入检测端
㉖、㉗	外接晶振

另外，B12V 还经 TX1 一次绕组、VD23、R57 对 C29 充电。在市电供电时 RY1 吸合，B12V 经 TX1 一次绕组、VD23、R57 驱动 RY1，在 VT20 完全导通后，Vc 也经 VZ2 为 RY1 供电。这样可以使 RY1 吸合时更加迅速，并且不会导致 Vc 电压的波动，以免影响电路的稳定。当处于逆变状态时，VT14 截止，RY1 不吸合。TX1 一次侧的高频脉冲经 VD23 整流、R57 限流、C29 滤波与 B12V 叠加经 VZ1 钳位，其电压值约为 24V。由于 VD23、VZ2 的接入，可以保证在关闭 UPS 时先关掉电路，再切断 RY1，C29 上的电压能保持相当长的一段时间。在 UPS 转为逆变状态时也使 RY1 吸合更迅速。

在关机状态时，U4 处于睡眠状态，此时仅⑯脚有 1V 电压输入，⑳脚为低电平输出，VT08、VT20 截止，故其供电端㉘脚也为低电平。当按下 POWER 键并保持 2s 以上，U4 将被激活，其⑳脚输出高电平开通 VT20，使电路获得工作电源，并使电路优先工作在逆变状态。

U4 的逆变驱动输出端，即⑨脚、⑩脚、④脚和⑦脚的波形如图 10-13 所示。

（2）PWM 控制芯片 U101（SG3525A）介绍

电路中，U101（SG3525A）是 SG3524 的改进型，两者都是双端输出 PWM 控制芯片，其内部电路框图和引脚功能参见本书第 5 章相关内容。

U101 的⑤脚外接的 C103 为定时电容，⑥脚外接的 R101 为定时电阻，它们用于调整振荡频率，⑦脚外接的 R47 为放电电阻。

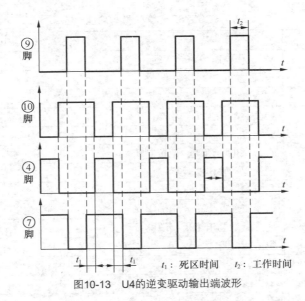

图10-13　U4的逆变驱动输出端波形

t_1：死区时间　　t_2：工作时间

U101 同 VT01、VT03、TX1 和 VD04、VD05 等构成逆变电源电路，VT01、VT03 同带中心抽头的 TX1 构成推挽电路。U101 的⑪脚、⑭脚输出电压相位相差 180°的脉冲波。在市电供电状态时，U4 的③脚为高电平 5V，从而 U101 的⑩脚的强制关断端为高电平，因而使 U101 工作于待机状态，⑪脚、⑭脚无驱动脉冲波输出。当 U4 使电路工作于逆变状态时，其③脚输出为 100Hz 的方波脉冲。在方波脉冲的高电平期间，U101 的⑩脚的高电平将封锁其输出，在脉冲的低电平期间，U101 的⑩脚为低电平，故 U101 开始工作。TX1 二次绕组经升压后的高频电压经 VD04、VD05 全波整流为 100Hz 的高频调制脉冲波给逆变电路供电。经 VD04、VD05 全波整流后的高频调制电压经 R33、R62、R31 由 R21 取样反馈到 U101 误差放大器反相输入端的①脚，误差放大器的同相输入端接 5V 基准电压，误差放大器输出端（⑨脚）信号送到内部比较器，经内部控制后，控制 U101 的⑪、⑭脚的驱动脉冲宽度，从而实现输出电压幅度控制。

另外，在市电直供和故障保护状态时，U4 的③脚均输出为高电平 5V，因而 U101 的⑩脚为高电平，强制关断 U101 的输出。

（3）蓄电池充电控制器 U401（UC3843B）介绍

U401（UC3843B）及其外围电路构成蓄电池充电控制电路。U401 内部电路框图与引脚功能与 UC3842 基本相同，参见本书第 5 章相关内容。

在市电供电状态时，只要蓄电池电压低于 11.8V，U4 的⑧脚内部为高阻状态，因而 U401 的②脚电压为 R402、R403 的分压值，其值约为 2.1V，低于内部误差放大器同相端的设定值 2.5V，因而内部误差放大器为高电平输出，内部锁存器开通，⑥脚输出脉冲驱动 VT02，TX2 二次侧输出的交流高频脉冲经 VD01 整流给蓄电池充电。在 VT02 导通时，其源极的限流电阻 R01 上电压上升达到 1V 时，U401 的③脚电压也为 1V，内部电流传感比较器使 PWM 锁存器关闭，输出⑥脚处于低电平状态，如此循环实现高频振荡。

当蓄电池电压大于 13.8V 时，U4 将视为充足电，其⑧脚输出为高电平 5V，从而 U401 的②脚为高电平，其内部误差放大器输出低电平，内部锁存器关闭。U401 的⑥脚为低电平

0V，VT02 截止，断开充电回路。

电路中 VT401 用于锯齿波坡度补偿，④脚的振荡波在幅度超过 1.4V 时将使 VT401 导通。因 VT401 的导通，③脚电压提前升高到大于 1V，内部 PWM 提前闭锁，⑥脚无输出。当④脚 C406 上的电压降低到低于 1.4V 时，VT401 截止，③脚电压降低到 1V 以下，⑥脚又有输出，输出频率为 40kHz 的脉冲波。

如果由某些情况导致 VT02 的电流增大，如 VT02 击穿，R01 上的电压将升高且恒高于 1V，U401 的③脚接收到该电压并视为故障状态，闭锁⑥脚输出。同时该 1V 的电压送至 U4 的⑤脚，U4 使该电路处于故障保护状态。

（4）双运放 U13（LM358）的功能

U13（LM358）双运算放大器在电路中用作市电检测，它们均接差分放大器，分别用于正弦波的正负半周波检测。R133、R132 的中点接 +5V 基准，为放大器提供直流偏压。在无市电输入时，②脚电压高于③脚，⑥脚高于⑤脚，①脚、⑦脚输出为低电平。在有交流市电电压输入时，假设输入端 A 点为正，则输入端 B 点为负，其结果使 U13 的②脚电压高于③脚电压，由于 U13 为单电源供电，故输出被钳位为低电位。同理分析，此时⑦脚输出为正相放大信号，波形为市电电压的正半周。

市电电压正常供电状态下，市电电压经 RY1 的常开触点输出。当市电电压下降到 165V 时，U4 的⑱脚的波形幅值下降到约为 2.6V，U4 将视为市电电压欠压，而转为逆变状态。为了防止 UPS 在此点振荡，设计时设定输入市电电压回升到 180V，U4 才使 UPS 切换为市电电压供电。

同样当市电电压上升到 260V 时，U4 的⑱脚的波形幅值约为 4.2V，U4 将视此状态为过压状态，在 U4 的控制下电路工作于逆变状态。同理只有当市电电压下降到 250V 以下，UPS 才切换到市电电压供电状态。

R39、R63、R40 为输出电压取样反馈电阻，如果在工作中有开路，则会引起输出电压大大升高，以后再次开机将进入保护状态。U13 的⑦脚输出还经 R144 驱动 VT113，由 VT113 将输入转变为 50Hz 的方波输出至 U4 的㉕脚，作为市电电压检测，由于 VT113 的集电极经 R146 接 U401 的⑧脚 5V，故该方波幅值是稳定的。

2. 主要电路分析

（1）交流市电电压供电

在市电电压输入时，市电电压经 R50～R53 进入 U13 的交流电幅度检测电路。如果市电电压在正常范围时，U4 将工作于市电供电状态。这时，U4 的⑥脚输出高电平使 VT14 导通，RY1 吸合。

如果蓄电池电压低于 11.8V，则 U4 的⑧脚为高阻状态，不会影响 U401 的工作。U401 工作于充电状态直到蓄电池电压达到要求，这时 U4 的⑧脚输出高电平，U401 的②脚也为高电平，内部 PWM 处于闭锁状态，U401 的⑥脚无输出，充电状态停止。

直供状态时，U4 的⑦、⑩脚输出为高电平，而④脚、⑨脚为低电平输出，这样 VT13、VT15 导通，VT06、VT07 因基极电位为零均处于截止状态。同时 U2、U3 截止，VT04、VT05 也截止。

（2）逆变

在逆变状态，U4 的④脚、⑩脚和⑨脚、⑦脚交替输出频率为 100Hz 的驱动脉冲。

当 U4 的④脚为高电平时，U3 的发光二极管导通，则光敏三极管受光导通，U3 的③脚为高电平，VT05 导通。⑩脚为④脚的反相信号是低电平，VT15 截止，VT07 导通。

U4 的⑨脚信号同④脚信号相位相差 180°，此时为低电平信号，U2 光敏三极管截止，其③脚为低电平，VT04 截止。而此时 U4 的⑦脚输出为高电平，VT13 导通，VT06 截止。这样 VD04、VD05 输出的直流电压经 VT05 的 NTC2、RY1 的常闭触点到输出的一端，输出的另一端经 RY1 常闭触点、NTC1、VT07 的 DS 接到地。

当 U4 的⑨脚为高电平时，VT04、VT06 导通，VT05、VT07 截止，输出端极性反转。

（3）保护电路

① 充电过流保护。U4 的⑤脚通过 R408 接到 U401 的③脚，当因故障使 VT02 发生过流时，只要电阻 R01 上的压降超过 1V，该电压经 R405 输入到 U401 的③脚，内部 PWM 停止输出，U401 的⑥脚为低电平。该电压还由 R408 传送到微控制器的⑤脚作为充电检测信号，U4 将处于故障保护状态，整机无输出。

② 蓄电池欠压保护。当该机工作于逆变状态时，由于该机的蓄电池容量较小，故电压下降较快，当电压下降到 11.5V 时，报警声将变得急促，此时 U4 的⑯脚检测电压为 3.85V，当电压继续下降到 10V 时，U4 将自动关机，蓄电池得到保护。

③ 故障保护。本电路中设了不少反馈回路，这样做不但可以稳定工作状态，还可以借助这些点来判断电路是否正常工作。R39、R63、R40 是逆变输出检测反馈回路，当逆变回路元器件损坏使输出电压波形或幅度变化时，U4 的⑲脚将根据输入信号及时做出反应，使电路停止工作进入故障报警状态。

10.5.3 UPS 故障维修实例

（1）故障现象：山特 TG400 电源，红色 LED 亮，蜂鸣器常鸣。

分析与检修：由于开机就进入故障报警状态，故最好采用电阻检测法。检测中发现 VD01 正反向电阻均较小，更换高频整流二极管后故障排除。更换时要注意，本机采用的是 PWM 脉冲整流充电，故 VD01 应选用耐压值大于 200V 的二极管。

（2）故障现象：山特 TG400 电源，红色 LED 亮，蜂鸣器常鸣。

分析与检修：测量时发现 UC3843B 的⑥脚对地电阻仅为 15Ω，断开 UC3843B 的⑥脚，其值不变，拆下 VT02 测量，其 G-S 极已击穿，用 K1023 代换，故障排除。

（3）故障现象：山特 TG400 电源，开机后即转入欠压和逆变指示灯均亮状态，蜂鸣器常鸣。

分析与检修：仔细观察，发现在转变瞬间指示灯亮度稍有降低。检测在路电阻值时，发现 U401 的在路电阻值同正常值有较大出入，用新的 UC3843B 更换后，故障排除。

|10.6 交流稳压电源介绍|

交流稳压电源的作用是稳定交流电压，当输入的交流电压在一定范围变化时，控制输出的交流电压保持稳定。交流稳压电源一般也称为调压器，主要分为手动调节和自动调节两种，下面介绍应用广泛的自动调节稳压电源。

10.6.1　自动有级交流稳压电源的原理

自动有级交流稳压电源多采用三极管控制继电器实现电压切换,常见的有 1～5 个继电器自动稳压器。

图 10-14 所示是采用 5 个继电器的自动调压和过压保护电路,K1～K5 的吸合电压分别对应于 160V、180V、200V、220V、270V。当电压低于 160V 时,K1 的触点 2 接通输出,此时升压比为 1.38,电压最高升至 160 × 1.38 = 220.8V。当电压等于或大于 160V 时,K1 吸动,K2 触点 2 接通输出,变比为 1.22,输出为 195～219V。当电压等于或大于 180V 时,K2 吸动,K3 触点 2 接通输出,变比为 1.1,输出电压为 198～220V。当电压等于或大于 200V 时,K3 吸动,K4 触点 2 接通输出,变比为 1,输出电压为 200～220V。当电压等于或大于 220V 时,K4 吸动,K5 触点 2 接通输出,变比为 0.92,输出电压为 202～248V。当电压等于或大于 270V 时,K5 吸动,断开输出,起过压保护作用。

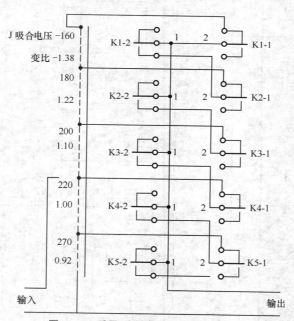

图10-14　采用5个继电器的交流稳压电源

这种稳压电源能使 141～270V 的电压稳定在 195～248V。需要注意的是,过压保护后变压器仍然通电,故最低绕组（变比为 0.92）的端子必须满足的耐压值为 270V,否则,变压器容易烧坏。

10.6.2　自动无级交流稳压电源的原理

自动无级交流稳压电源一般是利用电子控制电路控制电机运转,去带动调压手柄,从而实现自动调压,达到稳压的目的。下面以图 10-15 所示的自动无级交流稳压电源为例进行分析。

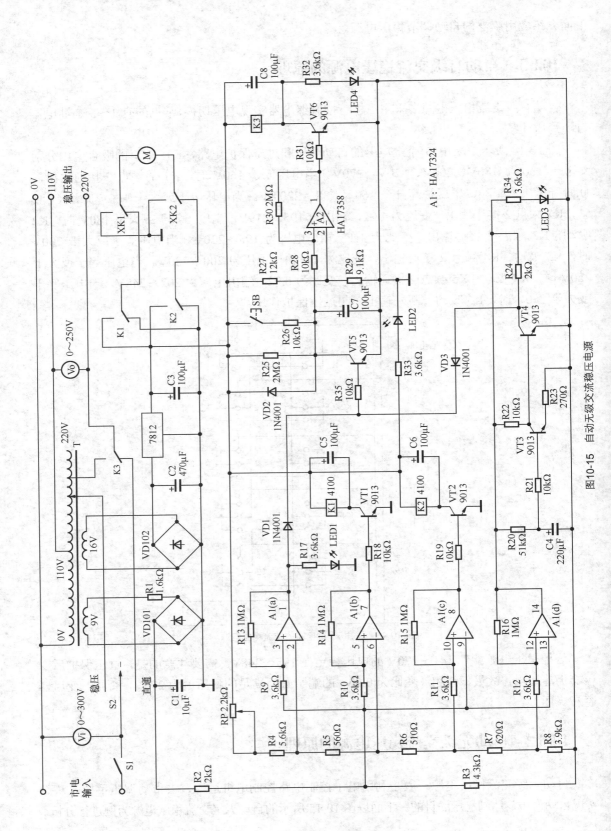

图10-15 自动无级交流稳压电源

整机可分为主回路和控制电路两部分，Vi、Vo 分别是输入与输出电压表。主回路为交流市电经输入端通往输出端的路径，包括空气开关 S1、稳压与直通选择开关 S2、调压变压器 T、延时控制继电器 K3 的触点和输入、输出接线端子等元器件。控制电路的功能有开机延时、稳定输出电压、过压保护及指示、欠压保护及指示等，控制电路是该交流稳压器的核心部分，除 2 只限位开关 XK、4 只发光二极管 LED1～LED4 和自锁按钮 SB 外，其余元器件均组装在一块印制电路板上，下面简要分析该稳压电源的工作过程。

1. 取样与基准电压

调压变压器 T 设有 2 个低压绕组，其中 9V 绕组输出的电压经 VD101 桥式整流后，再经电阻 R2 和 R3 分压，取 R3 两端电压作为交流稳压器输出电压的取样。16V 绕组输出的电压经 VD102 桥式整流，三端稳压器 LM7812 稳压，输出稳定的 12V 直流电压为控制电路供电，发光二极管 LED2 指示该电压正常与否。集成电路 A1 选用四运放 HA17324，在控制电路中分别作电压比较器使用。直流 12V 电压经电位器 RP、电阻 R4～R8 分压，得到 4 个分压值分别作为四运放基准电压。控制电路中，A1（a）和 A1（b）检测交流稳压器输出电压是否高于额定值（220V），其同相输入端接取样电压，反相输入端接基准电压。A1（c）和 A1（d）用作检测交流稳压器输出电压是否低于额定值（220V），同相、反相输入端的接法与 A1（a）和 A1（b）相反。

2. 稳压电路

当输出电压升高超过设定值时，取样电压也相应升高，电压比较器 A1（b）输出端的⑦脚为高电平，三极管 VT1 导通，继电器 K1 吸合，电机 M 得电正向转动，拖动调压变压器的电刷滑动，直至交流稳压器的输出电压回落到 220V 为止。

若输入电压降低引起输出电压低于设定值，电压比较器 A1（c）输出端的⑧脚转为高电平，三极管 VT2 导通，继电器 K2 吸合，电机 M 得电反向转动（因电机上的电压极性与 K1 吸合时相反），直至输出电压回升到 220V 为止。

限位开关 XK1 和 XK2 安装在调压变压器上电刷允许旋转范围的极限端点位置，若因输入电压偏高或偏低较多，电机拖动电刷转至极限位置仍不能使输出电压为 220V，则电刷架将触及限位开关，电机断电停转，以免过载损坏。

3. 开机延时控制电路

延时电路主要由集成电路 A2 及其外围元器件组成。A2 是型号为 HA17358 的双运算放大器，其反相输入端接由电阻 R27 和 R29 分压提供的基准电压，同相输入端接电阻 R25 和电容 C7 组成的延时回路。通电时三极管 VT5 截止，12V 直流电压经 R25 开始对 C7 充电，在其两端电压达到 A2 第②脚基准电压之前，A2 的输出端的①脚为低电平，当 C7 两端电压达到或超过 A2 的②脚电压时，其①脚电位变为高电平，三极管 VT6 导通，继电器 K3 吸合，其常开触点闭合，调压变压器 T 输出电压经 K3 触点送往交流稳压器的输出端，至此，开机延时结束，这个过程约需 5min。

开机延时电路主要是保护空调、电冰箱等电气设备的用电安全，若无此需求，可按下快启自锁按钮 SB，此时开机延时时间将缩短为 2～3s。这是因为 +12V 电压经电阻 R26 向电容 C7 充电，其充电时间常数明显减小，开机延时期间发光二极管 LED4 点亮，指示当前工作状态。该交流稳压器通电工作期间若遇停电，电容 C7 两端的电压经二极管 VD2 迅速放电，以保证短时间停电后当恢复送电时对 C7 重新充电，保证电气设备的安全。

4. 过压保护电路

该保护电路由集成电路 A1（a）及其外围元器件组成。当电压偏高较多，电刷经电机拖动调整到极限位置（这时因限位开关 XK1 动作，电机停止转动），而输出电压仍超过 220V 时，电压比较器 A1（a）的输出端变为高电平，经二极管 VD1 使三极管 VT5 导通，电容 C7 迅速放电，电压比较器 A2 输出端转为低电平，继电器 K3 释放，切断该交流稳压器的电压输出，保护电气设备。

过压保护电路动作使发光二极管 LED1 点亮，指示断电是由过压导致的。

5. 欠压保护电路

该保护电路由集成电路 A1（d）及三极管 VT3、VT4 等元器件组成。若电压偏低并经调压变压器作最大限度调整后，输出电压仍低于 220V 的 90% 时，电压比较器 A1（d）的输出端转为高电平。经电阻 R20 和电容 C4 充电回路作短时间延时后，三极管 VT3 饱和导通，VT4 截止，VT4 集电极的高电位经二极管 VD3，使 VT5 饱和导通，最终导致继电器 K3 释放，交流稳压器停止输出。欠压时发光二极管 LED3 点亮，指示当前处于欠压状态。如果去掉二极管 VD3，则欠压时该交流稳压器只有发光二极管 LED3 指示且不断电。实际上，大部分厂家生产的稳压器在欠压时都不断电。

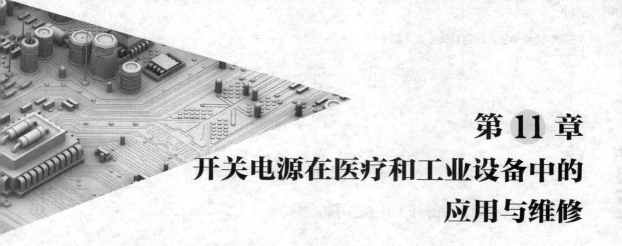

第 11 章
开关电源在医疗和工业设备中的应用与维修

开关电源已广泛应用在各种电子电器设备中，例如，医疗、通信、电力检测、电力控制等设备电源。根据设备的要求不同，开关电源的组成和结构也不尽一致，在日常维修工作中，电源故障的维修占据大多数，并且大部分仪器设备的厂家不提供电路原理图，这给维修工作带来了极大的困难。本章以常见医疗设备和工业 PAC 模块为例，简要介绍开关电源的基本维修方法。

|11.1　医疗设备开关电源的维修|

11.1.1　医疗设备开关电源基本组成

随着医学电子技术的高速发展，医疗设备的种类也越来越多，医疗设备与现代医疗诊断、治疗关系日益密切，任何医疗设备都离不开安全稳定的电源，且大部分为开关电源。在日常诊断与治疗过程中往往会遇到设备因电源故障而无法使用，此时就需要医疗服务机构的临床医学工程师结合自身经验和专业知识为临床部门提供迅速、高效的服务。由于医疗设备的特殊性，设备电源互换性差，有的甚至缺少技术图纸，这给维修工作带来极大的不便。

医疗设备开关电源一般可以包括 AC/DC 和 DC/DC 两大部分。一次电源 AC/DC 变换器输入为 50/60Hz、220V 交流电，必须经整流、滤波，体积较大的滤波电解电容是必不可少的，且交流输入必须加上 EMC 滤波及使用标准安全的器件。二次电源 DC/DC 变换器用以进行功率转换，它是开关电源的核心部分，此外还有启动、过流与过压保护、噪声滤波等电路。输出采样电路检测输出电压的变化，并与基准电压比较，误差电压经过放大及脉宽调制（PWM）电路，再经过驱动电路控制功率器件的占空比，从而达到调整输出电压的目的，医疗设备开关电源基本结构如图 11-1 所示。

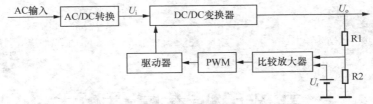

图11-1　医疗设备开关电源基本结构

11.1.2　医疗设备开关电源故障维修

开关电源从元件损坏上大致可分为：感性、容性和阻性器件损坏；功率半导体器件损坏；PWM IC 损坏；光电耦合器损坏；其他如晶振、风扇等器件损坏。

下面结合电路原理与维修实践，对开关电源的常见故障进行简要分析与介绍。

1.　输入电路故障

医疗设备开关电源的输入电路一般包括开关、熔断丝、交流抗干扰电路和软启动电路等。开关、熔断丝和交流抗干扰电路故障很容易发现，其中开关损坏可以直接更换，但熔断丝损坏最好检查一下负载是否严重短路，并换上同样额定电流的熔断丝，通电时监测总输入电流。交流抗干扰电路故障一般因电容器使用时间较长而失效较为常见。开关电源的输入电路大都采用整流加电容器滤波电路设计，在输入电路合闸瞬间，由于电容器上的起始电压为 0，会形成很大的瞬间冲击电流，为此，医疗设备开关电源一般都在输入电路中设置了防冲击电流的软启动电路。常见的软启动电路有热敏电阻防冲击电流电路、晶闸管电路、继电器与电阻构成的电路等，下面以热敏电阻防冲击电流电路为例简单说明其工作原理。

热敏电阻分为正温度系数热敏电阻（PTC）和负温度系数热敏电阻（NTC）。

PTC 常态阻值较低，当有过大的异常电流流过时，因 PTC 自身发热使其电阻值迅速增加，电阻变大，起限流的作用。

NTC 热敏电阻在电源接入瞬间，阻值较大，达到限制冲击电流的作用。

输液泵及部分小功率医疗设备电源中很多采用 PTC 热敏电阻限流或 NTC 热敏电阻防冲击电流电路设计。其中，PTC 热敏电阻在遭遇雷电或强电流的时候容易损坏，始终呈低阻态而通电便会烧熔断丝，而 NTC 热敏电阻往往出现开路故障，导致一次电源 DC 无 AC 接入。

2.　光耦合器故障

光耦合器广泛应用于信号隔离、开关电路、脉冲放大、固态继电器（SSR）等电路中。另外，利用线性光耦合器可构成光耦反馈电路，通过调节控制端电流，改变占空比，达到精密稳压的目的，这在前面章节介绍开关电源原理时已有述及。

光耦合器能实现电气隔离的目的，还有抗干扰能力强、使用寿命长、传输效率高等优点。但遇到光耦合器性能下降时会导致电路故障，这在医疗设备开关电源中还是比较常见的。

例如，Philips BV25 X 线机的电源，因光耦合器性能不良导致无法开机几乎成为该电源的通病。BV25 主电源采用了无触点软启动电路设计，当 220V 电源接入时，一路变压器提供一组 28V 和多组 7V 电源，28V 电压经整流稳压后得到+15V 电压，向电源控制板提供电源，

7V 电压供给各组光耦合器。电源板上 H1 若为绿灯，则大致可判断 28V 和 7V 输出正常。晶闸管 V1～V3 及光耦合器（4N25）B1～B6 性能不良均会导致开机失败。

再如，OHMEDA 2000 婴儿温箱，温度到设定值后继续上升，报 "E013"。查维修手册提示为 "Header not Switching off"。排除热开关故障后，最大可能是 SSR 内光耦合器的性能不良所致，更换该器件后温箱工作正常。

3. 功率器件及外围电路故障

医疗设备开关电源和其他开关电源一样，功率器件是必不可少的。其中，用得较多的有功率二极管、晶闸管（SCR）和功率场效应管等。在维修过程中，功率器件是重点检查对象，此类器件的损坏，会导致开机保护或烧熔断丝。在维修中发现该类器件损坏时，除更换同样参数器件外，还必须检查外围高压电容及限流或电流检测电阻。

例如，Alcon Universal II 型超声乳化仪开机面板无显示，"Standby" 灯闪烁，开关电源有 "吱吱" 声，可大致判断电源有保护动作。该电源用到了 UC3842、UC3843 和 UC3854 等 PWM IC，排除 PWM IC 及外围电路是否损坏后，重点检查功率器件，其中一路电源的开关管（IRF460）击穿，更换该场效应管后又检查了其外围电路，发现与其连接的 C26 高压电容（1kV）已击穿，更换 C26 后通电，主+24V 电压输出正常，将机器所有连线恢复，各组电压正常且整机工作稳定。

再如，SHIMADZU OPESCOPE 50N 型 X 线机监视器无显示，指示灯闪烁，该 X 线机总供电为 220V，而监视器供电为 110V，送修前操作人员单独对监视器加 220V 电压后指示灯不亮。该监视器电源采用 STR54041 开关电源厚膜模块设计，其 D、S 极已击穿，D1722 也被击穿，更换后接假负载各路电源输出正常，恢复电路连线后指示灯亮，机内有 "嗒嗒" 声，但仍无显示，后检查发现 VT9 和保险电阻 R71 损坏，更换后整机工作正常。

4. PWM IC 及外围电路故障

PWM 开关稳压或稳流电源的基本工作原理，就是在输入电压、内部参数及外接负载变化的情况下，反馈信号与基准信号进行比较，进而调节开关器件的导通脉冲宽度，使得开关电源与输出电压保持稳定。

在维修开关电源时，当整流滤波电路、开关管正常的情况下，通常要检测 PWM IC 及外围电路是否正常，这样会达到事半功倍的效果。PWM IC 基本上都有供电、基准电压、驱动脉冲、电流检测及取样调整电路信号脚。PWM IC 供电一般是主电源经一电阻降压所得，通常称为启动电阻，若该电阻开路或变大，提供给 IC 的供电电压变低将导致电源不启动。当供电正常时，重点检查基准电压及驱动脉冲是否正常，然后监测电流传感端电压是否正常，接着要仔细检测传感支路。判断 PWM IC 自身故障的方法，一般是采用电阻测量法和代换法。

例如，北美 GS 麻醉机，+5V、+12V 电源板无输出。该机器开关电源初级 PWM IC 芯片为 UC3845，保险和主要功率器件完好，计划先检查 PWM IC 芯片供电、基准电压和电流检测端引脚电压，发现+300V 电压正常，但⑦脚无电压输入，原因是 100kΩ启动电阻开路。更换后，PWM IC 供电正常，⑥脚输出脉冲波形稳定，+5V、+12V 输出电压正确。

再如，Stryker 腔镜监视器，电源由开关管 BUK456、UC3824 及外围电路组成。UC3842

因⑥脚与⑤脚短路而损坏，BUK456 的 D、S 极击穿，电流检测电阻开路，且脉冲输出端串联电阻开路，更换上述器件后，工作正常。若只是更换外围电路损坏的器件，而未发现 UC3842 自身损坏，换上的器件在开机瞬间会重新损坏，因此，在维修中要排除 PWM IC 自身故障。

5. 其他电源部件故障

在维修当中，往往会遇到一些并非电子器件完全损坏所导致的故障，如电容容量变小、线路板部分隐蔽性接触不良、电源灰尘过多或散热不良导致电源不稳定及部分风扇控制电路故障导致电源停振等现象。由于这类问题通过传统检测方法有些困难，因此，根据经验和分析采取替换方式排除。在维修医疗设备电源时，首先要对灰尘进行处理，可用吸尘器和大功率冷风机清除，在处理过程中要减少人体静电和防止线路板电容器对人体放电。对有大量风扇的电源一定要检查风扇的转速，特别是那些带转速控制或速度检测的风扇，不确定时可采取替换法解决。

例如，日立 7170A 生化仪+5V 开关电源，开机正常工作几分钟后，电源指示灯由绿变灭，+5V 输出停止，散热风扇无明显异常，功率部件和 PWM IC 正常，但在做完清洁后未接风扇电源，无输出。换上普通的 2 线 CPU 风扇依然无输出，将该风扇测速线接上并连入线路板后，电源输入正常且可连续工作，因此，可得出原风扇因时间较长转速降低导致电源停振的结论。

再如，TOSHIBA 240A 型 B 超，连续工作时间较长后电源外壳发烫，且经常出现过温保护现象。该类故障一般是因为内部灰尘过多或内部风扇转速变低导致整个电源工作环境变差所致。将电源拆下，彻底除尘，更换电源底部和背面风扇后，电源温度明显下降，机器工作正常，且 1 年未出现故障。

医疗设备种类繁多，大功率、大电流的开关电源在医疗设备中应用相当广泛。开关电源故障率占医疗设备故障率的 60%以上。因此，掌握开关电源的维修是每个临床设备医学工程人员的基本技能，也是难点。

|11.2 工业 PAC 模块开关电源的维修|

PAC 模块式开关电源（以下简称 PAC 模块电源）是近年来迅速发展起来的新型电子部件，目前广泛应用于程控交换机和微波通信设备中，满足了通信设备中各种数字电路和模拟电路对于二次电源的多种技术要求。由于大多数 PAC 模块电源生产厂家在设计制作时，就将其视为一次性使用部件，一旦出现问题，则整体报废，根本不考虑对其维修的可能性。在电路装配中，许多厂家将元件装在印制电路板上后先进行调试，调试合格后放入具有散热和屏蔽双重作用的铜盒内，再用导热硅橡胶将全部电路浇铸为一个整体。所以，PAC 模块电源如有损坏，修复是十分困难的，下面介绍单端驱动 PAC 模块电源的原理和维修内容。

11.2.1　PAC 模块电源的工作原理

PAC 模块电源大致有两种基本工作方式：一种是脉冲宽度调制（PWM）驱动开关电源，

其特点是固定开关脉冲的频率，通过改变脉冲宽度来调节占空比；另一种是脉冲频率调制（PFM）驱动开关电源，其特点是固定开关脉冲宽度，利用改变开关脉冲频率的方法来调节占空比。虽然两者的工作原理稍有不同，但作用和效果都是一样的，均可达到稳压的目的。除极少数产品外，PAC 模块电源几乎都采用 PWM 控制方式。

11.2.2　PAC 模块开关电源维修

维修时，应对所维修的模块电源有一个总体的理性认识，了解所检修的电路应用的 IC 型号、组成形式以及大致方框图。对重点怀疑的局部电路，应该根据实际模块电路将其核心电路绘出，尤其是对双面印制板电路，测绘电路一定要认真仔细。

在实际维修时，应注意下列几个问题。

（1）PAC 模块电源大都采用导热硅橡胶（胶体）固封，在修理时，不可避免地要对胶体实施剥离。鉴于胶体在模块中固定元件、导热、防止元件氧化和漏电的独特用途，我们不必对全部电路所覆盖的胶体进行整体剥离，只要将所怀疑的局部电路上覆盖的胶体剥离即可，以尽量使修复后的模块保持原有的技术指标。导热硅橡胶分透明和非透明两种。在剥离非透明胶体时，由于看不到胶体所掩盖的元件，极易伤及片状元件表面，而任何轻微的表面划痕都将导致片状电容、电阻损坏，所以操作时要十分仔细小心。

（2）PAC 模块电源的核心元件 IC 型号有许多种，单端驱动的常见 IC 主要有：UC3842、UC3845、TEA2018、PPC1094，IC 的封装形式常见为 DIP 型和 LCC 型。在单端驱动的 PAC 模块电源中，也有利用双端驱动芯片组成单端驱动形式作为电路配置的。驱动芯片 IC 各脚功能及极限参数大多可在有关技术资料中查阅到，在此不作赘述。修理时如遇到不熟悉或擦去字标的 IC 时（在维修进口设备 PAC 模块电源时经常遇到），切勿急躁，应冷静分析并配合先进的仪器检测手段，找出驱动芯片的电源脚、反馈脚、PWM 输出脚、定时脚（频率设定脚）、基准电压脚、保护功能输入脚和状态转换等功能脚，并仔细核查、分析 IC 相关元件的工作情况，修理工作时一般都能奏效。维修实践表明，PAC 模块电源发生故障，IC 损坏率很小，大多是外围元件或功率元件出了问题。鉴于此，没有十分把握，轻易不要拆卸 IC 芯片，以免人为将故障扩大化。

（3）同一型号的 IC，用于不同厂家生产的 PAC 模块电源时，电路的配置可能是不一样的，在实施对整个电路检测和故障分析以前，应注意各元件的分布、IC 各关键引脚信号的走向，切实掌握电路的实际配置情况。

（4）电源模块中的功率器件散热问题不可忽视。如功率场效应管、TO-220 封装的肖持基二极管，都是通过热耦合硅脂和具有屏蔽和散热双重功能的外壳紧密接触来散热的。

上述元件损坏换装时，要严格按原方位装入，在整个 PAC 模块电源板修复后装入外壳的过程中，一定要反复核查器件工作时热传导途径有无阻碍。此步骤若稍有疏忽，必将埋下后患，将会引起 PAC 模块所更换的元件再次损坏的现象。

下面举一实例，故障现象是：BM-2078 PAC 模块开关电源，时而输出正常，时而无输出，时而有输出但不稳压。

该 PAC 模块电源系透明胶体封装，在将底部盒盖取下后，可直接观察到电路内共有的两块芯片。芯片顶部字标全部打磨掉。其中一块为 DIP 封装，另一块为 8 脚贴片封装。从电路配置情况看，DIP-16 封装芯片肯定是 PWM 脉冲驱动 IC，另一块 IC 可能为放大器，起保护各类反馈和信号放大等作用。利用模块有时可正常工作的有利时机，测试其正常工作时主控芯片各脚波形，发现芯片⑫脚为 PWM 调宽波输出脚，⑦脚为锯齿波形成脚，又称为电容定时脚。正常工作时，实测频率约为 120kHz。守候至 PAC 模块电源输出异常时，立即用双踪示波器同时观察⑫脚 PWM 输出波形和⑦脚走时锯齿波形，发现⑫脚 PWM 波形占空比无规律地发生大幅度变化的同时，⑦脚锯齿波的周期和幅值也发生相应变化。根据因果关系确认芯片的 PWM 驱动⑫脚输出不正常，是源于⑦脚产生的锯齿波就已失常。将⑦脚的片状电容 C 拆下，测量两端毫无漏电，将 1 只普通小型 1 000pF 电容焊入原电容 C 位置，加电后，PAC 模块电源工作恢复正常。

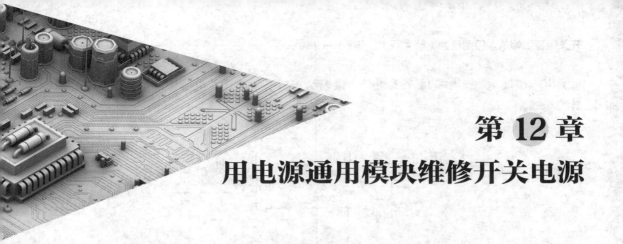

第 12 章
用电源通用模块维修开关电源

开关电源的维修主要分为两种情况：一是芯片级维修；二是模块级维修，也称板级维修。所谓芯片级维修，就是采用常规的维修方法和技巧，查找电路中损坏的元器件，然后进行更换来排除故障。芯片级维修可节约维修费用，提高自己的维修技能，缺点是维修速度较慢，特别是当有些元器件或芯片不易购到时，维修将无法进行。模块级维修是指采用功能、规格相同或类似的电路板（也称为电源通用模块）对开关电源电路或部分电路进行整体代换。模块代换法的好处是维修迅速，排除故障彻底。但也存在着一些缺点，主要是维修费用高。随着电源通用模块的普及，品种不断增多，其价格也在不断下滑，因此，采用电源通用模块来维修开关电源应用会越来越广泛。

|12.1　三线电源通用模块接线方法|

采用电源通用模块维修开关电源已越来越受到维修人员的喜爱，目前，市场上有各种开关电源通用模块出售，有三线的，也有五线的。图 12-1 是一种三线电源通用模块实物图。

图12-1　三线电源通用模块实物图

12.1.1　三线电源通用模块的接线

图 12-2 是用三线电源通用模块维修开关电源时的接线示意图。

这里使用的电源通用模块共有 3 条引线，分别是红线、黑线和灰线，图中的 C01、C02、C03、VD01、R01、T、IC2 均为故障机开关电源元器件，开关变压器 T 的绕组 2 端原接开关管漏极（或厚膜电路内部开关管的漏极脚），现接电源通用模块红线，黑线则接至市电整流后直流电压接地端（热地端）。灰线用于连接控制关机或接原开关电源用于稳压控制的光电耦合器的一端。

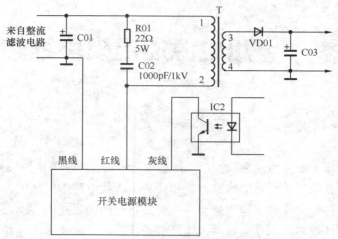

图12-2　用电源通用模块维修开关电源时的接线示意图

按以上方法接好线后，再将故障机用于控制稳压的三极管、场效应管及电源控制芯片或厚膜电路等元器件全部拆除或开路，原故障机开关变压器二次侧的整流滤波电路保持不变。改接完成后，即可通电试机，适当调整开关电源的输出电压电位器，使各路输出正确的电压。

需要说明的是，电源通用模块中也有一个用于调整输出电压的电位器，这两个电位器均可调整输出电压的高低。

另外，使用电源通用模块修复有故障的开关电源时，必须将原电路中的舍弃元器件彻底拆除或开路。开关变压器中有的绕组可能闲置无用，与这些绕组相连的元器件必须拆除干净，否则，改装后的电路可能工作不稳定，例如出现无规律自动关机等异常现象。在通电情况下，对输出电压电位器进行调整时，应使用绝缘良好的塑料柄改锥，并最好使用 1∶1 的隔离变压器将待修电器与市电电网隔离开，以确保安全。

12.1.2　电源通用模块内部电路分析

用电源通用模块维修代换开关电源时，没有必要了解电源通用模块内部电路的原理，实际上，只要维修人员简要了解上面介绍的接线方法即可。在这里，之所以介绍电源通用模块的内部电路原理，目的有两个：一是帮助读者在维修代换时做到手动心明，使读者能够根据不同的开关电源电路，做到灵活代换，灵活接线；二是帮助读者进一步理解开关电源的原理。

目前市场上出售的电源通用模块，其电路不尽相同，下面以控制芯片采用 UC3842 的电源通用模块为例进行介绍，如图 12-3 所示。

UC3842 是电流模式 8 脚单端 PWM 控制芯片，其内部电路框图与引脚功能在本书第 5 章中已进行了介绍，这里不再重复。

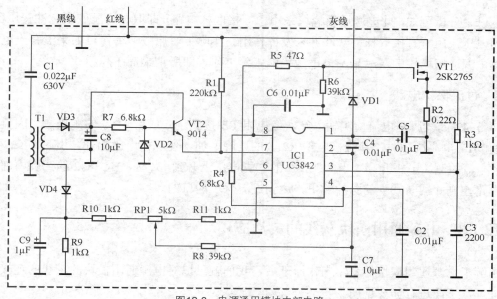

图12-3　电源通用模块内部电路

1. 启动与振荡电路

由红线过来的 300V 直流电压经启动电阻 R1 降压后，加到 IC1（UC3842）的⑦脚，当⑦脚电压达到 16V 时，UC3842 的⑦脚内的基准电压发生器产生 5V 基准电压，从⑧脚输出，经 R4、C2 形成回路，对 C2 充电，当 C2 充电到一定值时，C2 就通过 UC3842 迅速放电，在 UC3842 的④脚上产生锯齿波电压，送到内部振荡器，从 UC3842 的⑥脚输出脉宽可控的矩形脉冲，控制开关管 VT1 工作在开关状态。

电路启动工作后，开关变压器 T 一次绕组的感应电压经电容器 C1 耦合至脉冲变压器 T1 一次绕组，T1 二次侧感应的脉冲电压经二极管 VD3 整流、电容器 C8 滤波后得到直流电压，由 12.6V 稳压管 VD2 和射极跟随器 VT2 稳压后，输出 12V 电压，送到 UC3842 的电源端⑦脚，取代启动电路，为 UC3842 的⑦脚提供启动后的工作电压。

2. 稳压控制电路

脉冲变压器 T1 二次绕组感应的电压经二极管 VD4 整流、C9 滤波后产生直流电压，用于稳压取样电压。由于变压器 T 各绕组上的电压成一定的比例关系，因此，耦合到脉冲变压器 T1 绕组上的电压，以及经 VD4、C9 整流滤波获得的取样电压如实地反映了开关电源输出电压的高低。该取样电压经电阻 R10、R11 和电位器 RP1 分压后，将取样电压送至 UC3842 的②脚，在 UC3842 内部，经误差放大器放大后，通过后续电路改变⑥脚输出的脉冲占空比，从而调整输出电压。具体控制过程是：当电源输出电压↑→UC3842 的②脚的取样电压↑→UC3842 的①脚的电压↓→UC3842 的⑥脚输出脉冲的高电平时间↓→开关管 VT1 导通时间↓→电源输出电压↓。若电源电压输出端电压下降，则稳压过程相反。电路中，RP1 为输出电压可调电位器，通过调节 RP1，即可改变输出电压的高低。

采用此电源通用模块代换时，由于开关变压器和它的二次侧整流滤波电路没有更换或改变，所以，只要主输出回路的输出电压调整好，其他各路输出会自动生成正确的电压。

从以上分析可知，此电源通用模块采用了间接取样电路，即取样电压取自脉冲变压器 T1 感应的电压，用于直接取样的灰线并未发挥作用。实际上，原故障待修机如果没有光电耦合器，将电源通用模块的灰线悬空，电源也能正常工作，即所谓最简工作模式。

3. 过流保护电路

UC3842 的③脚是电流检测输入端，经电阻 R3 接到场效应管 VT1 的源极，当因负载过重等使 VT1 电流增加时，其源极电阻 R2 上的压降增加，使源极电压上升，引起 UC3842 的③脚（电流检测）电压升高，当 UC3842 的③脚电压上升到 1V 时，UC3842 的③脚内部电流检测电路控制并切断⑥脚的脉冲输出，达到过流保护的目的。

12.1.3　电源通用模块灰线的灵活应用

了解了电源通用模块的基本工作原理后，我们就可以对电源通用模块的灰线的连接进行灵活处理，下面进行简要说明。

在开关电源中，绝大多数开关电源都使用了光电耦合器，有的还不止一个。光电耦合器在开关电源中所起的作用也各不相同，有的用于传递直接取样的稳压信号，有的用于关闭电源，有的用于保护。只要将电源通用模块的灰线与光电耦合器进行适当连接，就可使待修机保留原有的各种功能。

根据 UC3842 的内部工作原理可知，UC3842 的①脚、②脚电压可控制⑥脚输出脉冲的占空比。当②脚电压升高时，①脚电压降低，⑥脚输出的脉冲占空比减小，可使输出电压降低。因此，可根据具体情况合理配置电源通用模块灰线。

若电源通用模块的灰线外接的光电耦合器是用于稳压的，则通用模块灰线输出电压增高时，光电耦合器内部的光敏三极管导通程度将增加，相当于光敏三极管 ce 结电阻减小，使 UC3842 的①脚电压下降，控制 UC3842 的⑥脚输出脉冲的占空比减小，输出电压下降。同理，当输出电压降低时，UC3842 的①脚电压上升，控制 UC3842 的⑥脚输出脉冲的占空比增大，输出电压升高。可见，采用光电耦合器进行稳压，是一种直接取样稳压电路。因此，使用光电耦合器配合开关电源的间接取样稳压电路进行稳压，将会使输出电压的稳压精度更高。

使用光电耦合器配合电源通用模块稳压电路进行稳压时，应进行如下调整：断开行电路负载，在主输出电源上接上假负载；临时断开灰线，通电后调整电位器 RP1，使假负载两端电压达到额定值后再顺时针调转 3～5 圈，使输出电压略高于额定电压；断电，接上灰线，开机检测输出电压，必要时可微调电压。

若电源通用模块的灰线外接的光电耦合器是用于关机或实施保护的，则只要在需要关机或保护时将 UC3842 的①脚电压拉为低电平，即可实现相应功能。

|12.2　五线电源通用模块接线方法|

前面详细介绍了三线电源通用模块的接线、原理与使用方法，下面再介绍一种五线电源通用模块的接线方法。五线电源通用模块外形如图 12-4 所示。

　　下面以维修彩电开关电源为例，介绍用五线电源通用模块的接线方法，如图 12-5 所示。

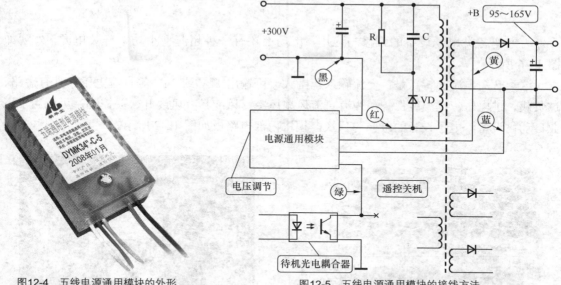

图12-4　五线电源通用模块的外形　　　　　　图12-5　五线电源通用模块的接线方法

　　① 拆除原电源开关管或厚膜块，将本模块装在原散热片上，并检查原机电源开关管集电极与 +300V 电压之间并联的浪涌电压吸收电路是否完好，如有损坏请更换。

　　② 红线接到原开关管集电极(场效应管为漏极)或厚膜块内相应功率管的集电极焊点上。

　　③ 黑线接 300V 大电解电容负极（热地）。

　　④ 黄线接次级主电源（95～165V）整流之前。

　　⑤ 蓝线接主电源开关变压器二次侧大电解电容负极（冷地）。

　　⑥ 绿线为遥控关机线，与热地导通即关机，所以接光电耦合器集电极（发射极接热地），一旦光电耦合器二极管得电发光，ce 结即导通，模块被关掉，停止工作。有些机芯光电耦合器二极管侧有稳压元器件，应拆除（保留关机元器件），无光电耦合器的机型（如使用继电器关机的机型），绿线剪断不用，但要注意绝缘，不要与其他电路连线。

　　⑦ 接好线后，断开主电源负载，接一假负载，开机，调节模块上的主电源调节电位器，使输出电压与彩电的工作电压相符，一般情况下小屏幕电视机为 110V，大屏幕电视机为 140～165V，如果不知道是多少，可以先把电压调低些，然后开机，看着电视机慢慢调高主电压，直到屏幕两侧（行幅）打满为止，然后去掉假负载，接好主电源负载即可。

　　⑧ 如果是待机时降低主电源电压的机型，在主电源调好后，还需要调节待机电源电压，具体方法是，在开机状态下，用遥控器关机，调待机电源调节电位器，使待机电压与原机待机电压相符，一般在 60～80V，使电视机处在不开机状态即可。

　　⑨ 模块加装后若不启动，应检查各二次电路是否短路。若电压异常应检查各滤波电容是否失效，有光电耦合器关机的要检查光电耦合器及相关电路，若出现啸叫、过热或干扰，应把原开关管集电极所连接的其他元器件拆除，按图加上由电阻器 R（33～51kΩ/3～5W）、电容 C（1 000～2 200pF/630V～2kV）、快速二极管组成的吸收回路。

|12.3 常风小功率开关电源模块介绍|

为方便各类电子设备的维修与应用，市场上还有一种超薄型小功率开关电源，外观如图 12-6 所示。

这类开关电源的特点是：交流输入范围大，可输出 12V 或 24V 等直流电压。具有短路、过负载、过电压、过温度保护，内有直流风扇风冷，风冷具有风扇开、关控制，可应用于工业自动化设备，电子设备的维修与代换，模块内部电路板如图 12-7 所示。

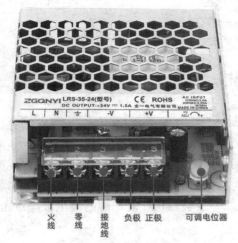

图12-6 超薄型小功率开关电源模块

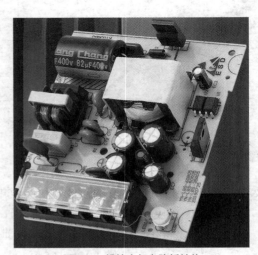

图12-7 模块内部电路板结构

如图 12-8 是市场上出售的另一种类型的开关电源实物图。

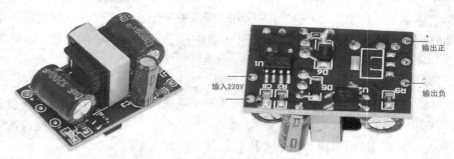

图12-8 另一类型开关电源模块

这是一种交流 220V 转直流 5V（700mA）隔离开关电源模块，安装方便简单，具有温度保护、过流保护及短路全保护，高低压隔离，AC85～265V 宽电压输入，性能稳定，性价比高。

用于日常维修与代换的开关电源模块还有很多，实际维修时，如果需要代换，可到网上商城或实体商店查询购买。